普通高等教育"十三五"规划教材

AutoCAD
实用教程

于春艳 陈 光 主编 刘玉杰 纪 花 副主编

U0389504

化学工业出版社

·北京·

本书以 AutoCAD 2016 版为平台，共分 11 章，主要讲述了 AutoCAD 2016 的操作界面、作图环境的设置、辅助作图工具与图层的使用方法、二维图形的绘制与编辑、文字与表格的创建与编辑方法、尺寸标注的创建与编辑方法、块的创建与使用用法、三维图形的绘制和编辑方法、布局的创建与图形的打印输出方法以及各专业工程图样的绘图方法等内容。为方便读者学习，各章节的后面都附有精心挑选的上机操作练习，以方便读者在学习过程中，检验和巩固各章节的基本知识。

本书内容翔实，图文并茂，语言简洁，思路清晰，可以作为工科院校各专业学习 AutoCAD 绘图软件的教材，也可作为机械设计、印刷、建筑设计和广告设计初学者的自学参考教材。

图书在版编目（CIP）数据

AutoCAD 实用教程 / 于春艳，陈光主编. —北京：化学工业出版社，2019.1（2025.1 重印）
普通高等教育"十三五"规划教材
ISBN 978-7-122-33314-8

Ⅰ. ①A… Ⅱ. ①于… ②陈… Ⅲ. ① AutoCAD 软件 - 高等学校 - 教材 Ⅳ. ① TP391.72

中国版本图书馆 CIP 数据核字（2018）第 270377 号

责任编辑：满悦芝 　　　　　　　　　　文字编辑：王琪
责任校对：王鹏飞 　　　　　　　　　　装帧设计：张辉

出版发行：化学工业出版社（北京市东城区青年湖南街 13 号　邮政编码 100011）
印　　刷：北京云浩印刷有限责任公司
装　　订：三河市振勇印装有限公司
787mm×1092mm　1/16　印张 19$\frac{1}{2}$　字数 486 千字　2025 年 1 月北京第 1 版第 7 次印刷

购书咨询：010-64518888 　　　　　　售后服务：010-64518899
网　　址：http://www.cip.com.cn
凡购买本书，如有缺损质量问题，本社销售中心负责调换。

定　　价：49.00 元 　　　　　　　　　　　　　版权所有　违者必究

前　言

AutoCAD 是由 Autodesk 公司开发的通用计算机辅助绘图和设计软件，是目前工程界应用最广的 CAD 软件。其强大的功能和简洁易学的操作界面得到广大工程技术人员的欢迎。目前，AutoCAD 已广泛应用于土木工程、航天、造船、石油化工、冶金、纺织等领域，极大地提高了设计人员的工作效率。

AutoCAD 2016 继承了 Autodesk 公司一贯为广大用户考虑的方便性和高效率，且可读性得到增强，生成的曲线更加完美。其命令预览功能可以让使用者在提交命令前就能看到结果，大大减少了撤销操作的次数。与以前版本相比，AutoCAD 2016 在性能和功能方面都有较大的增强和改善。

AutoCAD 软件具有以下特点。

1. 具有完善的图形绘制功能。

2. 有强大的图形编辑功能。

3. 可以采用多种方式进行二次开发或用户定制。

4. 可以进行多种图形格式的转换，具有较强的数据交换能力。

5. 支持多种硬件设备。

6. 支持多种操作平台。

7. 具有通用性、易用性，适用于各类用户。

编者根据 AutoCAD 课程的现状和教学特点，结合当前高等教育学生的基本状况，为了使学习者在短时间内掌握 AutoCAD 2016 的基本知识和操作技能，本书以 AutoCAD 2016 绘制机械、建筑、水工图样相关内容为基础，结合工程实例循序渐进、深入浅出地介绍 AutoCAD 的操作方法和技巧。全书理论与实例相结合，以实例操作为引导，将命令贯穿其中，突出适用性和可操作性。

本书的特色如下。

1. 内容丰富。本书涵盖了 AutoCAD 2016 几乎所有的功能，主要包括 AutoCAD 2016 操作界面介绍、作图环境的设置、辅助作图工具与图层的使用方法、二维图形的绘制与编辑、文字和表格的创建与编辑方法、尺寸标注的创建与编辑方法、块的创建与使用用法、三维图形的绘制和编辑方法、布局的创建与图形的打印输出方法以及各专业工程图样的绘图方法等内容。

2. 叙述详细。本书对 AutoCAD 2016 的基本命令讲解详细。对于命令的启动、操作步骤、各选项的含义、操作技巧及注意事项等均做了详细的介绍。全书在语言上浅显易懂，既重视基本知识的掌握，又穿插绘图技巧的运用，并把用户在使用过程中常见的问题融入教材各知识点的介绍中。

3. 突出重点。本书作为工科院校 AutoCAD 课程的教材，为满足学生在课程设计及毕业设计中绘图需要，以 AutoCAD 2016 绘制机械图、建筑图和水工图为主线，介绍相关命令的使用方法。在第 10 章和第 11 章，结合专业图绘图实例，详细讲解了专业图的绘制、编辑和打印输出的方法和步骤，可供读者在课程设计、毕业设计时参考。

4. 联系实际。在每章的最后一部分，为"上机操作练习"，通过多个典型的综合案例，介绍了复杂图形的绘制，以便读者进一步深化和拓展各章节知识点、能力点的学习，检验和巩固各章节的基本知识，有利于提高读者的理解程度和操作能力。使已入门者能进一步提高AutoCAD 的应用水平，灵活使用操作技巧。

5. 通俗易懂。本书尽量采用通俗的语言来叙述，避免使用难懂的词汇，保持语言流畅，使读者更容易阅读和理解。书中采用图文并茂的排版方式，对于不易读懂的部分附以插图帮助读者理解。

本书由长春工程学院于春艳、陈光任主编，刘玉杰、纪花任副主编，参加编写的还有满羿、邵文明、吕苏华、张志俊、郭韵文、李智永、陶亮、张锐江、王宇杰、张发强等。全书由于春艳统稿。

本书由长春工程学院程晓新主审，审稿人对本教材初稿进行了详尽的审阅和修改，提出许多宝贵意见，在此，对他表示衷心感谢。

对本书存在的不妥之处，我们热忱希望广大读者提出宝贵意见与建议，以便今后继续改进。

编　者

2019 年 1 月

目　录

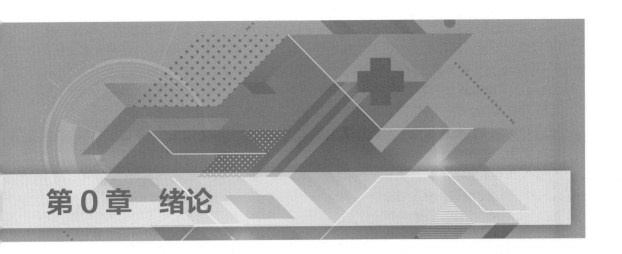

第 0 章 绪论

"AutoCAD 基础训练"课程是工科院校学生必修的学科基础课程，它的主要任务是学习和掌握计算机绘图软件 AutoCAD 的基本知识，掌握利用 AutoCAD 软件绘制与编辑二维、三维图形的方法，为后续课程的学习及课程设计、毕业设计打下必要的基础。

0.1 本课程简介

0.1.1 计算机辅助设计、计算机绘图与计算机图形学

计算机辅助设计：就是在工程设计中用计算机来帮助或替代设计人员的部分劳动、来辅助人们进行设计。

计算机绘图：是使用绘图软件及相应设备进行画图和标注的一种方法和技术。

计算机图形学：国际标准化组织 ISO 在数据辞典中对计算机图形学下的定义是"计算机图形学是研究通过计算机将数据结构转换为图形并在专用设备上显示的原理、方法和技术的科学"。

0.1.2 计算机辅助设计技术及 AutoCAD

计算机辅助设计 CAD（Computer Aided Design）技术是伴随着计算机软、硬件技术和计算机图形学技术的进步和发展而迅速成长起来的，是近代计算机科学、图形图像处理技术和现代工程设计技术的发展、交汇和融合的硕果。

AutoCAD 是美国 Autodesk 公司于 1982 年 10 月首次推出的一个交互式绘图软件包，是目前世界上应用最广泛的 CAD（Computer Aided Design）软件之一。该系统自 1982 年问世以来，版本几经更新，功能日趋完善，使 AutoCAD 由一个功能非常有限的绘图软件发展成为现在功能强大、性能稳定、市场占有率位居世界第一的 CAD 系统。目前，AutoCAD 已在机械、电子、造船、汽车、建筑、测绘、航天、兵器、轻工、纺织等领域中得到了广泛的应用。

0.1.3 AutoCAD 2016 的特点

AutoCAD 2016 继承了 Autodesk 公司一贯为广大用户考虑的方便性和高效率，可读性得

到增强，生成的曲线更加完美。命令预览功能可以让使用者在提交命令前就能看到结果，最大限度地减少了撤销操作的次数。能更加轻松地移动和复制大型选择集。与以前版本相比，AutoCAD 2016 在性能和功能方面都有较大的增强和改善。

AutoCAD 2016 软件具有如下特点。

（1）优化界面，提供功能区命令面板和命令预览功能，易学易用。

（2）底部状态栏整体优化更实用便捷。

（3）具有完善的图形绘制功能。

（4）具有强大的图形编辑功能。

（5）尺寸标注和文字输入功能。

（6）强大的三维造型及渲染功能。

（7）具有开放的体系结构，易于进行二次开发。

（8）可以进行多种图形格式转换，具有较强的数据交换能力。

（9）支持多种输入、输出设备。

（10）支持多种操作平台。

（11）网络分布设计功能（设计中心）。

0.1.4　AutoCAD 的基本安装环境

（1）硬件。

CPU 类型：最小 Intel ® Pentium ® 4 或 AMD Athlon ™ 64 处理器。

内存：对于 32 位 AutoCAD 2016，2GB（建议使用 3GB）；对于 64 位 AutoCAD 2016，4GB（建议使用 8GB）。

显示器分辨率：1024×768（建议 1600×1050 或更高）。

显卡：支持 1024×768 分辨率和真彩色功能的 Windows 显示适配器。

磁盘空间：安装 6.0GB。

（2）操作系统。Microsoft ® Windows ® 10、Microsoft Windows 8/8.1、Microsoft Windows 7。以上为最低配置，目前一般的硬件及操作系统均可以高速运行最新版的 AutoCAD 软件。

0.1.5　我国计算机辅助设计发展现状

目前 CAD 技术在我国也获得了日益广泛的应用，并取得了长足的进步和迅猛发展。作为现代计算机技术的一个重要组成部分，已经成为促进科研成果的开发和转化、促进传统产业和学科的更新与改造、实现设计自动化、增强企业及其产品在市场上的竞争力、促进国民经济发展和国防现代化的一项关键性高新技术。CAD 技术的应用，使得工程产品设计、制造的内容和方式都发生了根本性的变革。每一个学习和从事工程技术职业的人，都必须学习、熟悉和掌握 CAD 技术。

0.2　课程的学习方法

（1）学以致用。把学以致用的原则贯穿整个学习过程，在学习 AutoCAD 软件时，不要把主要精力花费在各个命令孤立的各单元的学习上，始终要与实际操作相结合，课后应认真完成"上机操作练习"中的实验题目，使自己对绘图命令有深刻和形象的理解，有利于培养自己应用 CAD 独立完成绘图的能力。

（2）熟能生巧。AutoCAD 课程是实践性较强的教学环节，只有通过课上、课下大量实操训练，才能熟练掌握利用 AutoCAD 软件绘制和编辑图形的相关操作，在实践中总结适合自己的操作方法和操作技巧，使自己可以从全局的角度掌握整个绘图过程。

（3）循序渐进。通过教材和 AutoCAD 的帮助文档进行学习是基础，不可或缺。整个学习过程应采用循序渐进的方式，先了解计算机绘图的基本知识，如命令的输入方法、绘图辅助工具的使用方法以及 AutoCAD 技术的综合应用，使自己能由浅入深、由简到繁地掌握 AutoCAD 软件的操作方法。

（4）善于交流。软件的学习应该学习、实践、交流三者各占三分之一的比重。通过课堂听老师讲授，课后阅读教材，可以让自己了解 AutoCAD 基本命令的操作过程。要想很好地从整体上把握软件的使用方法和操作技巧，必须通过实践和交流。在交流的过程中，要善于观察别人画图的细节，画图的架构、命令操作和一些小技巧，使自己对绘图命令有更深刻的、直观的理解。

第1章 AutoCAD 操作基础

本章导读

本章主要讲解 AutoCAD 用户界面，掌握命令的启动方法、数据及参数的输入方法和图形文件的管理方法，为以后能够方便快捷地利用 AutoCAD 绘图打下坚实的基础。

学习目标

➤ 熟悉 AutoCAD 2016 的界面。
➤ 了解 AutoCAD 2016 的工作空间。
➤ 掌握调用 AutoCAD 2016 命令的方法。
➤ 掌握坐标系统及数据输入法。
➤ 掌握新建、打开及保存图形文件的方法。
➤ 熟悉输入、输出图形文件的方法。

1.1 AutoCAD 操作界面

1.1.1 AutoCAD 的特点

AutoCAD 是美国 Autodesk 公司于 1982 年 10 月首次推出的一个交互式绘图软件包，是目前世界上应用最广泛的 CAD（Computer Aided Design）软件之一。该系统自 1982 年问世以来，版本几经更新，功能日趋完善，使 AutoCAD 由一个功能非常有限的绘图软件发展成为现在功能强大、性能稳定、市场占有率位居世界第一的 CAD 系统。目前，AutoCAD 已在机械、电子、造船、汽车、建筑、测绘、航天、兵器、轻工、纺织等领域中得到了广泛的应用。AutoCAD 软件具有如下特点。

（1）用户界面良好，易学易用。

（2）具有完善的图形绘制功能。

（3）具有强大的图形编辑功能。

（4）具有开放的体系结构，易于进行二次开发。

（5）可以进行多种图形格式转换，具有较强的数据交换能力。

（6）支持多种输入、输出设备。

（7）支持多种操作平台。

与以往版本相比，AutoCAD 2016 增添了许多新功能，利用视觉增强功能可以更加清晰地查看设计中的细节。可读性也得到增强，生成的曲线更加完美。命令预览功能可以让使用者在提交命令前就能看到结果，最大限度地减少了撤销操作的次数。能更加轻松地移动和复制大型选择集。

1.1.2　AutoCAD 的启动和退出

1.1.2.1　启动 AutoCAD 2016

执行方式

☆ 桌面：双击桌面上的快捷图标 ▲。

☆ 双击已经存在的 AutoCAD 2016 图形文件（*.dwg 格式）。

☆ "开始"菜单："开始"→程序→ Autodesk → AutoCAD 2016- 简体中文→ AutoCAD 2016- 简体中文命令。

1.1.2.2　退出 AutoCAD 2016

执行方式

☆ 软件窗口：单击窗口右上角的 ✕（关闭）按钮。

☆ 下拉菜单："文件"→"退出"命令。

☆ 快捷键：按【Alt+F4】或【Ctrl+Q】组合键。

☆ 命令行：QUIT 或 EXIT↙。

☆ 应用程序菜单：在展开的菜单中选择"关闭"命令，如图 1-1 所示。

1.1.3　AutoCAD 的界面

启动 AutoCAD 2016 中文版后，首先出现启动界面，如图 1-2 所示。

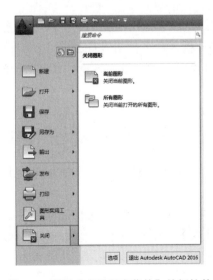

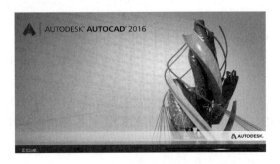

图 1-1　利用【应用程序菜单】关闭软件　　　　图 1-2　AutoCAD 2016 中文版启动界面

系统完成配置后，显示出 AutoCAD 2016 "开始"界面，如图 1-3 所示。AutoCAD 2016 "开始"界面包括"了解"栏和"创建"栏。

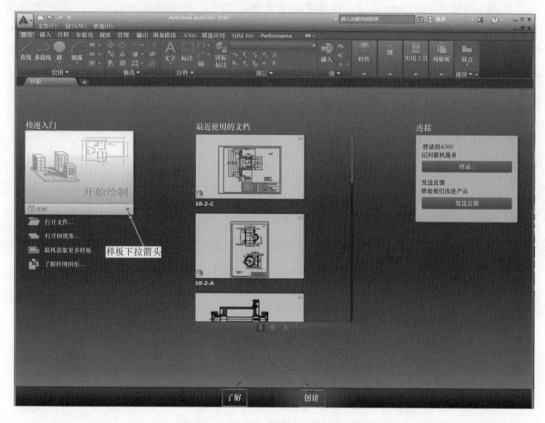

图 1-3　AutoCAD 2016 "开始"界面

"了解"栏提供了介绍 AutoCAD 2016 新特征、AutoCAD 2016 的快速入门和 AutoCAD 2016 功能视频，学习提示，联机资源等，读者可自行了解。这里重点说明学习提示栏目中包含一些操作小技巧，供大家学习参考。

"创建"栏提供了包括"快速入门""最近使用的文档""连接"，是新用户进入 AutoCAD 2016 的关键一步，它将引导我们选择不同的样板文件进行图形的绘制。

（1）如果直接点击【开始绘制】大图标，如图 1-4 所示，即可进入 AutoCAD 2016 的工作空间。点击样板下拉箭头，可展开样板文件列表，提供 AutoCAD 2016 样板文件供选择，如图 1-5 所示。其他选项如单击打开图形文件、打开图纸集等操作详见本章 1.4。

（2）"最近使用的文档"功能，可以快速打开之前打开的图纸文件，而不用通过【打开文件】方式去寻找文件。

（3）"连接"功能，除了可以登录 Autodesk 360，还可以将使用 AutoCAD 2016 过程中遇到的困难或者发现的软件自身缺陷发送给 Autodesk 公司。

进入 AutoCAD 2016 的工作空间后，用户界面如图 1-6 所示。有中文版 AutoCAD 2016 为用户提供了【草图与注释】【三维基础】和【三维建模】3 种工作空间。不同的空间显示的绘图和编辑命令也不同，AutoCAD 2016 的 3 种工作空间可以相互切换。下面以 AutoCAD 2016 默认的工作空间【草图与注释】为例，对 AutoCAD 工作界面中的各元素进行详细介绍。

该空间界面由应用程序菜单、快速访问工具栏、标题栏、功能区、绘图区、视图导航器、导航栏、命令提示窗口和状态栏等部分组成。

图 1-4　【开始绘制】大图标

图 1-5　样板文件列表

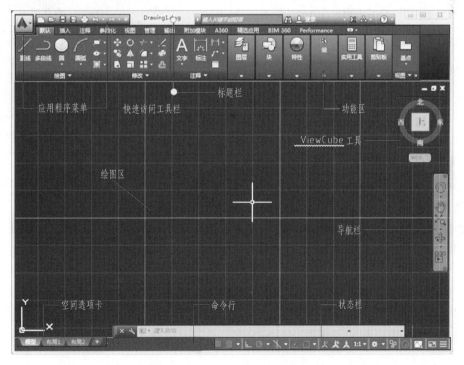

图 1-6　AutoCAD 2016 用户界面

1.1.3.1　应用程序菜单

应用程序菜单 ▲ 位于窗口的左上角，单击该按钮，可以展开 AutoCAD 2016 管理图形文件的命令，如图 1-7 所示。利用应用程序菜单可以启动相应命令；选择"最近使用的文档"列表中的选项，打开最近使用的文档；在应用程序菜单顶部的搜索栏中输入关键字或词语，就可定位相应的菜单命令，选择搜索结果，即可执行该命令。

1.1.3.2 快速访问工具栏

快速访问工具栏提供了常用的快捷命令按钮，可以给用户提供更多的方便。默认的快速访问工具栏由 7 个快捷按钮组成，依次为【新建】【打开】【保存】【另存为】【打印】【放弃】和【重做】，如图 1-8 所示。

AutoCAD 2016 提供了自定义快速访问工具栏的功能，单击快速访问工具栏后面的展开箭头，如图 1-9 所示，可以在快速访问工具栏中增加或删除命令按钮、隐藏菜单栏和将快速访问工具栏置于功能区下方显示和添加更多的其他命令按钮。

图 1-7　应用程序菜单

图 1-8　快速访问工具栏

图 1-9　自定义快速访问工具栏

1.1.3.3 标题栏

标题栏位于 AutoCAD 2016 窗口的顶部，如图 1-10 所示，它显示了系统正在运行的应用程序和用户正打开的图形文件的信息。第一次启动 AutoCAD 时，标题栏中显示的是 AutoCAD 启动时创建并打开的图形文件名，默认名称为 Drawing1.dwg，可以在保存文件时对其进行重命名操作。标题栏右侧的 3 个按钮分别用于控制窗口的状态：最小化、还原和关闭。

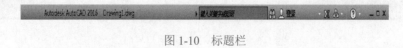

图 1-10　标题栏

1.1.3.4 功能区

功能区位于绘图窗口的上方，由多个命令面板组成，这些面板根据操作内容分布在各选项卡中。功能区上方为选项卡默认的"草图与注释"工作空间的功能区中共有 12 个选项卡："默认""插入""注释""参数化""视图""管理""输出""附加模块""A360""精选应用""BIM360"和"Performance"。每个选项卡中都包含若干个面板，每个面板中又包含多个用图标表示的命令按钮，如图 1-11 所示。

图 1-11　功能区

（1）单击功能区顶部 按钮，可改变功能区面板显示形式。单击该图标右侧的 下拉箭头，可显示所有选项，如图 1-12 所示。

（2）用鼠标右键在任意选项卡位置单击，弹出快捷菜单，可以对选项卡和面板的显示进行调整，如图 1-13 所示。

图 1-12　面板显示形式

图 1-13　选项卡设置

1.1.3.5　绘图区

绘图区是用户的主要工作区域，绘制图形、编辑图形、标注尺寸、输入文字等工作都反映在绘图区中。绘图区没有边界，利用平移、缩放等功能使绘图区任意增大或缩小。不管物体有多大，都能在绘图区内按照实际尺寸绘制图样。

绘图区左下角有一个坐标系图标，方便绘图人员了解当前的视图方向及视觉样式。此外，绘图区还会显示一个十字光标，其交点为光标在当前坐标系中的位置。移动鼠标时，光标的位置也会相应改变。绘图区右上角同样也有 3 个按钮，分别为当前图形文件的"最小化""还原（或最大化）"和"关闭"按钮。在 AutoCAD 中同时打开多个文件时，可通过这些按钮来切换和关闭图形文件。

1.1.3.6　ViewCube 工具

ViewCube 工具位于绘图区右上角，它是用户在二维模型空间或三维视觉样式中处理图形时显示的导航工具，用户通过观察立方体，可以在标准视图和等轴测视图间切换，如图 1-14 所示。

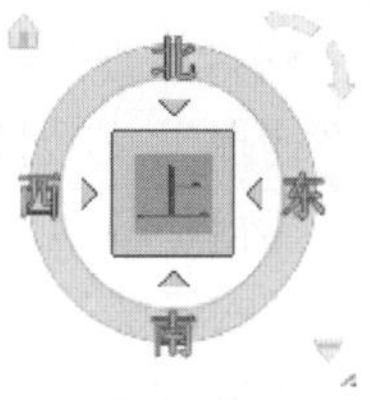

1.1.3.7　导航栏

导航栏位于绘图区的右侧，用于控制图形的显示，可以对视图进行平移、缩放和动态观察等，如图 1-15 所示。

图 1-14　ViewCube 工具

1.1.3.8　命令提示窗口

命令提示窗口位于绘图区的下方，用于接收输入的命令，显示 AutoCAD 2016 提示信息和保存用户自启动

图 1-15　导航栏

AutoCAD 2016 中文版后用户所使用的命令。单击滚动按钮不放，可使其中的内容上下滚动。

可以通过双击命令窗口以使其浮动。可以通过将命令窗口拖动到绘图区的顶部或底部边来将其固定。在命令窗口固定时可调整其大小。将光标定位在水平分割条上，以使光标显示

图 1-16　文本窗口

为双线和箭头 ╪，垂直拖动，直到命令窗口达到需要的大小。

AutoCAD 文本窗口是记录 AutoCAD 命令的窗口，是放大的命令行窗口。执行"TEXTSCR"命令或按【F2】键，可打开文本窗口，如图 1-16 所示，记录了文档进行的所有编辑操作。

1.1.3.9　状态栏

状态栏用来显示 AutoCAD 当前的状态，如"对象捕捉""极轴追踪"等命令的工作状态。同时，AutoCAD 2016 将之前的模型布局标签栏和状态栏合并在一起，如图 1-17 所示。

图 1-17　状态栏

在状态栏的空白位置右击，系统弹出快捷菜单，可以选择"新建布局""从样板""绘图标准设置"等命令。

状态栏左端，包含"模型"和"布局"两种绘图环境，即 模型 布局1 布局2 + 。默认情况下，显示"模型"空间，用户可以单击选择绘图环境。单击"布局"选项卡右侧的加号可以新建布局。

状态栏右端为常用的显示和设置当前工作状态的按钮，系统默认按钮颜色是蓝色为开启状态，按钮颜色是灰色为关闭状态。各按钮的含义如下。

栅格 ▦：栅格是覆盖用户坐标系（UCS）的整个 XY 平面的由直线或点构成的矩形图案。使用栅格类似于在图形下放置一张坐标纸，利用栅格可以对齐对象并直观显示对象之间的距离。输出图形时，不打印栅格。

栅格捕捉 ▦：栅格捕捉用于限制十字光标，使其按照用户定义的间距移动。如果启用了"捕捉"，在创建或修改对象时，光标可附着或"捕捉"到可见或不可见的栅格。栅格和栅格捕捉是各自独立的设置，但经常同时打开。单击其旁边 ▾，可以选择默认捕捉类型和对栅格及栅格捕捉进行基本参数设定。

推断约束 ♪：在创建或编辑几何图形时自动应用几何约束。

动态输入 ⁺ₘ：动态输入可以控制指针输入、标注输入、动态提示以及绘图工具提示的预览结果。

正交模式 ⌐：正交模式可以将光标限制在水平或垂直方向上移动，以便于精确地创建和修改对象。

极轴追踪 ⌖：使用极轴追踪，光标将按指定角度进行移动。单击其旁边 ▾，可以选择常用追踪角度和对其进行基本参数设置。

对象捕捉追踪 ∠：从对象捕捉点沿着垂直对齐路径和水平对齐路径追踪光标。

二维对象捕捉 ▢：将光标捕捉到对象上的特征位置，例如线的端点和圆心。单击按钮旁边的箭头▾，会显示一个用于指定永久对象捕捉的菜单。

线宽≣：显示或隐藏设定的图线宽度信息。

透明度▨：控制指定给单个对象或 ByLayer 的透明度特性是可见还是被禁用。透明度可单独进行控制，以便从【打印】对话框或【页面设置】对话框进行打印。

选择循环▧：控制当用户将鼠标悬停在对象上或选择的对象与另一个对象重叠时的显示行为。在按钮上单击鼠标右键，以指定当用户将鼠标悬停在对象上或选择重叠的对象时，是显示标记还是显示【选择】对话框。用户可以通过按【Shift】+ 空格组合键或使用【选择】对话框，在重叠的对象之间选择。

三维对象捕捉▧：控制三维对象的对象捕捉设置和点云功能。使用执行对象捕捉设置（也称为对象捕捉），可以在对象上的精确位置指定对象捕捉点。如果多个对象捕捉都处于活动状态，则使用距离靶框中心最近的选定对象捕捉。如果有多个对象捕捉可用，则可以按【Tab】键在它们之间循环。

小控件✿：三维小控件可以帮助用户沿三维轴或平面移动、旋转或缩放一组对象。

注释可见性▧：控制是否显示所有的注释性对象，或仅显示那些符合当前注释比例的注释性对象。

自动缩放▧：当注释比例发生更改时，自动将注释比例添加到所有注释性对象。

注释比例▧ 1:1/100%▾：在"模型"选项卡中设置注释性对象的注释比例。单击此按钮将显示一个菜单，用于指定注释比例。

切换工作空间✿：切换绘图工作空间，单击按钮旁边的下拉箭头▾，会显示如图 1-18 所示草图与约束、二维基础等选项。

注释监视器╋：打开注释监视器。当注释监视器处于启用状态时，将通过放置标记来标记所有非关联注释。

单位▍ 小数：设置当前图形中坐标和距离的显示格式。在按钮上单击鼠标右键，以指定其他格式。

图 1-18　切换工作空间选项

快捷特性▣：选中对象时显示【快捷特性】选项板。在按钮上单击鼠标右键，以指定如何显示"快捷特性"窗口。

锁定 UI ▣：锁定工具栏、面板和可固定窗口（例如，【设计中心】和【特性】选项板）的位置和大小。单击按钮旁边的下拉箭头▾或在此按钮上单击鼠标右键，为用户界面指定多个锁定选项。

硬件加速◎：控制是否启用硬件加速，这样可以通过使用用户图形卡上的处理器来提高图形性能。

全屏显示▣：通过隐藏功能区、工具栏和选项板，最大化绘图区。

自定义≣：可对当前状态栏中的按钮进行添加和删除。

操作技巧：
鼠标激活任意按钮后，再按【F1】键，系统弹出该命令的【帮助】对话框。

1.1.4　下拉菜单

在 AutoCAD 2016 的工作空间，默认不显示下拉菜单。用户需要调用下拉菜单时，需单击"快速访问工具栏"下拉箭头，系统弹出下拉列表，选择其中的"显示菜单栏"命令，系统就会在快速访问工具栏的下侧显示菜单栏，如图 1-19 所示。菜单栏默认共有 13 个菜单项，几乎包含了 AutoCAD 的所有绘图和编辑命令。单击菜单项或按下【Alt】键 + 菜单项中带下画线的字母（例如按【Alt+O】组合键），即可打开对应的菜单命令。

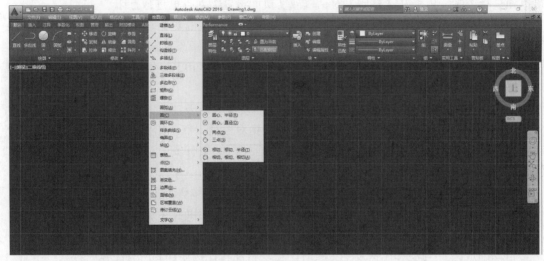

图 1-19　下拉菜单和子菜单

下拉菜单中的选项有以下 3 种类型。

（1）激活相应对话框的菜单命令。此类型的命令后面带有省略号，如图 1-19 中下拉菜单"表格..."命令，单击此命令后，会打开【插入表格】对话框，如图 1-20 所示。

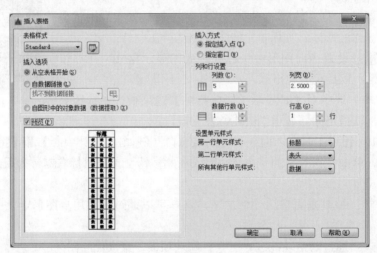

图 1-20　【插入表格】对话框

（2）需在子菜单中选择命令的菜单命令。右边有小三角形的菜单命令，表示该命令后面带有下拉列表，将光标放在上面会弹出它的子菜单。如图 1-19 中下拉菜单"圆（C ）"，当光标放在该命令上会弹出它的子菜单，一共有 6 个命令选项，单击选择一种画圆方式。

（3）直接操作的菜单命令。右边没有任何符号的选项，单击后直接执行相应的命令。如图 1-19 中的"直线"命令，单击此命令，系统在命令行给出下一步的提示：

命令：_line
指定第一个点：

1.2　AutoCAD 命令输入

AutoCAD 交互绘图必须输入必要的指令和参数。有多种 AutoCAD 命令输入方式，下面以画"直线"命令为例进行介绍。

1.2.1　命令输入方式

1.2.1.1　命令行输入方式

在命令行中输入命令名或输入命令快捷键，常用命令的快捷键见书后附录 1。命令字符可不区分大小写，在执行命令时，在命令行中经常会给出下一步的操作提示或出现命令选项。

实例操作

利用画"直线"命令，绘制图 1-21 所示平面图形。

命令行提示与操作步骤如下。

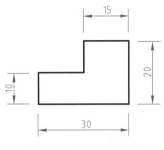

图 1-21　绘制平面图形

命令：L↙（L 为直线命令的快捷键）

LINE

指定第一个点：在绘图区指定画线起点

指定下一点或［放弃（U）］：< 正交　开 >30↙在状态栏打开正交模式，向右拉动鼠标

指定下一点或［放弃（U）］：20↙向上拉动鼠标

指定下一点或［闭合（C）/放弃（U）］：15↙向左拉动鼠标

指定下一点或［闭合（C）/放弃（U）］：10↙向下拉动鼠标

指定下一点或［闭合（C）/放弃（U）］：15↙向左拉动鼠标

指定下一点或［闭合（C）/放弃（U）］：C↙闭合线框，完成多边形绘制

当命令行出现命令选项时，如上面的"指定下一点或［闭合（C）/放弃（U）］"中不带括号的提示"指定下一点"为默认选项，直接输入直线段的长度、坐标会在绘图区指定一点画出直线段，如果选择其他选项，则应首先输入该选项的快捷键，如"闭合"选项的快捷键【C】，画出封闭多边形；输入"放弃"选项的快捷键【U】，则取消上一次画出的直线段。

说明：

（1）方括号"［ ］"中以"/"隔开各个选项。

（2）如有尖括号，则"< >"中的内容是当前默认值。

（3）AutoCAD 的命令执行过程是交互式的。当用户输入命令后，需按【Enter】键确认，系统才执行该命令。而执行过程中，系统有时要等待用户输入必要的绘图参数，如输入命令选项、点的坐标或其他几何数据等，输入完成后，也要按【Enter】键，系统才能继续执行下一步操作。

> 操作技巧：
> 如果命令行被关闭了，打开命令行最简单的办法是利用快捷键【Ctrl+9】，即可打开命令行。也可以单击下拉菜单"工具"→"命令行"重新打开命令行。

1.2.1.2　在功能区单击命令

在功能区包含"默认""插入""注释""参数化""视图""管理""输出""附加模

块""A360""精选应用""BIM360"和"Performance"等选项卡。每个选项卡中都包含若干个面板，每个面板中又包含多个用图标表示的命令按钮，单击相关面板上的命令按钮，即可激活该命令。

如画"直线"命令。单击功能区"默认"选项卡→"绘图"面板→✐（直线）命令。

命令行提示与操作步骤如下。

命令：_line

指定第一个点：

指定下一点或 [放弃 (U)]：

其余操作过程与"命令行输入方式"相同，此处略。

1.2.1.3 下拉菜单选择命令

下拉菜单共有 13 个菜单项，几乎包含了 AutoCAD 的所有绘图和编辑命令。单击相关菜单项上的命令，即可激活该命令。

如画"直线"命令。单击下拉菜单"绘图"→"直线（L）"命令。

激活该命令后，命令行提示与操作步骤与在功能区选择命令相同，此处略。

1.2.1.4 命令行打开快捷菜单

如果在前面已经输入过命令，可以在命令行右击，打开快捷菜单，如图 1-22 所示，在"最近使用的命令"子菜单中选择要输入的命令。"最近使用的命令"子菜单中存储了最近使用的 6 个命令。

1.2.1.5 在命令行输入命令名的第一个字母

为了输入命令方便，用户只需记住命令名的第一个字母。在用户输入命令名的第一个字母后，在光标所在位置会弹出以该字母打头的 AutoCAD 的命令。如输入"L"后，弹出以"L"打头的相关命令，如图 1-23 所示。可单击选择要输入的命令。

图 1-22　命令行打开快捷菜单

图 1-23　"L"打头的 AutoCAD 的命令

1.2.2 命令的重复、中止、撤销和恢复撤销

1.2.2.1 命令的重复

无论以上述哪种方式执行的最后一条命令，都可以在"命令："提示下，键入回车键或空格键重复该命令。

1.2.2.2 命令的中止

在执行命令的过程中，按下【Esc】键，可中止该命令的执行。

1.2.2.3　命令的撤销

（1）执行 undo 命令：在图形编辑过程中，可以利用 undo（U）命令撤销上一步操作。

（2）单击 ↰【撤销】按钮：单击快速访问工具栏中的【撤销】按钮，可以撤销上一步操作；单击其旁边的箭头 ▾，可选择撤销指定数目的动作。

1.2.2.4　命令的恢复撤销

（1）执行 redo 命令：使用了 U 命令或 undo 命令后，接着使用 redo 命令即可恢复已撤销的上一步操作。

（2）单击 ↱【重做】按钮：单击快速访问工具栏中的【重做】按钮，可以恢复已撤销的上一步操作；单击其旁边的箭头 ▾，可选择恢复指定数目的动作。

1.2.3　透明命令

AutoCAD 中有部分命令可以在执行其他命令的过程中嵌套执行而不必退出该命令，这种命令称为"透明命令"。能透明执行的命令，通常是一些绘图工具、改变图形设置或查询的命令，如"GRID""SNAP""OSNAP""ZOOM""PAN""LIST""DIST"等命令。

实例操作

在绘制直线的过程中需要缩放视图，则可以透明执行缩放命令，缩放视图后返回绘制直线命令。

命令行提示与操作步骤如下。

命令：LINE↙

指定第一点：(在屏幕上指定第一点)

指定下一点或 [放弃（U）]：'ZOOM↙（可从下拉菜单中选择窗口缩放命令）

>> 指定窗口的角点，输入比例因子（nX 或 nXP），或者 [全部（A）/ 中心（C）/ 动态（D）/ 范围（E）/ 上一个（P）/ 比例（S）/ 窗口（W）/ 对象（O）]< 实时 >：W↙

>> 指定第一个角点：>> 指定对角点：(拖动鼠标指定缩放窗口)

正在恢复执行 LINE 命令。

指定下一点或 [放弃（U）]：(回到画直线命令，在屏幕上指定下一点)

指定下一点或 [放弃（U）]：↙ 结束命令

1.2.4　鼠标输入

用鼠标选择主菜单中的命令选项或单击工具栏上的命令按钮，系统就执行相应的命令。此外，用户也可在命令启动前或执行过程中，单击鼠标右键，通过快捷菜单中的选项启动命令。利用 AutoCAD 绘图时，用户多数情况下是通过鼠标发出命令的。鼠标各按键的定义如下。

左键：拾取键，用于单击工具栏按钮及选取菜单选项以发出命令，也可在绘图过程中指定点和选择图形对象等。

右键：一般作为回车键，命令执行完成后，常单击右键来结束命令。在有些情况下，单击右键将弹出快捷菜单，该菜单上有确认命令。

滚轮：向前转动滚轮，放大图形；向后转动滚轮，缩小图形。缩放基点为十字光标点。默认情况下，缩放增量为 10%。按住滚轮并拖动鼠标光标，则平移图形。双击滚轮，全部缩放图形。

1.3 坐标系统与数据输入法

在绘图过程中，AutoCAD 经常会要求用户输入点来确定所绘对象的位置、大小和方向。在要求输入点时，一种方法是通过单击鼠标拾取光标中心作为一个点的数据输入，另外一种方法是输入坐标值。

1.3.1 世界坐标系和用户坐标系

AutoCAD 采用两种坐标系，世界坐标系（WCS）与用户坐标系（UCS）。首次进入 AutoCAD 工作空间时的坐标系是世界坐标系，是固定的坐标系统。世界坐标系是坐标系统中的基准，绘制图形时大多在这个坐标系统下进行。

在 AutoCAD 中，用户可以使用 UCS 命令来创建用户坐标系。UCS 对于输入坐标、定义绘图平面和设置视图非常有用。创建三维对象时，可以通过重新定位 UCS 来简化工作。

1.3.2 坐标输入方法

在运行 AutoCAD 软件时，若需要用坐标来定位点，则在命令提示输入点时，在命令行中输入坐标值。如果启用了状态栏中的"DYN"，则在光标附近的工具栏提示中输入坐标值。

1.3.2.1 绝对直角坐标（x，y，z）

绝对直角坐标是相对于坐标系原点（0，0，0）为基点定位所有的点。在二维绘图中，z 坐标默认为 0 或采用当前设置的默认高度，因此用户仅输入 x、y 坐标值即可，坐标间用逗号分隔，实际输入时不加小括号。

实例操作

用绝对笛卡儿坐标从点（4，3）到点（10，8）绘制一直线，如图 1-24 所示。

命令行提示与操作步骤如下。

命令：LINE↙

指定第一点：4，3↙（命令行输入绝对笛卡儿坐标）

指定下一点或 [放弃（U）]：10，8↙

指定下一点或 [放弃（U）]：↙结束命令

1.3.2.2 相对直角坐标

相对坐标是基于上一输入点的。如果知道某点与前一点的位置关系，可以使用相对（x，y）坐标。要指定相对坐标，需在坐标前面添加一个 @ 符号，即（@x，y）。

实例操作

使用相对直角坐标绘制图 1-24 所示直线，操作如图 1-25 所示。

命令行提示与操作步骤如下。

命令：LINE↙

指定第一点：（在屏幕上指定任意一点 A）

指定下一点或 [放弃（U）]：@6，5↙（输入相对直角坐标指定点 B，画出直线 AB）

指定下一点或 [放弃（U）]：↙

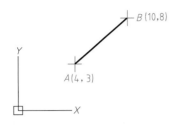

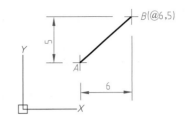

图 1-24　使用绝对笛卡儿坐标绘制直线　　图 1-25　使用相对直角坐标绘制直线

1.3.2.3　绝对极坐标和相对极坐标（距离和角度）

创建对象时，可以使用绝对极坐标或相对极坐标（距离和角度）定位点。要使用极坐标指定一点，需输入以角括号"<"分隔的距离和角度。

默认情况下，角度按逆时针方向增大，按顺时针方向减小。要指定顺时针方向，角度输入负值。例如，输入 1<315 和 1<−45 都代表相同的点。可以使用 UNITS 命令改变当前图形的角度约定，详见第 2 章图 2-7【方向控制】对话框。

实例操作

使用相对极坐标绘制直线，操作如图 1-26 所示。

命令行提示与操作步骤如下：

命令：LINE↙

指定第一点：(在屏幕上指定一点 A)

指定下一点或 [放弃（ U ）]：@8<30↙（ 输入相对极坐标指定点 B，画出直线 AB ）

指定下一点或 [放弃（ U ）]：↙

1.3.2.4　动态输入

动态工具提示提供另外一种方法来输入命令。当动态输入处于启用状态时，工具提示将在光标附近动态显示更新信息。当命令正在运行时，在光标附近提供了一个命令界面，以帮助用户专注于绘图区来输入数据，如图 1-27 所示。

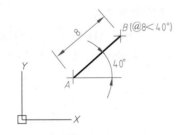

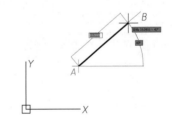

图 1-26　使用相对极坐标绘制直线　　图 1-27　使用动态输入绘制直线

实例操作

使用动态输入绘制直线，画线前，设置极轴捕捉增量角为 10°，操作如图 1-27 所示。

命令行提示与操作步骤如下。

命令：LINE↙

指定第一个点：(在屏幕上指定一点 A)

指定下一点或[放弃(U)]: 16↙移动鼠标,当追踪线的方向显示为 40° 时,在动态框中输入线段的长度

指定下一点或[放弃(U)]: ↙

1.4 图形文件管理

AutoCAD 图形文件的基本操作主要包括启动环境设置、创建新图形文件、打开已有图形文件、保存图形文件、输出图形文件等内容。实际上,新建、打开、保存和关闭操作是学习所有软件的起点,下面分别加以介绍。

1.4.1 新建图形文件

绘制一幅新图形时,首先要创建新的图形文件并做好绘图前的准备工作。

执行方式

☆ 默认开始界面:单击"开始绘图"图标。

☆ 应用程序菜单▲:"新建"→"图形"命令。

☆ 快速访问工具栏: 　 (新建)命令。

☆ 下拉菜单:"文件"→"新建"命令。

☆ 状态栏:单击状态栏"布局"右侧的加号 　 按钮。

☆ 命令行:NEW↙。

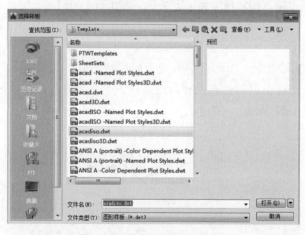

启动新建图形文件命令后,系统弹出如图 1-28 所示的【选择样板】对话框,用户可以在该对话框中选择不同的绘图样板,当用户选择好绘图样板时,系统会在该对话框的右上角显示预览,然后单击【打开】按钮,即可创建一个新的图形文件。

AutoCAD 的标准样板文件,都保存在 AutoCAD 安装目录的"Template"文件夹中,扩展名为".dwt",用户也可以根据需要建立自己的标准样板。样板文件包含了许多参数设置,如单位、精

图 1-28 【选择样板】对话框

度、图形界限、尺寸样式及文字样式等,以样板文件为原型文件新建图样后,该图样具有与样板图相同的设置。

常用的样板文件有 acadiso.dwt 和 acad.dwt,前者为公制样板,图形界限 420×297,后者是英制样板,图形界限 12×9。

1.4.2 打开图形文件

如果用户要对已经存在的图形文件进行编辑或浏览,必须先打开该图形文件。

执行方式

☆ 默认开始界面：单击"打开文件"选项。

☆ 应用程序菜单 ▲ ："打开"→"图形"命令。

☆ 快速访问工具栏： 📂（打开）命令。

☆ 下拉菜单："文件"→"打开"命令。

☆ 命令行：OPEN ↙ 。

执行以上操作都会弹出如图 1-29 所示的【选择文件】对话框，该对话框用于选择已有的 AutoCAD 图形，单击【打开】按钮后的下拉按钮，在打开的下拉菜单中可以选择不同的打开方式。在【选择文件】对话框的"名称"列表中双击文件名称，也可以打开该图形文件。

AutoCAD 直接打开的图形文件类型有以下 4 种。

Dwg：AutoCAD 图形文件格式。

Dwt：创建新图形的样板文件。

Dwf：AutoCAD 与其他软件之间进行数据交换的文件格式。

图 1-29　【选择文件】对话框

Dws：标准图形文件格式，保存了标准设置，用于图纸标准化检查及转换。

操作技巧：

有时在打开 .dwg 文件时，系统打开一个信息提示对话框，提示用户图形文件不能打开。在这种情况下可以先退出打开操作，然后打开"文件"菜单，选"图形实用工具 | 修复"命令，或者在命令行直接用键盘输入"recover"，接着在【选择文件】对话框中输入要恢复的文件，确认后系统开始执行恢复文件操作。

1.4.3　保存图形文件

在绘图过程中要注意经常保存图形文件，以免由于程序异常中断或者断电等突发性事件而使大量工作成果丢失。没有保存的文件信息一般存在于计算机的内存中，当计算机死机、断电或程序发生错误时，内存中的信息将会丢失。保存的作用是将内存中的文件信息写入磁盘，写入磁盘的信息不会因为断电、关机或死机而丢失。在 AutoCAD 中，保存图形文件时，一般采取三种方式：一种是以当前文件名称快速保存图形；另一种是指定新文件名更换名称存储图形；再一种是定时保存图形。

1.4.3.1　以当前文件名称快速保存图形

执行方式

☆ 应用程序菜单 ▲ ： 💾（保存）命令。

☆ 快速访问工具栏： 💾（保存）命令。

☆ 下拉菜单："文件"→"保存"命令。

图 1-30 【图形另存为】对话框

☆ 命令行：SAVE↙。

☆ 快捷键：按【Ctrl+S】组合键。

执行上述任一操作，都可以对图形文件进行保存。若当前的图形文件已经命名保存过，则按此名称及路径保存文件，不会给用户提示。如果当前图形文件尚未保存过，则会弹出如图 1-30 所示的【图形另存为】对话框，用户需在该对话框中指定文件的存储位置、文件类型及输入文件名称等信息。

1.4.3.2 指定新文件名更换名称存储图形

该命令指对已有图形进行重命名保存。常用启动方法如下。

☆ 应用程序菜单▲："另存为"命令。

☆ 快速访问工具栏：🔖（另存为）命令。

☆ 下拉菜单："文件"→"另存为"命令。

☆ 命令行：QSAVE↙。

☆ 快捷键：按【Ctrl+Shift+S】组合键。

启动命令后，仍出现图 1-30 所示【图形另存为】对话框。在该对话框中，"保存于"下拉列表用于设置图形文件保存的路径；"文件名"文本框用于输入新文件名称；"文件类型"下拉列表用于选择文件保存格式，AutoCAD 2016 提供的文件保存类型如图 1-31 所示。

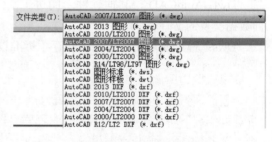

图 1-31 文件保存类型

1.4.3.3 定时保存图形

除了以上两种保存方法外，还可以使用采用定时保存图形文件的方法，可以免去随时手动保存的麻烦。设置定时保存后，系统每隔一段时间自动将当前的图形文件保存到预设的位置，保存当前文件，避免意外情况导致文件丢失。

执行方式

☆ 应用程序菜单：单击右下方【选项】按钮。

☆ 命令行：OP↙。

启动命令后，系统弹出【选项】对话框，如图 1-32 所示。选择"打开和保存"选项卡，在"文件安全措施"选项组中选择"自动保存"复选框，根据需要在下面的文本框中输入合适的间隔时间和保存方式，如图 1-32 所示。定时保存的时间不宜设置得过短，否则会影响软件的正常使用；也不宜设置时间过长，避免造成更大的损失，一般设置在 10min 左右为宜。单击【确定】按钮，关闭对话框，定时保存设置即可生效。

AutoCAD 自动保存的临时文件扩展名为 .sv$，将自动保存的图形存放到 AUTO.SV$ 或 AUTO?.SV$ 文件中，一般该文件存放在 WINDOWS 的临时目录，如 C：\WINDOWS\TEMP。

如需恢复，找到该文件，将其改名为图形文件 .dwg，即可在 AutoCAD 中打开。

为了便于查找自动保存的文件，可指定自动保存的位置。在命令行输入 "SAVEFILE
PATH"，按【Enter】键，命令行提示与操作如下。

命令：SAVEFILEPATH✓

输入 SAVEFILEPATH 的新值，或输入 . 表示无 <"C：\Users\Administrator\appdata\local\
temp\">：G：\CAD16 版教材 \

图 1-32　【选项】对话框

操作技巧：

1. 定时保存的时间不宜设置得过短，否则会影响软件的正常使用；也不宜设置时间过长，一般设置在 10min 左右为宜。

2. AutoCAD 自动保存的临时文件扩展名为 .sv$，如需恢复，将其改为 .dwg 即可。

3. 如果文件意外丢失或由于误操作造成图形损失，可从备份文件中恢复图形。一般备份文件与图形文件存储在同一目录下，其扩展名为 .bak，找到该文件，将其改名为图形文件 .dwg，即可在 AutoCAD 中打开。

1.4.4　关闭图形文件

为了避免同时打开过多的图形文件，占用系统资源，可在不退出 AutoCAD 系统的情况下，关闭暂不使用的图形文件。

执行方式

☆ 应用程序菜单▲：“关闭”→“当前图形”或“所有图形”命令。

☆ 下拉菜单：“文件”→“关闭”命令。

☆ 文件窗口：单击文件窗口上的▣（关闭）按钮。

☆ 命令行：CLOSE✓。

☆ 快捷键：按【Ctrl+F4】组合键。

启动命令后，如果当前图形文件没有保存，系统将弹出如图 1-33 所示的系统提示对话框。在该提示对话框中，需要保存修改时，则单击【是】按钮，否则单击【否】按

图 1-33　系统提示对话框

钮，单击【取消】按钮，则取消关闭操作。

上机操作练习

1. 熟悉 AutoCAD 2016 用户界面。

（1）单击程序窗口左上角的▲图标，弹出下拉菜单，该菜单包含"新建""打开"及"保存"等常用命令。单击➡按钮，显示已打开的所有图形文件；单击🔄按钮，系统显示最近使用的文件。

（2）单击【快速访问】工具栏上的▼按钮，选择【显示菜单栏】选项，显示 AutoCAD主菜单。选择菜单命令"工具"/"选项板"/"功能区"，关闭"功能区"。

（3）再次选择菜单命令"工具"/"选项板"/"功能区"，则又打开"功能区"。

（4）单击"默认"选项卡中"绘图"面板上的▼按钮，展开该面板。再单击▼按钮，固定面板。

（5）在任一选项卡标签上单击鼠标右键，弹出快捷菜单，选择"显示选项卡"/"注释"命令，关闭"注释"选项卡。

（6）单击功能区顶部的▣▼按钮，循环展示功能区形式。

（7）在任一选项卡标签上单击鼠标右键，选择"浮动"命令，则功能区的位置变为可动。将鼠标光标放在功能区的标题栏上，按住鼠标左键移动鼠标光标，改变功能区的位置。

（8）绘图窗口是用户绘图的工作区域，该区域无限大，其左下方有一个表示坐标系的图标，图标中的箭头分别指示 X 轴和 Y 轴的正方向。在绘图区中移动鼠标光标，状态栏上将显示光标点的坐标读数。单击该坐标区可改变坐标的显示方式。

2. 管理图形文件。

（1）启动 AutoCAD 2016，进入操作界面。

（2）打开一幅已经保存过的图形。

（3）进行自动保存设置。

（4）尝试在绘图区绘制任意图线。

（5）将图形以新的名字保存。

（6）退出该文件。

3. 数据操作。

（1）在命令行输入"LINE"命令。

（2）输入起点的绝对坐标值。

（3）输入下一点的相对坐标值。

（4）输入下一点的绝对极坐标值。

（5）输入下一点的相对极坐标值。

（6）点击指定下一点位置。

（7）打开状态栏中的"正交模式"按钮∟。用光标指定下一点的方向，在命令行输入一个数值。

（8）打开状态栏中的"动态输入"按钮⊞，拖动光标，系统会动态显示角度，拖动到选定的角度后，在长度文本框中输入长度值。

（9）按【Enter】键，结束绘制直线的操作。

第 2 章　绘图环境及绘图辅助工具

本章导读

　　本章主要讲解设置 AutoCAD 绘图时的一些辅助命令,包括工作空间的切换、绘图界面的显示状态及绘图环境的设置,常用的绘图辅助工具的使用方法,查询图形信息的方法等内容。

学习目标

- ➢ 了解 AutoCAD 工作空间的概念及切换工作空间的方法。
- ➢ 掌握通过"选项"命令调整系统配置的方法。
- ➢ 掌握设置图形单位、图形界限的方法。
- ➢ 掌握绘图辅助工具的使用方法。
- ➢ 掌握查询图形信息的基本方法。

2.1　设置 AutoCAD 绘图环境

　　绘图环境设置是为了符合各专业绘图需要而进行的一些设置,包括工作空间、图形界限、绘图单位等直接影响绘图结果的绘图环境的设置,以及调整绘图区颜色、十字光标大小、鼠标右键功能、文件存储格式等基本参数的设置。通过对绘图环境的设置,提高绘图的效率和水平,有利于根据专业统一图形格式,简化后期对图形文件的调整、修改工作,便于图形的管理和使用。

2.1.1　切换工作空间

　　工作空间是 AutoCAD 用户界面中包含的菜单栏、命令面板、选项板、工具栏等的组合设置,绘图时可以根据绘图的需要选择相应的工作空间。

2.1.1.1　使用标准工作空间

执行方式

　　☆ 下拉菜单:"工具" → "工作空间(O)"命令。
　　☆ 快速访问工具栏:展开快速访问工具栏上的工作空间列表,如图 2-1 所示。

☆ 命令行：WSCURRENT 或 WSC↙。

☆ 状态栏：单击【切换工作空间】按钮，如图 2-2 所示。

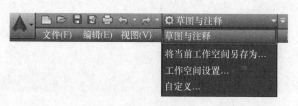

图 2-1　通过快速访问工具栏选择工作空间　　　　图 2-2　在状态栏选择工作空间

操作技巧：

退出 AutoCAD 软件之后，再次启用该软件时，系统会默认进入上一次设置的工作空间。

2.1.1.2　自定义工作空间

除了使用系统提供的标准工作空间外，用户还可以根据绘图需要及个人工作习惯自定义工作空间，使工作空间包含下拉菜单、命令面板、工具栏等所需的界面元素。设置好工作空间的界面元素后，可将自定义的工作空间保存在工作空间列表中。

实例操作

（1）展开工作空间列表，将当前工作空间切换到草图与注释空间。

（2）单击快速工具栏后的展开箭头，打开"自定义快速访问工具栏"下拉列表，如图 2-3 所示，选择"显示菜单栏"命令，显示菜单栏。

（3）再次打开图 2-1 所示的工作空间列表，选择"将当前工作空间另存为"命令，系统弹出【保存工作空间】对话框，如图 2-4 所示。

（4）在"名称"下拉列表框中输入工作空间名称"含菜单的草图与注释"，然后单击【保存】按钮，即可保存当前的工作空间。

（5）保存的工作空间将显示在工作空间列表中，如图 2-5 所示。

图 2-4　【保存工作空间】对话框

图 2-3　自定义快速访问工具栏　　　　图 2-5　保存的工作空间

2.1.2 设置图形界限

AutoCAD 的绘图空间是无限大的，用户可以绘制任意大小的图形，但由于现实中使用的图纸均有特定的尺寸，为了确定图形绘制的大小、比例、图形之间的距离，使绘制的图形符合标准图纸的大小，应在绘图前设置图形界限。

执行方式

☆ 下拉菜单："格式（O）"→"图形界限（I）"。

☆ 命令行：LIMITS（或 L）↙。

操作步骤

命令：_limits

重新设置模型空间界限：

指定左下角点或［开（ON）/关（OFF）］<0.0000，0.0000>：↙

指定右上角点 <420.0000，297.0000>：↙

选项说明

指定左下角点：定义图形界限的左下角点，一般默认为坐标原点。

指定右上角点：定义图形界限的右上角点。

开（ON）：打开图形界限检查。如果打开了图形界限检查，系统不接受设定的图形界限之外的点输入。但对具体的情况，检查的方式不同。如对直线，如果有任何一点在界限之外，均无法绘制该直线。对于圆，只要圆心、起点在界限范围之内即可，对于单行文字，只要定义的文字起点在界限之内，实际输入的文字不受限制。

关（OFF）：关闭图形界限检查。

操作技巧：

1. 在设置图形界限时，一般以坐标系的原点作为图形界限的左下角点。

2. 界限检验功能只能检测输入的点，所以对象的某些部分可能会延伸出界限。

实例操作

设置绘图界限（420，297）的 A3 图幅，并通过栅格显示该界限。

命令行提示及操作步骤如下。

命令：limits↙

重新设置模型空间界限：

指定左下角点或［开（ON）/关（OFF）］<0.0000，0.0000>：↙

指定右上角点 <420.0000，297.0000>：↙

命令：zoom↙

指定窗口角，输入比例因子（nv 或 nxp），或［全部（A）/中心点（C）/动态（D）/范围（E）/上一个（P）/比例（S）/窗口（W）］< 实时 >：a↙

正在重生成模型。

命令：按 <F7> 键 < 栅格　开 >

操作技巧：

若使设置的绘图界限放大至全屏显示，除了可以利用上述的"ZOOM"命令来实现外，还可以双击鼠标滚轮键，也可以达到此目的。

2.1.3 设置图形单位

在绘制图形时，需要按照国家标准对图形的大小、角度、精度以及采用单位进行统一，AutoCAD 中，不同的单位其显示格式是不同的。

执行方式

☆ 下拉菜单："格式（O）"→"单位（U）..."。

☆ 命令行：UNITS（或 UN）✓。

该命令激活后，系统将弹出如图 2-6 所示【图形单位】对话框。在该对话框中，可以根据绘图需要对图形长度、精度、角度的单位及从 AutoCAD 设计中心插入图块或外部参照时的缩放单位进行设置。

图 2-6 【图形单位】对话框

图 2-7 【方向控制】对话框

选项说明

长度：用于设置长度单位的类型和精度，绘制工程图时，一般使用"小数"作为长度单位。

角度：用于控制角度单位的类型和精度。【顺时针】按钮控制角度方向的正负。选中该复选框时，顺时针为正，否则，逆时针为正。缺省逆时针为正。

插入时的缩放单位：控制插入到当前图形中的块和图形的测量单位。

输出样例：该区示意了以上设置后的长度和角度输出格式。

光源：指定当前图形中光源强度的单位，有国际、美国和常规三种选择。

【方向】按钮用来设定角度方向。点取该按钮后，弹出如图 2-7 所示【方向控制】对话框。该对话框中可以设定基准角度方向，缺省 0 为东的方向。如果要设定东、南、西、北四个方向以外的方向作为 0 方向，可以点取"其他"选择框，此时下面的"拾取/输入"角度项有效，可以直接键入某角度作为 0 方向。

2.1.4　设置工作界面

若想提高绘图的速度和质量，须有一个合理的、适合自己的工作界面。其中主要包括绘图区背景颜色、命令行的字体及显示行数、十字光标和靶框的大小、鼠标右键功能、文件存储格式等，可在【选项】工具对话框中设定这些参数。

执行方式

☆ 下拉菜单："工具" → "选项（N）..."。

☆ 功能区：应用程序菜单 ▲ → "选项"。

☆ 命令行：OPTIONS（或 OP）↙。

该命令激活后，系统将弹出【选项】对话框，如图 2-8 所示。在该对话框中有 "文件""显示""打开和保存""打印和发布""系统""用户系统配置""绘图""三维建模""选择集""配置""联机" 11 个选项卡。

图 2-8　【选项】对话框

操作技巧：

除了可采用上述三种方法打开【选项】对话框外，还有以下两种方式。

1. 在绘图区内空白处单击鼠标右键，在弹出的快捷菜单中单击 "选项（O）..."。

2. 在命令行空白区域单击鼠标右键，在弹出的快捷菜单中单击 "选项..."。

2.1.4.1　设置绘图区背景颜色

绘图区的颜色可以根据用户的使用习惯来设定，比较常用的是黑色界面，因为其显示图形较为清晰，且画面颜色柔和不刺眼，是 AutoCAD 的系统默认的传统颜色。

在一些特殊的场合，如利用抓图软件将 AutoCAD 图形粘贴到 word 中时，我们需要不显示图片的背景，则可将绘图区的背景颜色设为白色，操作方法如下。

在图 2-8 所示【选项】对话框中，单击 "显示" 标签，切换到 "显示" 选项卡，如图 2-9 所示。

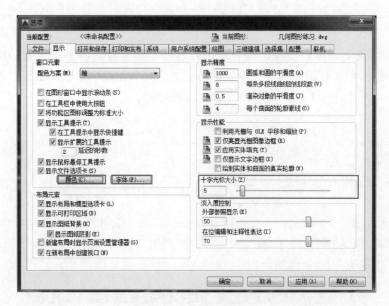

图 2-9 "显示"选项卡

在"显示"选项卡中单击【颜色】按钮，打开【图形窗口颜色】对话框，如图 2-10 所示。

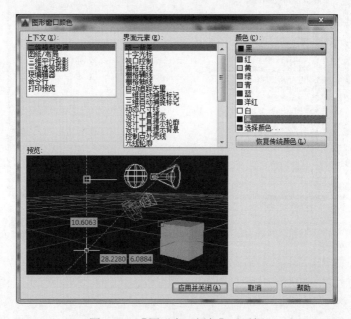

图 2-10 【图形窗口颜色】对话框

在【图形窗口颜色】对话框中单击【颜色】下拉箭头▼，在弹出的下拉列表中选择黑色后，单击【应用并关闭】按钮，返回到【选项】对话框，单击【确定】按钮，完成绘图区颜色的设定。

操作技巧：

在【图形窗口颜色】对话框中单击【恢复传统颜色】按钮，可以将绘图区的颜色切换为传统的黑色。

2.1.4.2 设置命令行的字体及显示行数

绘制图形的过程中，命令行用于输入命令和显示 AutoCAD 的提示信息。

（1）设置命令行字体。命令行中默认的字体为 Consolas，用户可以根据自己的需要进行更改。

在图 2-9 所示"显示"选项卡中，单击【字体】按钮，打开【命令行窗口字体】对话框，如图 2-11 所示。

图 2-11 【命令行窗口字体】对话框

分别在【字体】【字形】【字号】列表框中选择合适的选项。在其下的"命令行字体样例"预览框中将显示设置的效果。设置完成后单击【应用并关闭】按钮，返回到【选项】对话框，单击【确定】按钮，完成字体的设定。

（2）设置命令行输入行数。在 AutoCAD 中命令行默认的行数为一行，如果需要查看最近进行的操作，可增加命令输入行的行数。将鼠标光标移动至命令行与绘图区之间的边界处，鼠标光标变为双向箭头 ≑ 时，按住鼠标左键向上拖动鼠标，即可增加命令行输入行数，向下拖动鼠标即可减少行数。

> 操作技巧：
> 如果 AutoCAD 中命令行不见了，可直接执行【Ctrl+9】命令，即可打开命令行。

2.1.4.3 设置光标的大小

AutoCAD 在工作过程中，绘图区光标的外观会因不同的操作而发生变化，如图 2-12 所示。

图 2-12 绘图区光标的外观

如果系统提示指定点位置时，将显示十字光标，如图 2-12（a）所示。

当系统提示选择对象时，光标将更改为一个小方框，称为拾取框，如图 2-12（b）所示。

当没有命令处于激活状态时，光标将是十字光标和拾取框的组合，如图 2-12（c）所示。

如果系统提示输入文字时，光标将是垂直的文字输入栏，如图 2-12（d）所示。

（1）修改十字光标的大小。绘图区中的十字光标显示当前指针在绘图区的位置，十字光标的两条线与当前用户坐标的 X、Y 轴分别平行，同时起到辅助线的作用，可远距离测量两个图形是否在一条线上。调整十字光标大小的方法如下。

在图 2-9 所示"显示"选项卡中，"十字光标大小（Z）"选项组用于调整光标的十字线大小，十字光标的值越大，光标的两条线就越长，可在文本框中直接输入数值或者拖动滑块来调整，然后单击【确定】按钮即可。

说明：修改该参数所设置的数值，将直接作用于图 2-12（c）所示的"十字光标和拾取框的组合"的显示大小。

（2）修改选择框的大小。在利用编辑命令对图形进行修改时，需选择操作对象，此时光标将显示为一个小方框，取代图形光标上的十字光标。我们把这个小方框称为"对象选择目标框"或"拾取框"。调整拾取框大小的方法如下。

在图 2-8 所示【选项】对话框中，单击"选择集"标签，切换到"选择集"选项卡，如图 2-13 所示。"拾取框大小（P）"选项组用于调整拾取框大小，可拖动滑块来调整拾取框，然后单击【确定】按钮即可。

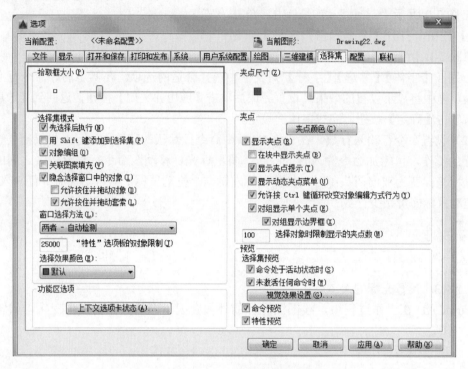

图 2-13 "选择集"选项卡

图 2-14 右键快捷菜单

（3）文字输入栏。文字输入栏符号的大小，由输入文字时设置的高度决定。文字高度尺寸增加，则该符号变大。

2.1.4.4 鼠标右键功能

在绘图区中单击鼠标右键，可弹出如图 2-14 所示的快捷菜单，在菜单中选择与当前操作相关的命令，从而达到快速绘图的目的。右键菜单中的功能不是固定的，用户可自定义快捷菜单中所显示的各项命令。

打开图 2-8 所示【选项】对话框，选择"用户系统配置"选项卡，如图 2-15 所示。

在对话框"Windows 标准操作"选项组下勾选"绘图区域中使用快捷菜单（M）"选项，然后单击【自定义右键单击（I）...】按钮，打开【自定义右键单击】对话框，如图 2-16 所示。在其中选择不同模式下，鼠标右键的具体含义，然后单击【应用并关闭】按钮，返回【选项】对话框，单击【确定】按钮即可完成设置操作。

使用 AutoCAD 绘图时，我们经常需要重复使用上一个命令，或者是在使用命令时需要鼠标进行确定，常用的确认键为回车键或者是空格键，如果按图 2-16 所示进行设置，鼠标右键即可代替回车键进行确认或重复上一个命令。

图 2-15 "用户系统配置"选项卡

2.1.4.5 文件存储格式

打开图 2-8 所示【选项】对话框，选择"打开和保存"选项卡，如图 2-17 所示。在该选项卡中可以设置保存文件的版本、是否自动保存文件，指定自动保存文件的时间间隔，以及控制"文件"菜单中所列出的最近使用过的文件的数目等。

默认的存储类型为"AutoCAD 2016（*.dwg）"，使用此种格式将文件存盘后，只能被 AutoCAD 2016 及其以后的版本打开。如果需要在 AutoCAD 早期版本中打开此文件，必须存储为低版本的文件格式。操作过程如下。

在"打开和保存"选项卡中，单击"文件保存"选项组中"另存为（s）"选项下方文件类型列表框下拉箭头▼，弹出图 2-18 所示文件类型下拉列表，用户可根据需要进行选择。

图 2-16 【自定义右键单击】对话框

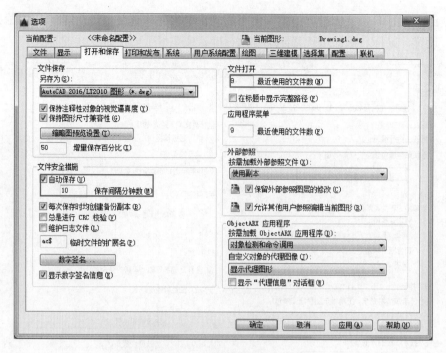

图 2-17　"打开和保存"选项卡

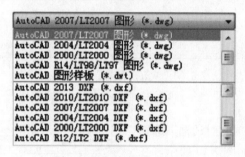

图 2-18　文件类型下拉列表

2.2　精确绘制图形及辅助绘图工具

AutoCAD 提供了精确绘制图形的功能，可以迅速、准确地捕捉到某些特殊点，从而能精确地绘制图形。辅助绘图工具位于状态栏上，是透明命令，可在绘图过程中随时进行设置。

2.2.1　栅格和捕捉

2.2.1.1　栅格

栅格是由距离相等的网格组成的，栅格的显示可以为点矩阵，如图 2-19（a）所示，也可以为线矩阵，如图 2-19（b）所示。可在图 2-20 所示【草图设置】对话框中设置栅格样式。

使用栅格，类似于在图形下放置一张坐标纸，可以对齐对象并直观显示对象之间的距离。栅格不属于图形的一部分，打印时也不会被输出。

打开或关闭"栅格"有如下三种方式。

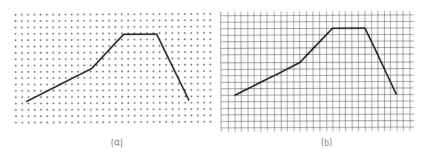

(a)　　　　　　　　　　　(b)

图 2-19　栅格以点和线显示

执行方式

☆ 单击状态栏上的【栅格】▦ 按钮。

☆ 快捷键【F7】。

☆ 在"捕捉和栅格"选项卡中，勾选或取消勾选"启用栅格"复选框。

2.2.1.2　捕捉

捕捉模式用于限制光标，使其按用户设定的间距移动。当捕捉模式打开时，光标可附着或捕捉到不可见的点。捕捉模式可使用箭头键或定点设备来精确地定位点。

打开或关闭"捕捉"模式有如下三种方式。

执行方式

☆ 单击状态栏上的【捕捉模式】▦ 控制按钮。

☆ 快捷键【F9】。

☆ 在"捕捉和栅格"选项卡中，勾选或取消勾选"启用捕捉"复选框。

注意：在捕捉模式下，光标是定点、等距移动，因此移动光标时出现停顿和跳跃的现象，在拾取点时定位困难，因此，非必要时应关闭"捕捉"。

2.2.1.3　设置参数

栅格显示和捕捉模式各自独立，但经常同时打开，有助于形象化显示捕捉的距离。可通过【草图设置】对话框中的"捕捉和栅格"选项卡对其参数进行自定义。

执行方式

☆ 下拉菜单："工具"→"绘图设置（F）…"。

☆ 状态栏：栅格与捕捉控制开关 ▦ ▾。

☆ 命令行：DSETTINGS（或 SE）↙。

该命令启动后，系统将弹出【草图设置】对话框。在"捕捉和栅格"选项卡可设置"捕捉间距""捕捉类型""栅格样式""栅格间距"等，如图 2-20 所示。

注意：在"栅格样式"选项组中，勾选"二维模型空间（D）"复选框，这种栅格样式为点矩阵，取消勾选该选项，则栅格样式为线矩阵。

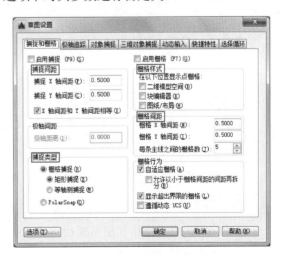

图 2-20　【草图设置】对话框

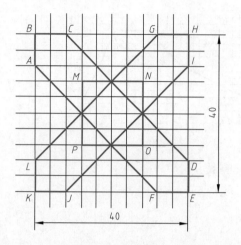

图 2-21　利用栅格和栅格捕捉功能绘制平面图形

实例操作

实例 2-1：利用栅格和栅格捕捉功能绘制如图 2-21 所示平面图形。

命令行提示和操作过程如下。

（1）在图 2-20 所示【草图设置】对话框中，勾选"启用捕捉"和"启用栅格"复选框，分别设置 X 轴、Y 轴捕捉间距和栅格间距均为 4。

（2）利用画线命令，按图 2-21 所示尺寸绘制平面图形。

命令：line↙ 键盘输入画直线命令

指定第一个点：拾取点 A

指定下一点或 [放弃（U）]：拾取点 B

指定下一点或 [放弃（U）]：拾取点 C

指定下一点或 [闭合（C）/ 放弃（U）]：拾取点 D

指定下一点或 [闭合（C）/ 放弃（U）]：拾取点 E

指定下一点或 [闭合（C）/ 放弃（U）]：拾取点 F

指定下一点或 [闭合（C）/ 放弃（U）]：C↙闭合线框

命令：↙回车重复画线命令

LINE

指定第一个点：拾取点 G

指定下一点或 [放弃（U）]：拾取点 H

指定下一点或 [放弃（U）]：拾取点 I

指定下一点或 [闭合（C）/ 放弃（U）]：拾取点 J

指定下一点或 [闭合（C）/ 放弃（U）]：拾取点 K

指定下一点或 [闭合（C）/ 放弃（U）]：拾取点 L

指定下一点或 [闭合（C）/ 放弃（U）]：C↙闭合线框

命令：↙回车重复画线命令

LINE

指定第一个点：拾取点 M

指定下一点或 [放弃（U）]：拾取点 N

指定下一点或 [放弃（U）]：拾取点 O

指定下一点或 [闭合（C）/ 放弃（U）]：拾取点 P

指定下一点或 [闭合（C）/ 放弃（U）]：C↙闭合线框

操作技巧：

如果"栅格 X 间距"和"栅格 Y 间距"均设置为 0，则 AutoCAD 系统会自动将捕捉间距应用于栅格。

实例 2-2：利用栅格和栅格捕捉功能绘制如图 2-22 所示轴测图。

命令行提示与操作过程如下。

（1）打开图 2-20 所示【草图设置】对话框，设置参数如下。

① 勾选"启用捕捉"和"启用栅格"复选框。

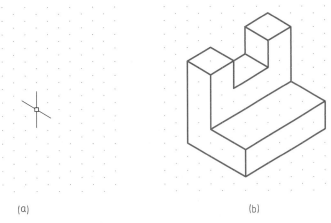

(a)   (b)

图 2-22 利用栅格和栅格捕捉功能绘制轴测图

② 在"捕捉类型"选项组中，选择"等轴测捕捉（M）"选项栏。

③ 在"栅格样式"选项组中，勾选"二维模型空间（D）"复选框。

④ 设置捕捉间距和栅格间距均为 5。

设置完成后，屏幕和光标显示如图 2-22（a）所示，可通过【F5】键切换光标的方向。

（2）利用画"直线"命令，按图 2-23 所示绘图步骤，绘制完成图形，如图 2-22(b) 所示。

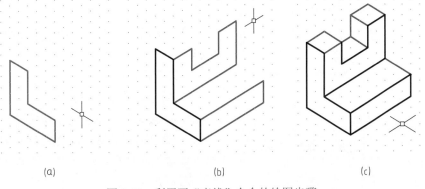

(a)   (b)   (c)

图 2-23 利用画"直线"命令的绘图步骤

① 通过【F5】键切换光标方向，在命令行显示"< 等轴测平面　左视 >"时，开始利用画"直线"命令，捕捉屏幕上的栅格点，绘制轴测图左端面（侧平面），如图 2-23（a）所示。

②【F5】键切换光标方向，在命令行显示"< 等轴测平面　右视 >"时，绘制轴测图前表面（正平面），如图 2-23（b）所示。

③【F5】键切换光标方向，在命令行显示"< 等轴测平面　俯视 >"时，绘制其他图线，完成图形如图 2-23（c）所示。

2.2.2 正交

启用"正交"模式，可以控制光标在水平或竖直方向移动，可以快速地绘制水平直线或垂直直线。在绘图和编辑过程中，可以随时打开或关闭"正交"。输入坐标或指定对象捕捉时将忽略"正交"。

打开或关闭"正交"模式有如下三种方式。

执行方式

☆ 单击状态栏上的【正交】 按钮。

☆ 快捷键【F8】。

☆ 命令行：ORTHO ↙。

> 操作技巧：
>
> 1. 在"正交"模式处于打开状态的情况下，使用直接距离输入来创建指定长度的水平和垂直直线，或按指定的距离水平或垂直移动或复制对象。
>
> 2. 要临时打开或关闭"正交"模式，可在操作时按住【Shift】键（此操作不适合直接输入距离确定长度操作方式）。

2.2.3　极轴追踪

极轴追踪是绘图时可以沿某一角度追踪的功能。使用极轴追踪绘制直线时，和正交绘制直线一样，在确定了直线的角度后，直接输入长度值即可。

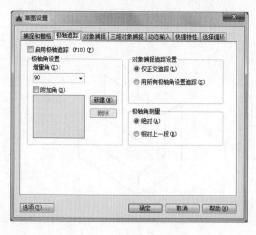

图 2-24　"极轴追踪"选项卡

打开或关闭"极轴捕捉"模式有如下三种方式。

执行方式

☆ 单击状态栏上的【按指定角度限制光标】 按钮。

☆ 快捷键【F10】。

☆【草图设置】对话框中，点选"极轴追踪"选项卡，勾选或取消勾选"启用极轴追踪"复选框。

"极轴追踪"参数的设置，打开图 2-20 所示【草图设置】对话框，选择"极轴追踪"选项卡，如图 2-24 所示。

选项说明

增量角：设定用来显示极轴追踪对齐路径的极轴角增量。可以在增量角编辑框中输入任何角度，也可以从列表中选择 90°、45°、30°、22.5°、18°、15°、10° 或 5° 这些常用角度。

附加角：附加度是极轴追踪的对齐角度，是绝对角度，而非增量。例如，附加角设置为 30°，就只能捕捉 30°，不能捕捉 60°、120° 等 30° 的倍数。附加角下方为极轴追踪列表框，在图 2-22 中，该列表为空白，即没有设置附加角。要添加新的角度，单击"新建"，在列表框中出现文字编辑框，直接输入数值即可。可将常用角度添加在此。最多可以添加 10 个附加。要删除现有的角度，在列表框中选中该角度，单击"删除"。

对象捕捉追踪设置：有两个选项，即"仅正交追踪"[仅显示已获得的对象捕捉点的正交（水平 / 垂直）对象捕捉追踪路径] 和"用所有极轴角设置追踪"（从获取的对象捕捉点起沿极轴对齐角度进行追踪）。

　　极轴角测量：设定测量极轴追踪对齐角度的基准。有两个选项，即"绝对"［根据当前用户坐标系（UCS）确定极轴追踪角度］和"相对上一段"（根据上一个绘制线段确定极轴追踪角度）。

　　设置极轴追踪角度的另外一种方法是，单击状态栏中"极轴捕捉"控制开关 ![icon] ，弹出"正在追踪设置"选项卡，如图 2-25 所示，从中选取追踪角度。

实例操作

　　利用极轴追踪模式绘制图 2-26（a）所示五角星。

　　操作步骤如下。

　　（1）如图 2-26（a）所示的五角星，其各边线与 X 方向所成角度均为 36°的倍数打开极轴捕捉模式，设置增量角为 36°，绘制各条边线时，在拾取一个端点后，沿设定的极轴方向移动鼠标，AutoCAD 在该方向上显示一条追踪线及光标点的极坐标值，在动态框中输入线段的长度 40，然后按回车键，即绘制五边形的一边线，如图 2-23（b）所示。

　　（2）其他边线画法相同，不再赘述。

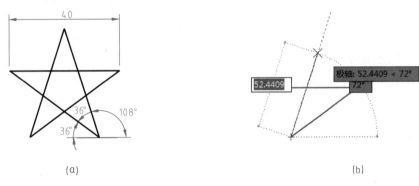

(a)　　　　　　　　　　　　　　　　(b)

图 2-26　利用极轴追踪模式绘制五角星

2.2.4　对象捕捉和对象捕捉追踪

　　对象捕捉提供了一种点的输入方式，当系统提示输入点时，在对象上精确地捕捉到某些特殊点，如端点、中点、交点和圆心等特征点。

　　2.2.4.1　设置对象捕捉和对象捕捉追踪模式

　　打开或关闭"对象捕捉"模式有如下三种方式。

执行方式

　　☆ 单击状态栏【对象捕捉】 ![icon] 按钮和【对象捕捉追踪】 ![icon] 按钮。

　　☆ 快捷键【F3】。

　　☆【草图设置】对话框中，点选"对象捕捉"选项卡，如图 2-27 所示。勾选或取消勾选"启用对象捕捉"和"启用对象捕捉追踪"两个复选框。

　　2.2.4.2　对象捕捉

　　启用对象捕捉设置，当光标移动到对象捕捉位置时，将显示标记和工具提示，可以在

（右上角图示说明）

90, 180, 270, 360…
✓ 45, 90, 135, 180…
30, 60, 90, 120…
23, 45, 68, 90…
18, 36, 54, 72…
15, 30, 45, 60…
10, 20, 30, 40…
5, 10, 15, 20…
正在追踪设置…

图 2-25　"正在追踪设置"选项卡

对象上精确地指定捕捉点。如果多个对象捕捉都处于活动状态，则使用距离靶框中心最近的对象捕捉类型。如果有多个对象捕捉可用，则可以按【Tab】键在它们之间循环。

设置对象捕捉模式的另外一种方法是，单击状态栏中"对象捕捉"控制开关，弹出"对象捕捉设置"选项卡，如图 2-28 所示，从中设定捕捉对象类型。

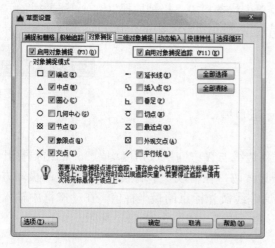

图 2-27 "对象捕捉"选项卡

图 2-28 "对象捕捉设置"选项卡

注意：自动捕捉对象类型，除了常用的功能（如端点、交点、中点、圆心等），不宜选择太多，以避免使用时相互干扰。不常用的捕捉类型，可以使用临时捕捉作为有益的补充。关于临时捕捉的使用在后面介绍。

实例操作

利用对象捕捉模式绘制图 2-29 所示平面图形。

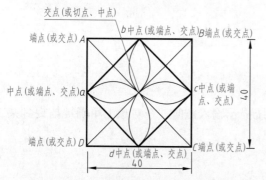

图 2-29 利用对象捕捉模式绘制平面图形

命令行提示与操作过程如下。

（1）在图 2-27 所示"对象捕捉"的选项卡中，勾选"端点""中点"和"交点"及"启用对象捕捉"复选框。

（2）在屏幕上绘制边长为 40 的正方形 *ABCD*。

命令：line✓ 键盘输入画直线命令

指定第一个点：拾取点 A

指定下一点或 [放弃（U）]：40✓ 打开正交模式，向下拖动鼠标，绘制竖直边线 AD

指定下一点或 [放弃（U）]：40✓ 向右拖动鼠标，绘制水平边线 DC

指定下一点或 [闭合（C）/ 放弃（U）]：40✓ 向上拖动鼠标，绘制竖直边线 CB

指定下一点或 [闭合（C）/ 放弃（U）]：C✓ 画出水平边线 BA，并闭合线框

（3）通过捕捉正方形边线的中点，画出内部对角放置的正方形图形 *abcd*。

命令：line✓ 键盘输入画直线命令

指定第一个点：拾取点 a

指定下一点或 [放弃（U）]：拾取点 b

指定下一点或［放弃（U）］：拾取点 c

指定下一点或［闭合（C）/放弃（U）］：拾取点 d

指定下一点或［闭合（C）/放弃（U）］：C↙闭合线框

（4）通过捕捉正方形边线的端点，画出两条对角线 *AC*、*BD*。

命令：line↙ 键盘输入画直线命令

指定第一个点：拾取点 A

指定下一点或［放弃（U）］：拾取点 C

指定下一点或［放弃（U）］：拾取点 B

指定下一点或［闭合（C）/放弃（U）］：拾取点 D

（5）通过捕捉正方形边线的中点、对角线的交点，绘制四段圆弧。

命令：arc↙ 键盘输入画圆弧命令

圆弧创建方向：逆时针（按住 Ctrl 键可切换方向）。

指定圆弧的起点或［圆心（C）］：拾取点 a

指定圆弧的第二个点或［圆心（C）/端点（E）］：拾取点两条对角线的交点

指定圆弧的端点：拾取点 c

同样方法画出其他三条弧线，结果如图 2-29 所示。

2.2.4.3　对象捕捉追踪

对象捕捉追踪是指从对象捕捉点沿着垂直对齐路径和水平对齐路径追踪光标。对象捕捉追踪与对象捕捉一起使用，使用对象捕捉追踪时，将光标悬停在某个特征点上，可获取该点，绘图区将显示捕捉类型标记，拖动鼠标，在获取点上显示一个小加号（+），同时按鼠标移动方向拉长一条路径线，光标将从获取的对象捕捉点起沿极轴对齐角度进行追踪。

实例操作

扫描附录 3 二维码→"素材文件"→"第 2 章"→ 2-30.dwg，如图 2-30（a）所示。在正六边形中心上绘制直径为 $\phi16$ 的圆。

操作过程如下。

（1）在图 2-27 所示"对象捕捉"的选项卡中，勾选"端点""中点"和"交点"及"启用对象捕捉"和"启用对象捕捉追踪"复选框。

（2）绘制直径为 $\phi16$ 的圆。在输入圆心点的提示下，首先将光标移到六边形上边线中点 *A* 上，出现中点提示后垂直向下移动鼠标，屏幕显示竖直路径线。然后移动光标到端点 *B* 上，向左移到中心位置附近，出现两条路径线，两条路径线的交点即是中心点（圆心），如图 2-30（b）所示。指定圆心后，在命令行的提示下，输入直径，即可完成作图。

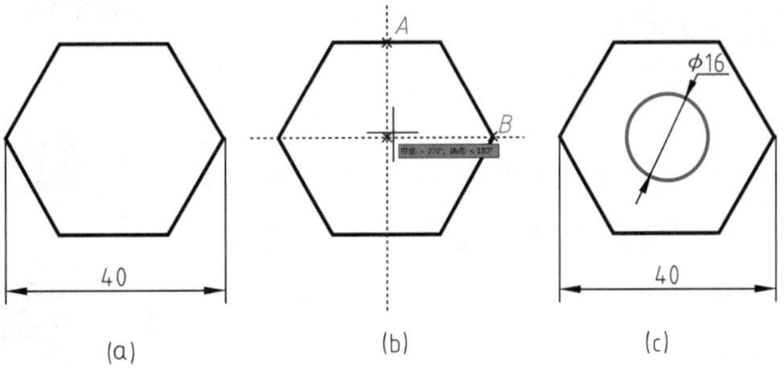

命令行提示与操作步骤如下。

命令：circle↙ 键盘输入画圆命令

图 2-30　对象捕捉追踪

指定圆的圆心或［三点（3P）/两点（2P）/切点、切点、半径（T）］：指定圆心为六边形中心点

指定圆的半径或［直径（D）]<1.0000>：d✓ 选择直径选项

指定圆的直径 <2.0000>：16✓ 键盘输入直径，结果如图 2-30（c）所示

2.2.4.4 设置临时对象捕捉

调用临时对象捕捉的方法如下。

（1）临时对象捕捉可通过【对象捕捉】工具栏实现，执行"工具"→"工具栏"→Auto-CAD→"对象捕捉"命令，即可打开【对象捕捉】工具栏，如图 2-31 所示。

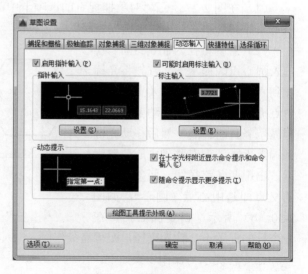

图 2-31 临时【对象捕捉】工具栏

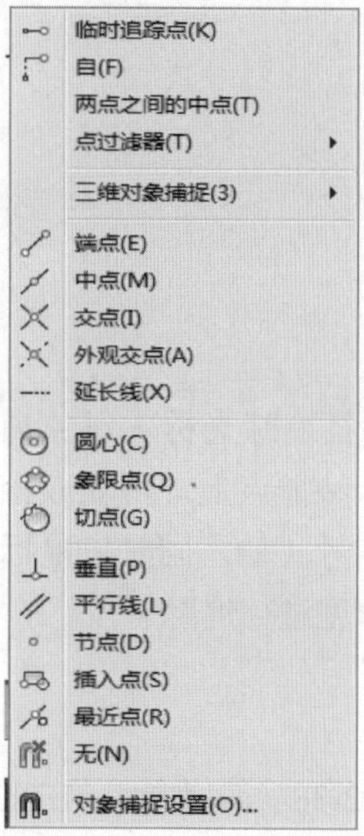

（2）在绘图区，通过【Shift】＋鼠标右键可弹出临时对象捕捉快捷菜单，如图 2-32 所示。

（3）键盘输入包含前三个字母的词。如在提示输入点时输入"MID"，此时会用中点捕捉模式，同时可以用诸如"END（端点）""CEN（圆心）""INT（交点）"的方式输入多个对象捕捉模式。

图 2-32 临时对象捕捉
快捷菜单

2.2.5 动态输入

动态输入部分代替了命令行的功能，可以输入命令，显示部分命令参数，并可输入参数和坐标。当动态输入处于启用状态时，工具提示将在光标附近动态显示更新信息。当命令正在运行时，可以在工具提示文本框中指定选项和值。动态输入可以使用户更好地将注意力集中到图面上，更方便地使用 AutoCAD 绘制图形。

执行方式

☆ 单击状态栏【动态输入】按钮。

☆ 快捷键【F12】。

☆【草图设置】对话框→"动态输入"选项卡中勾选或取消勾选【启用指针输入】等复选框。

动态输入参数的设置，打开图 2-20 所示【草图设置】对话框，选择"动态输入"选项卡，如图 2-33 所示。该选项卡有三个组件：指针输入、标注输入和动态提示。

选项说明

指针输入：当启用指针输入且有命令在执行时，将在十字光标附近的工具提示中显示为坐标。可在工具提示中直接输入坐标值来创建对象。指针输入时，

图 2-33 "动态输入"选项卡

不管是相对坐标输入还是绝对坐标输入，其输入格式与在命令行中输入相同。

标注输入：若启用标注输入，当命令提示输入第二点时，工具提示将显示距离（第二点与起点的长度值）和角度值，且在工具提示中的值将随光标的移动而发生改变。在标注输入时，按键盘【Tab】键可以切换动态显示长度和角度值。

动态输入：启动动态提示时，命令提示和命令输入会显示在光标附近的工具提示中，用户可以在工具提示（而不是在命令行）中直接响应。按键盘的下箭头键可以查看和选择选项。按上箭头键可以显示最近的输入。

启用"动态输入"时，工具提示将在光标附近显示信息，该信息会随着光标的移动而动态更新。当某命令处于活动态时，工具提示将为用户提供输入的位置。图 2-34（a）、（b）所示为绘图时动态输入和非动态输入。

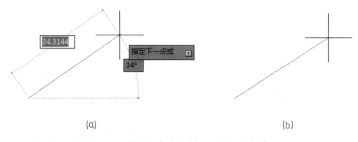

图 2-34　绘图时动态输入和非动态输入

操作技巧：

1. 动态输入代替的命令行的功能，可以让我们将注意力集中到绘图区，提高绘图效率。

2. 动态输入坐标时，如果之前没有定一点，则输入的坐标为绝对坐标，如直线的起点。当定位下一点时，默认输入的就是相对坐标，无须在坐标值前面加 @ 符号，如直线的终点。

3. 由于 CAD 可以通过鼠标确定方向，所以确定方向后可直接输入距离（如 20），可将点定位在沿光标方向距离上一点 20 的位置。

2.3　查询图形信息

对象是根据图形单位进行测量的。可以对选定对象的距离、半径、角度、面积、体积等进行测量。

执行方式

☆ 下拉菜单："工具"→"查询（Q）"命令。

☆ 功能区："默认"选项卡→"实用工具"面板→▱（距离）命令。

☆ 命令行：MEASUREGEOM↙。

操作步骤

命令：_MEASUREGEOM

输入选项 [距离（D）/ 半径（R）/ 角度（A）/ 面积（AR）/ 体积（V）]< 距离 >：d

指定第一点：

指定第二个点或 [多个点（M）]:

距离 = 150.0000, XY 平面中的倾角 = 0，与 XY 平面的夹角 = 0

X 增量 = 150.0000, Y 增量 = 0.0000, Z 增量 = 0.0000

输入选项 [距离（D）/ 半径（R）/ 角度（A）/ 面积（AR）/ 体积（V）/ 退出（X）]< 距离 >:

选项说明

距离（D）：测量指定点之间的距离，以及相对 UCS 坐标系的倾角和坐标增量。

半径（R）：测量指定圆弧、圆或多段线圆弧的半径和直径。

角度（A）：测量与选定的圆弧、圆、多段线线段和线对象之间的角度。

面积（AR）：测量对象或定义区域的面积和周长。

体积（V）：测量对象或定义区域的体积。

退出（X）：结束命令。

实例操作

扫描附录 3 二维码→"素材文件"→"第 2 章"→ 2-35.dwg，如图 2-35 所示，完成如下操作。

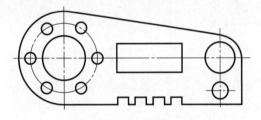

图 2-35　平面图形信息查询

（1）测量右侧两个圆的中心距。

（2）查询上方切线一水平方向所成的角度。

（3）查询图中 6 个小圆的直径。

（4）查询图中矩形的面积。

（5）计算平面图形外轮廓的周长。

操作过程如下。

（1）测量中心距。单击功能区"默认"选项卡→使用工具面板→▭（距离）命令，命令行提示：

命令：_MEASUREGEOM

输入选项 [距离（D）/ 半径（R）/ 角度（A）/ 面积（AR）/ 体积（V）]< 距离 >:_distance

指定第一点：拾取上面圆的圆心

指定第二个点或 [多个点（M）]:拾取下面圆的圆心

命令行显示测量的数值：

距离 = 14.0000, XY 平面中的倾角 = 270，与 XY 平面的夹角 = 0

X 增量 = 0.0000, Y 增量 = −14.0000, Z 增量 = 0.0000

输入选项 [距离（D）/ 半径（R）/ 角度（A）/ 面积（AR）/ 体积（V）/ 退出（X）]< 距离 >:

回车可继续测量距离与线段的长度，按【Esc】键结束命令。

（2）测量角度。单击下拉菜单→"工具"→"查询（Q）"→"角度（G）"命令。命令行提示：

命令：_MEASUREGEOM

输入选项 [距离（D）/ 半径（R）/ 角度（A）/ 面积（AR）/ 体积（V）]< 距离 >:_angle

选择圆弧、圆、直线或 < 指定顶点 >:选择图中公切线

选择第二条直线：选择水平点画线

命令行显示测量的数值：

角度 = 8°

输入选项［距离（D）/半径（R）/角度（A）/面积（AR）/体积（V）/退出（X）］<角度>:

回车可继续测量角度，按【Esc】键结束命令。

（3）查询直径。单击下拉菜单→"工具"→"查询（Q）"→"半径（R）"命令。命令行提示：

命令：_MEASUREGEOM

输入选项［距离（D）/半径（R）/角度（A）/面积（AR）/体积（V）］<距离>:_radius

选择圆弧或圆：选择小圆

命令行显示测量的数值：

半径 = 2.5000

直径 = 5.0000

输入选项［距离（D）/半径（R）/角度（A）/面积（AR）/体积（V）/退出（X）］<半径>:

回车可继续测量距离与线段的长度，按【Esc】键结束命令。

（4）查询矩形面积。单击下拉菜单→"工具"→"查询（Q）"→"面积（A）"命令。命令行提示：

命令：_MEASUREGEOM

输入选项［距离（D）/半径（R）/角度（A）/面积（AR）/体积（V）］<距离>:_area

指定第一个角点或［对象（O）/增加面积（A）/减少面积（S）/退出（X）］<对象（O）>:o

选择对象：选择矩形

命令行显示测量的区域面积和周长等数值：

区域 = 348.0000，周长 = 82.0000

输入选项［距离（D）/半径（R）/角度（A）/面积（AR）/体积（V）/退出（X）］<面积>:

（5）查询平面图形外轮廓周长。AutoCAD 没有直接提供查询周长的命令，但是在查询面积的结果中会显示周长的计算值。要计算平面图形的外轮廓周长，只需查出由图形外轮廓所构成的平面区域的面积，系统即可计算出外轮廓的周长。

操作过程参见图 2-36。

单击下拉菜单→"工具"→"查询（Q）"→"面积（A）"命令。命令行提示：

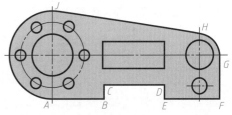

图 2-36　测量区域面积的周长

命令：_MEASUREGEOM

输入选项［距离（D）/半径（R）/角度（A）/面积（AR）/体积（V）］<距离>:_area

指定第一个角点或［对象（O）/增加面积（A）/减少面积（S）/退出（X）］<对象（O）>:

拾取点 A

指定下一个点或［圆弧（A）/长度（L）/放弃（U）］:拾取点 B

指定下一个点或［圆弧（A）/长度（L）/放弃（U）］:拾取点 C

指定下一个点或［圆弧（A）/长度（L）/放弃（U）/总计（T）］<总计>:拾取点 D

指定下一个点或［圆弧（A）/长度（L）/放弃（U）/总计（T）］<总计>:拾取点 E

指定下一个点或［圆弧（A）/长度（L）/放弃（U）/总计（T）］<总计>:拾取点 F

指定下一个点或［圆弧（A）/长度（L）/放弃（U）/总计（T）］<总计>:拾取点 G

指定下一个点或[圆弧（A）/长度（L）/放弃（U）/总计（T）]<总计>：A↙切换为圆弧模式

指定圆弧的端点或[角度（A）/圆心（CE）/闭合（CL）/方向（D）/直线（L）/半径（R）/第二个点（S）/放弃（U）]：CE 指定圆心画圆

指定圆弧的圆心：拾取 GH 段圆弧圆心

指定圆弧的端点或[角度（A）/长度（L）]：拾取点 H

指定圆弧的端点或[角度（A）/圆心（CE）/闭合（CL）/方向（D）/直线（L）/半径（R）/第二个点（S）/放弃（U）]：L↙切换为画直线模式

指定下一个点或[圆弧（A）/长度（L）/放弃（U）/总计（T）]<总计>：拾取点 J

指定下一个点或[圆弧（A）/长度（L）/放弃（U）/总计（T）]<总计>：A↙切换为圆弧模式

指定圆弧的端点或[角度（A）/圆心（CE）/闭合（CL）/方向（D）/直线（L）/半径（R）/第二个点（S）/放弃（U）]：CE

指定圆弧的圆心：拾取 JA 段圆弧圆心

指定圆弧的端点或[角度（A）/长度（L）]：拾取点 A

指定圆弧的端点或[角度（A）/圆心（CE）/闭合（CL）/方向（D）/直线（L）/半径（R）/第二个点（S）/放弃（U）]：↙

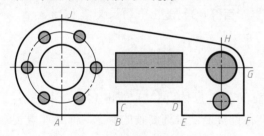

图 2-37　测量平面图形的总周长

区域 = 3184.4441，周长 = 260.9341

命令行显示测量结果，周长为 260.9341。

如果需要测量平面图形的总周长，可在图 2-36 选择的区域内，删除多个圆心即矩形的面积，则可获得最后计算的平面图形的总周长，如图 2-37 所示。用户可参照前面操作独立完成。

操作技巧：

测量端点较多的面积或周长时候有，可首先利用多段线描边或将外轮廓线转换成多段线，然后拾取该多段线进行测量。

上机操作练习

1. 设置 A4 幅面（210，297）绘图环境。

要求：

（1）栅格间距 10，仅在图形界限内显示。

（2）捕捉间距 1，且打开。

（3）图形单位 mm，精度为小数点后 3 位。

（4）加载以下线型（Center、Dashed）。

（5）将完成的模板图形保存在个人工作目录。

2. 使用捕捉功能，绘制如图 2-38 所示平面图形。

提示：

（1）打开正交模式绘制定位中心线。

（2）使用对象捕捉绘制中心的 $\phi42$ 圆及左右两侧的 $\phi21$ 圆。

（3）启用极轴追踪（增量角 60°）用"直线"命令绘制正六边形。

（4）将中心线修改为点画线。

（5）画切线。

3. 使用对象捕捉、对象捕捉追踪、极轴追踪等绘图工具，绘制如图 2-39 所示平面图形。

提示：

（1）根据图中标注的尺寸，绘制图形外框线。

（2）绘制中间点画线（中心线），上下各超出轮廓线 3。

（3）利用对象捕捉追踪功能绘制四个圆。$\phi8$ 圆心可追踪长为 18 的水平线的中点与长为 20 的 60°斜线下方端点，$\phi16$ 圆心可追踪中间点画线中点与长为 20 的 60°斜线端点。

（4）使用对象捕捉绘制圆的切线。

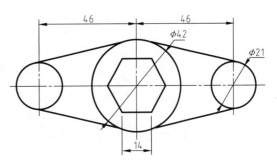

图 2-38　绘制平面图形（一）

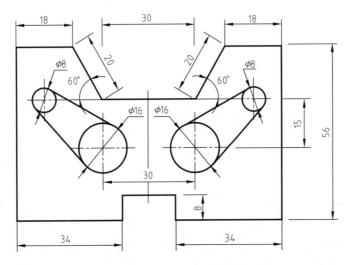

图 2-39　绘制平面图形（二）

第3章 图层与显示

本章导读

本章主要讲解 AutoCAD 的对象特性的概念及设置方法，利用图层控制和管理对象特性及对象的显示状态的方法，图形的显示控制类命令的使用方法等内容。

学习目标

➢ 掌握对象特性的概念及设置方法。
➢ 掌握图层的概念、创建图层及管理图层的方法。
➢ 掌握控制图层的显示状态的方法。
➢ 掌握图形显示控制类命令的操作。

3.1 设置对象特性

对象特性控制对象的外观和行为，每个对象都具有一些常规特性，包括图层、颜色、线型、线宽、透明度和打印样式等。

一般在开始绘制新图时，应首先设置对象的颜色、线宽和线型等对象特性。对于对象颜色、线宽和线型的设置，主要有两种方法。

（1）在 AutoCAD 功能区→"默认"选项卡→"特性"面板进行设置，如图 3-1 所示。

（2）通过下拉菜单→"格式"菜单项进行设置，如图 3-2 所示。

图 3-1 "特性"面板

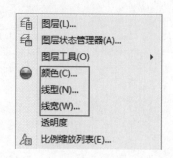

图 3-2 下拉菜单→"格式"菜单项

3.1.1　颜色设置

（1）通过"特性"面板设置。单击功能区"特性"面板→●（对象颜色）下拉箭头▼，在打开的下拉列表中选择相应的颜色，如图 3-3 所示。

（2）通过下拉菜单选择。单击下拉菜单"格式（O）"→"颜色（C）..."，命令执行后，打开【选择颜色】对话框，如图 3-4 所示，用户可以选择更多的颜色。

图 3-3　"对象颜色"选项卡

图 3-4　【选择颜色】对话框

3.1.2　线宽设置

（1）通过"特性"面板设置。单击功能区"特性"面板→▤（线宽）下拉箭头▼，在打开的下拉列表中选择相应的线宽，如图 3-5 所示。

（2）通过下拉菜单设置。单击下拉菜单"格式（O）"→"线宽（W）..."，命令执行后，打开【线宽设置】对话框，如图 3-6 所示，可在左侧的【线宽】列表中选择线宽。

图 3-5　"线宽"选项卡

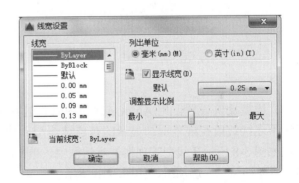

图 3-6　【线宽设置】对话框

由于线宽属性属于打印设置，因此，默认情况下系统并不显示线宽的实际设置效果。在模型空间，线宽以像素为单位显示。通过在图 3-6【线宽设置】对话框中调整"线宽显示比例"，可以更好地显示不同的线型宽度。

操作技巧：

在绘图区显示或隐藏线宽有如下两种方法。

1. 单击状态栏上 ▦【显示 / 隐藏线宽】按钮。

2 在【线宽设置】对话框中勾选（或取消勾选）【显示线宽】复选框。

3.1.3 线型设置及线型比例

（1）通过"特性"面板设置。单击功能区"特性"面板→ ▦▦▦（线型）下拉箭头▼进行设置，开始绘制新图时，该列表中只提供"Continuous（实线）"一种线型，如图 3-7 所示。

如需设置其他线型，可点取"其他"选项进入图 3-8 所示【线型管理器】对话框进行加载。

（2）通过下拉菜单设置。单击下拉菜单"格式（O）"→"线型（N）..."，命令执行后，打开【线型管理器】对话框，如图 3-8 所示，单击对话框中的【加载】按钮，系统弹出【加载或重载线型】对话框，如图 3-9 所示。从中选择相应的线型，单击【确定】按钮返回【线型管理器】对话框，所选择的线型显示在当前列表中。

图 3-7 "线型"选项卡

图 3-8 【线型管理器】对话框

图 3-9 【加载或重载线型】对话框

操作技巧：

在【加载或重载线型】对话框中，按住【Shift】键可以连续选择线型，按住【Ctrl】键可以跳跃选择线型。

（3）线型比例设置。用 AutoCAD 绘图时，若线型比例与当前图形不匹配，点画线或虚线等不连续线段在屏幕上却显示的是连续线型，此时则需要调整线型比例因子。

在如图 3-8 所示【线型管理器】对话框中，单击右上角【显示细节】按钮，在对话框底部出现"详细信息"选项组，如图 3-10 所示。

线型比例有"全局比例因子（G）"和"当前对象缩放比例（O）"。"全局比例因子（G）"控制所有新的和现有的线段的线型比例。"当前对象缩放比例（O）"只控制新建对象的线型比例。所有线型最终的缩放比例是"当前对象缩放比例（O）"与"全局比例因子（G）"的乘积。设置不同的线型比例因子，绘图结果如图 3-11 所示。

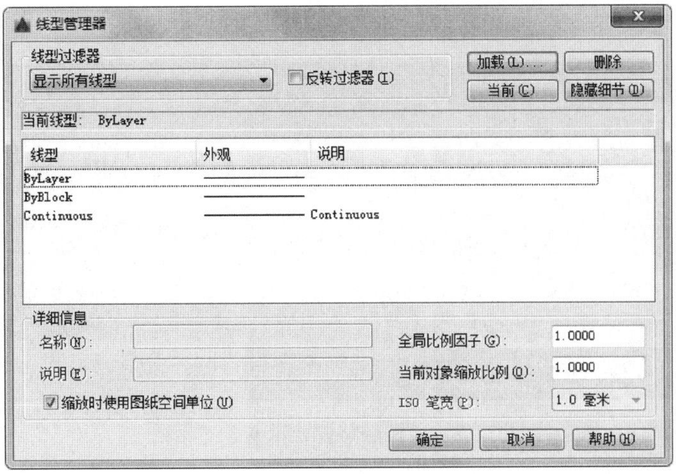

图 3-10 利用【线型管理器】对话框改变线型比例因子

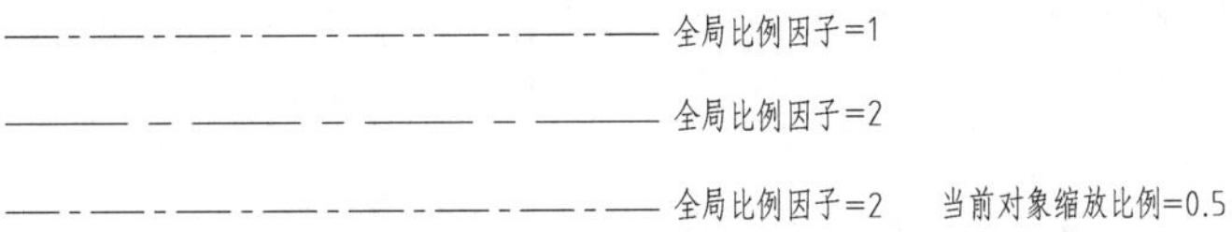

图 3-11 设置不同线型比例因子的实例

操作技巧:

  线型比例是针对每个图形单位,控制线型图案的大小和重复间距。比例越小,每个绘图单位中生成的重复图案就越多,反之亦然。因此不能显示完整线型图案或图案过密时,那些不连续的线段显示为连续线。调整线型比例时,若想扩大间距,则需输入更大的比例,对于太短,甚至不能显示一个虚线小段的线段,可以使用更小的线型比例。

3.2 图层特性管理器

利用 AutoCAD 绘图时,图层是按功能或用途组织对象的主要方法。利用图层管理对象,可使图形信息更清晰、有序,方便图形的观察、修改和打印。通过图层隐藏、冻结、关闭等操作,可以降低图形的视觉复杂程度,并提高显示性能。

3.2.1 【图层特性管理器】对话框

通过 AutoCAD 提供的【图层特性管理器】对话框,可以进行创建新图层和设置图层颜色、线型、线宽等各种操作。

执行方式

☆ 下拉菜单:"格式"→"图层"命令。

☆ 功能区:"默认"选项卡→"图层"面板→(图层特性)命令。

☆ 命令行:LAYER 或 LA✓。

启动命令后,将打开如图 3-12 所示【图层特性管理器】对话框。

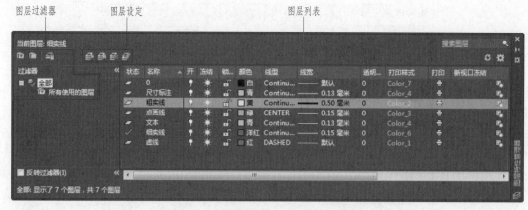

图 3-12 【图层特性管理器】对话框

该对话框分为三个区域，即图层设定、图层列表及图层过滤器。对图层的管理、设置工作，大部分是在【图层特性管理器】对话框中完成的。通过该对话框可以添加、删除和重命名图层；设置和修改各图层的对象特性；控制在列表中显示哪些图层；利用过滤器同时对多个图层进行修改。

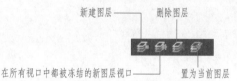

图 3-13 图层设定区域的命令按钮

3.2.2 图层设定

通过图层设定区域的命令按钮，可实现新建图层、删除图层、置为当前图层及在所有视口中都被冻结的新图层视口的操作，如图 3-13 所示。

3.2.2.1 新建图层

在【图层特性管理器】对话框中单击按钮，系统自动在图层列表框中建立一个新图层。

（1）定义图层名。对新建的图层，系统自动对图层命名为"图层 1""图层 2"等。为区分不同的图层，应根据图层的功能对图层进行命名，如"粗实线""点画线""虚线"，也可以根据专业图的需要进行命名，如建筑专业以"墙线""轴线"等命名。

（2）设置图层特性。用户可以根据作图需要建立多个图层。为方便对各图层上图元的观察、管理和修改，为每个图层指定颜色、线型、线宽及显示状态，详见本节后续内容。

3.2.2.2 在所有视口中都被冻结的新图层视口

单击按钮，创建图层，然后在所有现有布局视口中将其冻结。可以在"模型"选项卡或"布局"选项卡上访问此按钮。

3.2.2.3 删除图层

为了减少图形所占空间，可以删除不使用的图层。在图层列表中选择要删除的图层，如"图层 1"，单击（删除图层）按钮即可删除。

注意，无法删除以下图层。

（1）图层 0 和 Defpoints。

（2）包含对象（包括块定义中的对象）的图层。

（3）当前图层。

（4）在外部参照中使用的图层。

3.2.2.4 置为当前图层

当需要在某个图层上绘制图形时，必须先使该图层成为当前层。在图层特性管理器中，单击以选择一个图层，然后单击按钮。将选定图层设定为当前图层。将在当前图层上自动创建新对象。

3.2.3　图层列表

AutoCAD 的图层列表如图 3-14 所示。在图层列表的上方有 12 个标签，分别为"状态""名称""开 / 关""冻结 / 解冻""锁定 / 解锁""颜色""线型""线宽""透明度""打印样式""打印 / 不打印""新视口冻结 / 解冻"，下面对各标签的内容及设置进行介绍。

状态	名称	开	冻结	锁...	颜色	线型	线宽	透明...	打印样式	打印	新视口冻结
	0				□白	Continu...	0.13 毫米	0	Color_7		
	Defpoints				□ 72	Continu...	0.13 毫米	0	Color_72		
	标注				□洋红	Continu...	0.13 毫米	0	Color_6		
	尺寸				□白	Continu...	默认	0	Color_7		
	尺寸层				□红	Continu...	0.13 毫米	0	Color_1		
	出图				□白	Continu...	0.13 毫米	0	Color_7		
	粗				□红	Continu...	0.50 毫米	0	Color_1		
	粗实线				□白	Continu...	0.13 毫米	0	Color_7		
	粗线				□白	Continu...	0.40 毫米	0	Color_7		
	点划线				□绿	CENTER2	0.15 毫米	0	Color_3		
	点画线（...				□白	点画线	0.13 毫米	0	Color_7		
	改				□白	Continu...	0.13 毫米	0	Color_7		
	剖面线				□白	Continu...	0.09 毫米	0	Color_7		
	双点画线				□白	DIVIDE	0.13 毫米	0	Color_7		
	文字				□青	Continu...	0.13 毫米	0	Color_4		
	细实线				□红	Continu...	0.15 毫米	0	Color_7		

图 3-14　图层列表

（1）状态。根据图层的使用情况，图层状态符号有以下三种：✔ 图层为当前图层；▱ 图层包含对象；▱ 图层不包含任何对象。

（2）名称。显示图层或过滤器的名称。如果需要重命名图层，可在图层特性管理器中，单击以选择一个图层，然后单击图层名或按【F2】键输入新的名称。

（3）开 / 关（💡/💡）。打开和关闭选定图层。当图层打开时，它可见且可以打印。当图层关闭时，它将不可见且不能打印，创建选择集时，可以通过"全部选择（ALL）"选中关闭图层上的对象。当图形重新生成时，被关闭的图层将一起被生成。

关闭图层命令一般用于以下情况：所需表达的对象被其他图层上的对象遮挡；与要表达内容无关的图层；打印图形时，无须打印的图层。

如果关闭的图层是当前图层，系统将弹出【图层 - 关闭当前图层】对话框，如图 3-15 所示，可根据需要选择是否关闭当前图层。

（4）冻结 / 解冻（❄/☀）。冻结和解冻选定图层。在复杂图形中，可以冻结图层来提高性能并减少重生成时间。图层冻结后，将不会显示、打印或重生成该图层上的对象。

提示：冻结希望长期保持不可见的图层。如果需要经常切换可见性设置，应使用"开 / 关"设置，以避免重生成图形。

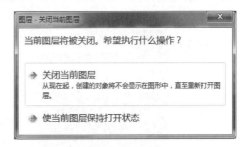

图 3-15　【图层 - 关闭当前图层】对话框

（5）锁定 / 解锁（🔒/🔓）。锁定和解锁选定图层。锁定图层后，图层上的对象仍然处于显示状态，但无法对其进行选择、编辑等操作。将光标悬停在锁定图层中的对象上时，对象显示为淡入并显示一个小锁图标。

使用此命令，可以防止该图层上的对象被意外修改。

（6）颜色。单击图层列表中对应图层的■（颜色）按钮，系统弹出【选择颜色】对话框，见图 3-4，可以在其中指定选定图层的颜色。该对话框的操作详见本章 3.1.1。

（7）线型。单击图层列表中对应图层的线型名称，系统弹出【线型管理器】对话框，见图 3-8，用户可以在其中指定选定图层的线型。设置线型的操作详见本章 3.1.3。

（8）线宽。单击图层列表中对应图层的线宽数值或横线，系统弹出【线宽设置】对话框，见图 3-6，用户可以在其中指定选定图层的线宽。该对话框的操作详见本章 3.1.2。

（9）透明度。显示【透明度】对话框，用户可以在其中指定选定图层的透明度。有效值从 0 到 90。值越大，对象越显得透明。

该命令可以直观地表达对象间遮挡关系，如将遮挡对象所在图层设为透明，则被遮挡对象也可见。

（10）打印样式。显示【选择打印样式】对话框，用户可以在其中指定选定图层的打印样式。对于颜色相关打印样式（PSTYLEPOLICY 系统变量设置为 1），用户无法更改与图层关联的打印样式。

（11）打印 / 不打印（🖶 / 🖶）。控制是否打印选定图层。当指定某层不打印后，该图层上的对象仍是可见的。图层的不打印设置只对图形中可见的图层（即图层是打开的，并且是解冻的）有效。若图层设为可打印，但该层是冻结的或关闭的，此时 AutoCAD 将不打印该图层。

（12）新视口冻结 / 解冻（🗔 / 🗔）。在新布局视口中冻结和解冻选定图层。

操作技巧：

1. 可以将图层列表进行过滤和排序，使其更易于查找和选择要更改的图层。

2. 单击列标签，以按该列进行排序。通过将列拖动到列表中的新位置，来更改列顺序。

3.2.4 图层过滤器

图层过滤器可基于指定的条件过滤图层列表。如果在图层特性管理器的"过滤器"列表中选择一个图层过滤器，则图层列表中仅显示与该过滤器中指定的特性相匹配的图层。过滤图层可以将较长的图层列表减少到仅为当前相关的图层。

图层过滤器由"新特性过滤器""新建组过滤器""反转过滤器"等部分组成，如图 3-16 所示。

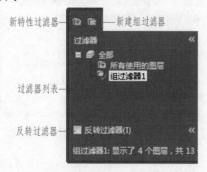

图 3-16　图层过滤器

（1）新特性过滤器🗔。显示【图层过滤器特性】对话框，从中可以创建图层过滤器。

例如，新建"过滤器 1"，设定条件为：名称中带有字母"A"；图层颜色为黑色；线宽为 0.13。则图层列表仅显示符合条件的 3 个图层，如图 3-17 所示。

（2）新建组过滤器🗔。创建图层组过滤器可以在其中选择要包含在组中的特定图层。

例如，可以创建名为"组过滤器 1"的组，将其中所要包括的图层从右侧图层列表中拖拽至左侧过滤器列表中的"组过滤器 1"上。然后单击"组过滤器 1"组时，图层列表仅列出"组过滤器 1"组中的图层，如图 3-18 所示。

（3）反转过滤器。显示所有不满足选定图层过滤器中条件的图层。

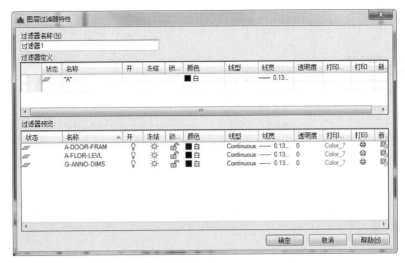

图 3-17　【图层过滤器特性】对话框

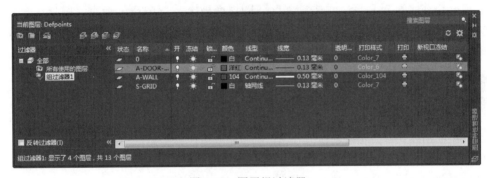

图 3-18　图层组过滤器

3.3　图层面板

"图层特性管理器"一般用于新建图形文件时,设置各图层的特性。我们在创建图形文件时,往往会借助一些外来图形元素。例如,通过设计中心插入其他图形文件中的块、尺寸标注、图案填充等对象,在插入这些对象的同时,会带来相关的图层信息。另外,由其他绘图软件导入的图形文件,往往带有更多的图层。这样就造成了图层列表过长、编辑和管理图形操作不方便等问题。

利用功能区"默认"选项卡→"图层"面板上的图层工具来管理图层,操作更简便、快捷。图层面板如图 3-19 所示,图 3-19(a)为图层面板的初始状态,点击下方下拉箭头▼将其展开,图层面板展开后如图 3-19(b)所示。

图层面板命令按钮如图 3-20 所示。

图层面板各命令按钮说明如下。

(1) 关(闭)。

功能:关闭选定对象所在的图层。

选择一个或多个对象后,单击功能区→图层面板上 (关)命令,则关闭

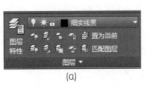

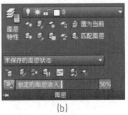

(a)　　　(b)

图 3-19　图层面板

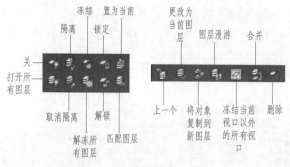

图 3-20　图层面板命令按钮

选定对象所在图层，可使该图层上的对象不可见且不被打印。

该命令与【图层特性过滤器】中 💡 / 💡（开 / 关）命令功能相类似，不同的是 🔦（关）命令时针对选择的对象进行操作，而不必关注该对象在哪个图层上。

（2）🗂 打开所有图层。

功能：打开图形中所有的图层。

单击功能区→图层面板上 🗂（打开所有图层）命令，则将之前关闭的所有图层均重新打开，在这些图层上创建的对象将变为可见，被冻结的图层除外。

（3）🗂 隔离。

功能：将选定的对象所在图层以外的其他图层均关闭和锁定。

选择一个或多个对象后，单击功能区→图层面板上 🗂（隔离）命令，则除选定对象所在图层之外的所有图层均将关闭、冻结或锁定，把保持可见且未锁定的图层称为"隔离"。

操作技巧：

当需要删除某个图层的所有图元时，使用"隔离"命令直接隔离该图层，然后框选进行编辑或者删除非常方便。

（4）🗂 取消隔离。

功能：恢复隐藏或锁定的所有图层。

单击功能区→图层面板上 🗂（取消隔离）命令，则取消隔离。

（5）❄ 冻结。

功能：冻结选定对象所在的图层。

单击功能区→图层面板上 ❄（冻结）命令，命令行提示"选择要冻结的图层上的对象或 [设置（S）/放弃（U）]："，可选择一个或多个对象，然后按回车键，则所选对象所在的图层被冻结。

冻结图层上的对象不可见。在绘制复杂图形时，图层较多，若想一次冻结多个图层，可在图层面板上，单击 ❄（冻结）命令，然后找到要冻结的一个或多个对象，即可一次完成冻结多个图层。

（6）🗂 解冻所有图层。

功能：解冻图形中的所有图层。

单击功能区→图层面板上 🗂（解冻所有图层）命令，则之前用任意方式冻结的图层都将被解冻，在这些图层上所创建的对象均为可见。

（7）🔒 锁定。

功能：锁定选定对象所在的图层。

单击功能区→图层面板上 🔒（锁定）命令，命令行提示"选择要锁定的图层上的对象："，用鼠标在绘图区点选需要锁定的图层上的任一对象，则该图层被锁定。

注意：该命令一次只能锁定一个图层。

（8）🔓 解锁。

功能：解锁选定对象所在的图层。

单击功能区→图层面板上 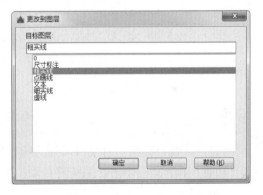（解锁）命令，命令行提示"选择要解锁的图层上的对象："，用鼠标在绘图区点选需要解锁的图层上的任一对象，则该图层被解锁。

使用此命令，可以选择锁定图层上的对象并解锁该图层，而无须指定该图层的名称。

注意：该命令一次只能解锁一个图层。

（9）置为当前。

功能：将选定的对象所在的图层指定为当前的图层。

单击功能区→图层面板（置为当前）命令，系统提示"选择将使其图层成为当前图层的对象"，在绘图区选择要置为当前图层的图层上的对象（如粗实线），系统提示"粗实线现在为当前图层"。

（10）图层匹配。

功能：将选定对象的图层更改为与目标图层相匹配。使用此命令可以将选定的一个或多个对象移动至其他图层。

单击功能区→图层面板（图层匹配）命令，系统提示"选择要更改的对象："，在屏幕上单击拾取需要更改的对象（可多选），然后按回车键，系统进一步提示"选择目标图层上的对象或 [名称 (N)]："，可在屏幕上直接拾取目标图层上的对象，或者输入目标图层的名称。

操作步骤

命令：_LAYMCH

选择要更改的对象：

选择对象：找到 1 个

选择对象：

选择目标图层上的对象或 [名称 (N)]：

一个对象已更改到图层"粗实线"上

或

选择目标图层上的对象或 [名称 (N)]：N

（键盘输入字母"N"回车）

系统弹出【更改到图层】对话框如图 3-21 所示，在该对话框中点选"粗实线"层，然后单击【确定】按钮退出该对话框。

在命令行提示：

一个对象已更改到图层"粗实线"上

图 3-21　【更改到图层】对话框

（11）上一个。

功能：放弃对图层设置的上一个或上一组更改。

单击功能区→图层面板（上一个）命令，可以放弃使用图层空间、图层特性管理器或"LAYER"命令所做的最新修改。

（12）更改为当前图层。

功能：将选定的对象快速地更改至当前图层上。

例如在绘图过程中，将某些粗实线错误地画在"细实线"图层上了，则可以首先将"粗实线"图层置为当前，然后单击功能区→图层面板（更改为当前图层）命令，命令行提示"选择要更改到当前图层的对象："，用鼠标在绘图区内选择一个或多个对象，然后按回车键，所选择的对象就转到"粗实线"图层来了。

（13） 📂 将对象复制到新图层。

功能：将选定的一个或多个对象复制到其他图层上，并为复制的对象指定位置。

操作过程如下。

单击功能区→图层面板 📂 （将对象复制到新图层）命令，命令行提示：

命令：_copytolayer 找到 1 个

选择目标图层上的对象或［名称（N）］＜名称（N）＞：

1 个对象已复制并放置在图层"细实线"上

指定基点或［位移（D）/退出（X）］＜退出（X）＞：指定位移的第二个点或 ＜使用第一点作为位移＞：指定基点和位移第二点结束命令

（14） 🖫 图层漫游。

功能：显示选定图层上的对象，并隐藏其他图层上的对象。

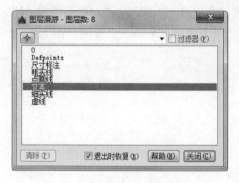

图 3-22　【图层漫游】对话框

单击功能区→图层面板 🖫 （图层漫游）命令，系统弹出【图层漫游】对话框，如图 3-22 所示。该对话框中包含图形中所有图层列表，单击选中图层，被选中的对象显示在屏幕上，没有选中的图层不显示。可以利用按下【Shift】键或拖拽鼠标键同时选中多个图层。

使用"图层漫游"命令，可以检查每个图层上的对象和清理未使用的图层。默认情况下，效果是暂时性的，关闭对话框后图层将恢复。如果将对话框中的"退出时恢复"选择框勾掉，则关闭对话框后，未被选择的图层就保持关闭状态。

操作技巧：

对于包含大量图层的图形，用户可以通过管理器显示在对话框中的图层列表。使用此命令可以检查每个图层上的对象和清理未参照的图层。

（15） 🔲 视口冻结当前视口以外的所有视口。

功能：执行此命令后，系统将自动执行图层管理器中的"视口冻结"的操作。

（16） 🖋 合并。

功能：通过合并图层来减少图形中的图层数，将所合并图层上的对象移动到目标图层，并从图形中清理原始图层。

方法一：通过选择对象合并图层。

单击功能区→图层面板 🖋 （合并）命令，命令行提示：

命令：_laymrg

选择要合并的图层上的对象或［名称（N）］：在绘图区域中，在要合并的每个图层上选择一个对象（如点选点画线图层上的一个对象，则点画线图层上的所有对象都被选中），然后按"↙"键

选定的图层：点画线

选择要合并的图层上的对象或［名称（N）/放弃（U）］：（在屏幕上点选粗实线层上的对象）

选定的图层：点画线，粗实线

选择要合并的图层上的对象或［名称（N）/放弃（U）］: ✓

选择目标图层上的对象或［名称（N）］:（在屏幕上点选文本层上的对象）

******** 警告 ********

将要把 2 个图层合并到图层"文本"中

是否继续?［是（Y）/否（N）]< 否（N）>: y ✓

删除图层"点画线"

删除图层"粗实线"

已删除 2 个图层

方法二：通过输入图层名称合并图层。

单击功能区→图层面板 (合并) 命令, 命令行提示：

命令: _laymrg

选择要合并的图层上的对象或［名称（N）］: N ✓

系统弹出【合并图层】对话框, 如图 3-23 所示。在其上选取点画线图层, 然后单击【确定】按钮退出该对话框。

命令行显示如下：

选定的图层：点画线

选择要合并的图层上的对象或［名称（N）/放弃（U）］: ✓

选择目标图层上的对象或［名称（N）］: N ✓

在弹出的【合并到图层】对话框中点选"粗实线"层, 如图 3-24 所示。然后单击【确定】按钮, 系统继续弹出【合并到图层】确认对话框, 如图 3-25 所示。提示"将要把图层点画线合并到粗实线中。是否要继续?", 单击【是】按钮, 完成操作。

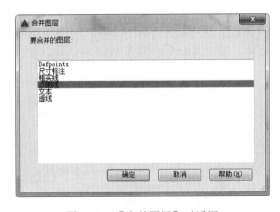

图 3-23　【合并图层】对话框

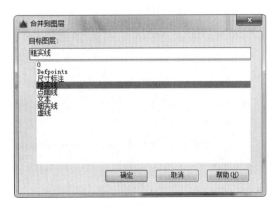

图 3-24　【合并到图层】对话框

命令行显示如下：

删除图层"点画线"

已删除 1 个图层

（17）删除。

功能：删除选定对象所在的图层上的所有对象并清理该图层。执行此命令还可以将该图层上的对象从所有块定义中删除并重新定义受影响的块。

图 3-25　【合并到图层】确认对话框

操作过程如下。

方法一：选择要删除的图层上的对象。

单击功能区→图层面板 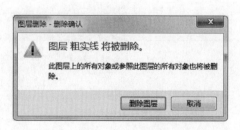（删除）命令，命令行提示：

命令：_laydel

选择要删除的图层上的对象或［名称（N）］：

选定的图层：粗实线

选择要删除的图层上的对象或［名称（N）/放弃（U）］：

选定的图层：粗实线，文本

选择要删除的图层上的对象或［名称（N）/放弃（U）］：

******** 警告 ********

有 1 个块定义参照了正在删除的图层

将重定义这些块并将参照这些图层的图元

从块定义中删除

将要从该图形中删除以下图层

粗实线

文本

是否继续？［是（Y）/否（N）]<否（N）>：y✓

重定义块"*D1"

删除图层"粗实线"

删除图层"文本"

已删除 2 个图层

方法二：指定图层名称。

单击功能区→图层面板（删除）命令，系统弹出【删除图层】对话框，如图 3-26 所示。在其上选取"粗实线"，然后单击【确定】按钮，弹出【删除图层】确认对话框，如图 3-27 所示。单击【删除图层】按钮，完成操作。

图 3-26　【删除图层】对话框

图 3-27　【删除图层】确认对话框

命令行显示如下：

删除图层"粗实线"

已删除 1 个图层

3.4　图形的显示控制

在使用 AutoCAD 绘图时，经常需要在观察整体布局和进行局部操作间进行切换。AutoCAD 的显示控制命令，可以控制增大或减小视图的比例，改变图形观察的位置，因此，在绘图时，可通过该命令快速缩放及移动图形。

注意：显示控制命令改变的仅仅是观察者的视觉效果，并不改变图形的尺寸、空间几何要素位置等。

3.4.1　利用鼠标控制屏幕的显示

AutoCAD 的鼠标功能键设置如表 3-1 所示。

表 3-1　AutoCAD 的鼠标功能键设置

左键	选取功能键	
右键	打开快捷菜单	
中间滚轮	向前或向后旋转滚轮	即时放大或缩小
	压着不放和拖拽	即时平移
	双击	缩放成整个绘图窗口的范围
	Shift+ 压着不放或拖拽	作垂直或水平的平移
	Ctrl+ 压着不放或拖拽	摇杆式即时平移
	Mbuttonpan=0，单击滚轮	对象捕捉快捷菜单
Shift+ 右键	对象捕捉快捷菜单	

3.4.2　实时平移

实时平移可以在不改变图形缩放比例的情况下，在屏幕上观察图形的不同内容，相当于移动图纸。在命令行中输入"PAN"命令，光标变成一只手的形状 ✋，按住鼠标左键移动，可以使图形一起移动。

释放拾取键，平移将停止。释放拾取键后，将光标移动到图形的其他位置，然后再按拾取键，可从该位置继续执行平移命令。要随时停止平移，请按【Enter】键或【Esc】键。

提示：

（1）在用 AutoCAD 绘制大型、复杂的图时，可不断用该命令移动视窗，以便观察和作图。

（2）"PAN"命令是一透明命令，可在执行其他命令的过程中随时启动。

（3）通常通过按住滚轮并拖动可平移视图。

3.4.3　图形缩放

执行方式

☆ 下拉菜单：视图→缩放（z）。

☆ 命令行：ZOOM↙。

操作步骤

命令：_ZOOM

指定窗口的角点，输入比例因子（nX 或 nXP），或者

［全部（A）/中心（C）/动态（D）/范围（E）/上一个（P）/比例（S）/窗口（W）/对象（O）］
＜实时＞：

选项说明

指定窗口角点：通过定义一窗口来确定放大范围，在视口中点取一点即确定该窗口的一个角点，随即提示输入另一个角点。执行结果同窗口参数。即【菜单】→【视图】→【缩放】→【窗口】。

输入比例因子（nX 或 nXP）：按照一定的比例来进行缩放。大于 1 为放大，小于 1 为缩小。X 指相对于模型空间缩放，XP 指相对于图纸空间缩放。即【菜单】→【视图】→【缩放】→【比例】。

全部（A）：在当前视口中显示整个图形，其范围取决于图形所占范围和绘图界限中较大的一个。即【菜单】→【视图】→【缩放】→【全部】。

中心（C）：指定一中心点，将该点作为视口中图形显示的中心。在随后的提示中，要求指定中心点和缩放系数及高度，系统根据给定的缩放系数（nX）或欲显示的高度进行缩放。如果不想改变中心点，在中心点提示后直接回车即可。即【菜单】→【视图】→【缩放】→【圆心】。

动态（D）：动态显示图形。该选项集成了"平移"命令和"显示缩放"命令中的【全部】和【窗口】功能。当应用该选项时，系统显示一平移观察框，可以拖动它到适当的位置并单击，此时出现一向右的箭头，可以调整观察框的大小。如果再单击鼠标左键，可以移动观察框。如果回车或右击鼠标，在当前窗口中将显示观察框中的部分内容。即【菜单】→【视图】→【缩放】→【动态】。

范围（E）：将图形在当前视口中最大限度地显示。即【菜单】→【视图】→【缩放】→【范围】。

上一个（P）：恢复上一个视口内显示的图形，最多可以恢复 10 个图形显示。即【菜单】→【视图】→【缩放】→【上一个】。

比例（S）：根据输入的比例显示图形，对于模型空间，比例后加上 X，对于图纸空间，比例后加上 XP。显示的中心为当前视口中图形的显示中心。即【菜单】→【视图】→【缩放】→【比例】。

窗口（W）：缩放由两点定义的窗口范围内的图形到整个窗口范围。即【菜单】→【视图】→【缩放】→【窗口】。

对象（O）：将选取的图形缩放到整个窗口范围。即【菜单】→【视图】→【缩放】→【对象】。

实时：在提示后直接回车，进入实时缩放状态。按住鼠标向上或向左为放大图形显示，按住鼠标向下或向右为缩小图形显示。即【菜单】→【视图】→【缩放】→【实时】。

提示：

（1）如果圆曲线在图形放大后成折线，这时可用"REGEN"命令重生成图形。

（2）该命令为透明命令，可在其他命令的执行过程中执行，为图形的绘制和编辑带来方便。

（3）在"ZOOM"命令指示下，直接输入比例系数则以比例方式缩放；如果直接用定标设备在屏幕上拾取两对角点，则以窗口方式缩放。

3.4.4　图形重画及重生成

3.4.4.1　图形重画

在绘图过程中，有时屏幕上会残留一些标记点痕迹，使图形变得不清晰，图形重画就是消除残留在屏幕上的标记点痕迹，使图形变得清晰。

执行方式

☆ 下拉菜单：视图→重画。

☆ 命令行：REDRAW ↙

REDRAWALL ↙。

说明：

（1）"REDRAW"命令只对当前视窗中的图形起作用，"REDRAWALL"命令可以对所有视窗中的图形进行重现显示。

（2）打开或关闭图形中某一图层或者关闭栅格后，系统也将自动对图形刷新并重新显示。

3.4.4.2　图形重生成

重生成同样可以刷新视口，它和重画的区别在于刷新的速度不同，重生成的速度比重画速度要慢。

图形重生成命令的作用，除消除残留在屏幕上的标记点痕迹外，还可以改变一些对象的显示状态。

（1）AutoCAD 为了优化性能，在生成显示数据时并不会全部生成，而且会对一些数据进行优化以提高操作速度。重生成时重点生成当前视图及周边扩展到一定范围的显示数据，因此缩放时经常会遇到无法继续缩小或继续放大的提示，这时就需要输入 RE 进行重生成。

（2）绘制圆或圆弧等曲线时，AutoCAD 根据圆在图中的大小显示成适当边数的多边形，当圆在视图中很小时，生成的显示数据就是一个边数很少的多边形，当将其放大，就会很明显地看到是个多边形，这时只需要重生成显示数据就可以了，AutoCAD 就会重新计算，用合适的边数来显示圆。

执行方式

☆ 下拉菜单：视图→重生成

视图→全部重生成。

☆ 命令行：REGEN ↙

REGENALL ↙。

说明：

（1）"REGEN"命令重新生成当前视口。"REGENALL"命令对所有的视口都执行重生成。

（2）有些命令执行时会引起重生成，AutoCAD 优先执行重画而不执行重生成来刷新视口。如果执行重画无法清除屏幕上的痕迹，也只能重生成。

上机操作练习

1. 按照图 3-28 所示内容创建图层。

2. 按表 3-2 设置图层。

3. 绘制如图 3-29 所示的图形，并要求做到以下几点。

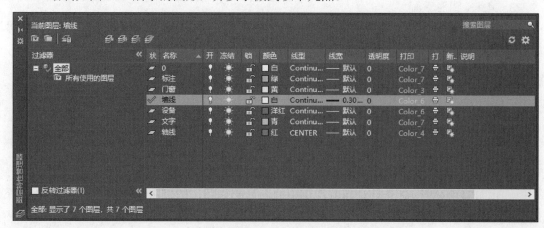

图 3-28　创建图层

表 3-2　图层列表

图层名称	线型名称	宽度	颜色	主要用途
粗实线	Continuous	0.5	黑色 / 白色	可见轮廓线
细实线	Continuous	0.15	绿色	尺寸线、尺寸界线、剖面线、指引线、重合断面轮廓线、过渡线等
波浪线	Continuous	0.15	绿色	断裂处的分界线、剖视图的分界线等
虚线	Dashed	0.25	黄色	不可见的轮廓线
中心线	Center	0.15	红色	轴线、对称线、中心线、齿轮的分度圆等
双点画线	Phantom	0.15	蓝色	相邻辅助零件的轮廓线、中断线、轨迹线、极限位置的轮廓线、假象投影形体轮廓线
剖面线	Continuous	0.13	黑色	剖面线
文本	Continuous	0.13	黑色	文本、表格等
尺寸标注	Continuous	0.15	洋红色	尺寸标注
其他符号	Continuous	0.15	青色	粗糙度等符号

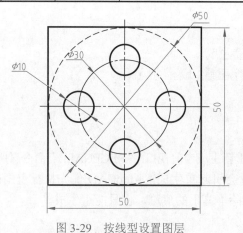

图 3-29　按线型设置图层

（1）图中的不同线型，分别画在相应的图层中。

（2）开 / 关某层，观察图层的变化。

（3）利用改变图层将虚线圆改为粗实线圆，将点画线圆改为虚线圆。

第 4 章　绘制二维图形

本章导读

　　本章主要讲解 AutoCAD 绘制二维图形的基本绘图命令、多段线的绘制与编辑、多线的绘制与编辑、图案的填充与编辑等内容。通过本章的学习，可以准确、快速地绘制各种二维图形。

学习目标

➢ 掌握 AutoCAD 绘制二维图形的基本绘图命令。

➢ 掌握多段线的绘制与编辑命令。

➢ 了解多线的绘制与编辑方法。

➢ 掌握样条曲线、图案填充和圆环的绘制方法。

➢ 了解面域的创建和编辑方法。

　　二维图形是指在二维平面空间绘制的图形，AutoCAD 提供了多种绘图工具，可以帮助用户快速地完成二维图形的绘制。

4.1　基本绘图命令

4.1.1　绘制直线和构造线

4.1.1.1　绘制直线

　　直线命令用于在两点之间绘制线段，该命令可以连续绘制多条直线段，每条直线段作为一个独立的图形对象处理。如果要将一系列直线绘制成一个对象，可使用多段线命令。

执行方式

　　☆ 下拉菜单："绘图"→"直线（L）"命令。

　　☆ 功能区："默认"选项卡→绘图面板→／（直线）命令。

　　☆ 命令行：LINE 或 L↙。

操作步骤

命令：_line 指定第一点：(指定一点作为直线的起点)

指定下一点或 [放弃 (U)]：(指定直线的另一端点)

指定下一点或 [放弃 (U)]：(继续指定直线的另一端点)

指定下一点或 [闭合 (C) / 放弃 (U)]：(指定直线的另一端点或封闭图形)

选项说明

指定第一点：输入直线段起点的坐标或在绘图区点击指定起点。

指定下一点：输入直线段端点的坐标或在绘图区点击指定端点。

闭合（C）：用于将连续绘制的一系列直线段（两条以上）首尾闭合。

放弃（U）：选项，用于删除直线序列中最新绘制的线段，多次输入"U"，按绘制次序的逆序逐个删除线段。

操作技巧：

1. 如果要以最近绘制的直线的端点为起点绘制新的直线，可以再次启用 LINE 命令，然后在出现"指定第一点："提示后按↙键。

2. 打开正交模式，可以绘制水平和竖直方向的直线，通过移动十字光标确定绘制方向，在键盘上输入数值来确定直线的长度。

实例操作

实例 4-1：用直线命令绘制图 4-1 所示图形。

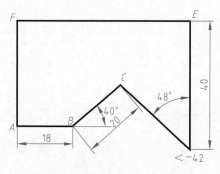

图 4-1　用直线命令绘制图形

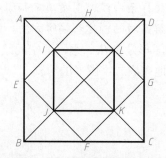

图 4-2　利用对象捕捉绘制平面图形

命令行提示与操作过程如下。

命令：_line

指定第一个点：在绘图区任意指定点 A

指定下一点或 [放弃 (U)]：< 正交 开 >18↙打开正交模式画出直线 AB

指定下一点或 [放弃 (U)]：< 极轴 开 > 20↙打开极轴捕捉模式，设置"增量角"为 10，或直接输入极坐标 @20<40，画出直线 BC

指定下一点或 [闭合 (C) / 放弃 (U)]：@30<-42↙输入点 D 的相对直角坐标，画出 CD

指定下一点或 [闭合 (C) / 放弃 (U)]：< 正交 开 > 40↙再次打开正交模式画出 DE

指定下一点或［闭合（C）/放弃（U）］：对象捕捉追踪端点 A，使点 F 与其垂直对齐

指定下一点或［闭合（C）/放弃（U）］：c↙闭合，画出多边形

实例 4-2：利用对象捕捉绘制如图 4-2 所示平面图形。

（1）绘制边长为 40 的正方形 *ABCD*。

命令：_line

指定第一个点：拾取点 A

指定下一点或［放弃（U）］：<正交 开>40↙向下拖动鼠标，画竖直边 AB

指定下一点或［放弃（U）］：40↙向右拖动鼠标，画水平边 BC

指定下一点或［闭合（C）/放弃（U）］：40↙向上拖动鼠标，画竖直边 CD

指定下一点或［闭合（C）/放弃（U）］：c↙闭合

（2）绘制正方形的对角线。

命令：_line

指定第一个点：对象捕捉 A（端点、交点）

指定下一点或［放弃（U）］：对象捕捉 C（端点、交点）

指定下一点或［放弃（U）］：↙回车结束命令

命令：↙回车重复画直线命令

LINE

指定第一个点：对象捕捉 D（端点、交点）

指定下一点或［放弃（U）］：对象捕捉 B（端点、交点）

指定下一点或［放弃（U）］：↙

（3）绘制内部正方形 *EFGH* 和 *IJKL*。

命令：_line

指定第一个点：对象捕捉 E（中点）

指定下一点或［放弃（U）］：对象捕捉 F（中点）

指定下一点或［放弃（U）］：对象捕捉 G（中点）

指定下一点或［闭合（C）/放弃（U）］：对象捕捉 H（中点）

指定下一点或［闭合（C）/放弃（U）］：c↙

命令：↙

LINE

指定第一个点：对象捕捉 J（交点）

指定下一点或［放弃（U）］：对象捕捉 K（交点）

指定下一点或［放弃（U）］：对象捕捉 L（交点）

指定下一点或［闭合（C）/放弃（U）］：对象捕捉 I（交点）

指定下一点或［闭合（C）/放弃（U）］：c↙

4.1.1.2　绘制构造线

构造线是没有起点和终点且无限延伸的直线，主要用于绘制辅助线和修剪边界。绘制构造线时，可以为其指定颜色、线型、线宽、图层等特性。

执行方式

☆ 下拉菜单："绘图"→"构造线（T）"命令。

☆ 功能区："默认"选项卡→"绘图面板"面板下拉箭头▼→✐（构造线）命令。

☆ 命令行：XLINE ↙。

操作步骤

命令：_xline

指定点或［水平（H）/垂直（V）/角度（A）/二等分（B）/偏移（O）］：

指定通过点：指定点或［水平（H）/垂直（V）/角度（A）/二等分（B）/偏移（O）］：（指定一点或输入选项）

选项说明

指定点：通过指定两点绘制出一条构造线。

水平（H）：绘制通过指定点的水平构造线。

垂直（V）：绘制通过指定点的垂直构造线。

角度（A）：按指定的角度绘制构造线。

二等分（B）：绘制通过指定顶点、起点和端点所构成角的角平分线。

偏移（O）：绘制通过指定点且平行于指定直线的构造线。选择该选项，可绘制指定距离的构造线。

实例操作

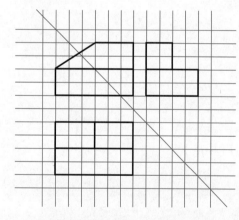

图 4-3　构造线命令绘制三视图

利用构造线命令绘制如图 4-3 所示的网格线，并完成三视图的绘制。

命令行提示与操作过程如下。

（1）绘制水平构造线。

命令：_xline

指定点或［水平（H）/垂直（V）/角度（A）/二等分（B）/偏移（O）］：h↙选择绘制水平的构造线

指定通过点：在绘图区指定一点

指定通过点：↙结束命令

命令：↙重复画构造线命令

XLINE

指定点或［水平（H）/垂直（V）/角度（A）/二等分（B）/偏移（O）］：o 选择偏移绘制平行等距的构造线

指定偏移距离或［通过（T）］<38.5415>：10↙设置构造线间距

选择直线对象：选择已画构造线

指定向哪侧偏移：指定方向

选择直线对象：选择已画构造线

指定向哪侧偏移：指定方向

如此重复，画出 13 条水平的构造线。

（2）绘制垂直构造线。

命令：_xline

指定点或［水平（H）/垂直（V）/角度（A）/二等分（B）/偏移（O）］: v↙选择绘制垂直的构造线

指定通过点：在绘图区指定一点

指定点或［水平（H）/垂直（V）/角度（A）/二等分（B）/偏移（O）］: o↙选择偏移绘制平行等距的构造线

指定偏移距离或［通过（T）］<10>: 10↙设置构造线间距

选择直线对象：选择已画构造线

指定向哪侧偏移：指定方向

如此重复，画出 14 条垂直的构造线。

（3）绘制 45°斜线。

命令: _xline

指定点或［水平（H）/垂直（V）/角度（A）/二等分（B）/偏移（O）］: a↙

输入构造线的角度(0)或［参照（R）］: -45

指定通过点：指定点

（4）绘制三视图。本例图形均为直线构成，可捕捉构造线上对应的交点，完成图形绘制。详细步骤参见图 4-3，此处略。

4.1.2　绘制圆和圆弧

圆与圆弧在工程图中是常见的曲线图形，AutoCAD 提供了多种绘制圆和圆弧的方法。

4.1.2.1　绘制圆

执行方式

☆ 下拉菜单: "绘图" → "圆（C）"命令。

☆ 功能区: "默认"选项卡→"绘图"面板→ ⊕ （圆）命令。

☆ 命令行: CIRCLE 或 C↙。

操作步骤

命令: _circle

指定圆的圆心或［三点（3P）/两点（2P）/切点、切点、半径（T）］:

指定圆的半径或［直径（D）］:

AutoCAD 提供了 6 种画圆的方式，单击下拉菜单选择画圆命令，下拉列表显示如图 4-4 所示。

圆心、半径(R)
圆心、直径(D)
两点(2)
三点(3)
相切、相切、半径(T)
相切、相切、相切(A)

选项说明

半径（R）：定义圆的半径大小。

直径（D）：定义圆的直径大小。

两点（2P）：指定两点作为圆的一条直径上的两点。

三点（3P）：指定三点确定圆。

图 4-4　下拉列表中 6 种画圆方式

相切、相切、半径（T）：指定与绘制的圆相切的两个元素，接着定义圆的半径。半径值不可小于两元素间的最短距离。在拾取相切对象时，所拾取的位置不同，所绘制圆的位置是不同的。

　　扫描附录 3 二维码→"素材文件"→"第 4 章"→ 4-5.dwg 文件，采用"相切、相切、半径（T）"的画圆方式，分别按照图 4-5（a）、（b）、（c）所示位置拾取两个圆上的点，画出的结果如图 4-5（a）、（b）、（c）所示。

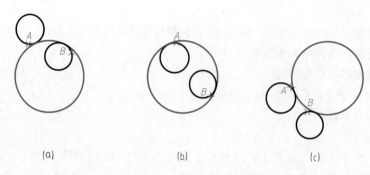

(a)　　　　　　　　　　　(b)　　　　　　　　　　　(c)

图 4-5　用"相切、相切、半径（T）"方式画圆

　　注意：如果拾取的点偏差较大，可能出现不同的效果。

　　相切、相切、相切（A）：画圆方式是三点定圆中的特殊情况。要指定和绘制的圆相切的是三个元素。AutoCAD 自动计算圆的圆心和半径来绘制圆。

实例操作

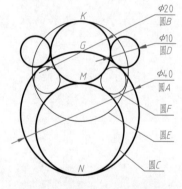

图 4-6　用画圆命令绘制图形

用画圆命令绘制图 4-6 所示图形。

具体操作步骤如下。

（1）"圆心、半径"方式绘制圆 A。

命令：_circle

指定圆的圆心或 [三点（3P）/两点（2P）/切点、切点、半径（T）]：在绘图区指定一点作为圆 A 的圆心

指定圆的半径或 [直径（D）]：20↙输入半径值

（2）"圆心、半径"方式绘制圆 B。

命令：_circle

指定圆的圆心或 [三点（3P）/两点（2P）/切点、切点、半径（T）]：捕捉圆 A 的上象限点 G 作为圆 B 的圆心

指定圆的半径或 [直径（D）] <20.0000>：10↙

说明：<> 尖括号内数字为默认值，默认为上一次画圆时的半径。

（3）"两点（2）"方式绘制圆 C。

命令：_circle

指定圆的圆心或 [三点（3P）/两点（2P）/切点、切点、半径（T）]：2p↙

指定圆直径的第一个端点：捕捉圆 B 的下象限点 M

指定圆直径的第二个端点：捕捉圆 A 的下象限点 N

（4）"相切、相切、半径（T）"方式绘制圆 D。

命令：_circle

指定圆的圆心或 [三点（3P）/两点（2P）/切点、切点、半径（T）]：t↙

指定对象与圆的第一个切点：在圆 A 左侧靠近切点处拾取一个切点

指定对象与圆的第二个切点：在圆 B 左侧靠近切点处拾取一个切点

指定圆的半径 <15.0000>：5 ✓

同样方法绘出左侧 $\phi10$ 圆。

（5）"三点（3）"方式绘制圆 E。

命令：_circle

指定圆的圆心或［三点（3P）/两点（2P）/切点、切点、半径（T）］：3p ✓

指定圆上的第一个点：捕捉圆 B 的上象限点 K

指定圆上的第二个点：捕捉 D 圆的圆心

指定圆上的第三个点：捕捉另一侧 D 圆的圆心

（6）"相切、相切、相切（A）"方式绘制圆 F。点击下拉菜单→"相切、相切、相切（A）"命令。

命令：_circle

指定圆的圆心或［三点（3P）/两点（2P）/相切、相切、半径（T）］：_3p

指定圆上的第一个点：_tan 到在圆 A 上靠近切点处拾取一个点

指定圆上的第二个点：_tan 到在圆 B 上靠近切点处拾取一个点

指定圆上的第三个点：_tan 到在圆 C 上靠近切点处拾取一个点

同理在另一侧绘制对称的圆 F。

4.1.2.2　绘制圆弧

执行方式

☆ 下拉菜单："绘图"→"圆弧（A）"命令。

☆ 功能区："默认"选项卡→"绘图"面板→⌒（圆弧）命令。

☆ 命令行：ARC 或 A ✓。

操作步骤

命令：_arc

指定圆弧的起点或［圆心（C）］：

指定圆弧的第二个点或［圆心（C）/端点（E）］：

指定圆弧的端点：

AutoCAD 的下拉菜单提供了 11 种绘制圆弧的方法，单击下拉菜单选择画圆弧命令，下拉列表显示如图 4-7 所示。

选项说明

三点（P）：通过指定圆弧上的三个点可以绘制一条圆弧，其中第二个点决定了画弧的方向。

起点、圆心、端点（S），圆心、起点、端点（C），起点、端点、半径（R）：指定起点、终点画圆弧。绘制圆弧的方向为逆时针画圆弧，因此拾取圆弧两个端点时，应注意其先后顺序。

起点、圆心、角度（T），起点、端点、角度（N），圆心、起

图 4-7　下拉列表中 11 种画圆弧方式

69

点、角度（E）：指定角度画圆弧。"角度"是指圆心角，角度值的正负决定绘制圆弧的方向，角度为正，逆时针画弧，反之，角度为负，顺时针画弧。

起点、圆心、长度（A），圆心、起点、长度（L）：指定弦长画圆弧。"长度"是指圆弧的弦长，要求所给定的弦长不得超过起点到圆心距离的两倍。若弦长为负值，可以强制性地绘制大圆弧。

起点、端点、方向（D）：指定方向画圆弧。"方向"是指与圆弧起点相切的方向。确定圆弧起点和端点后，拖动鼠标确定圆弧的方向和半径。

继续（O）：以最后一次绘制的线段（直线或圆弧）的终点为起点，继续绘制圆弧，且新圆弧在起点处与原线段终点相切。

实例操作

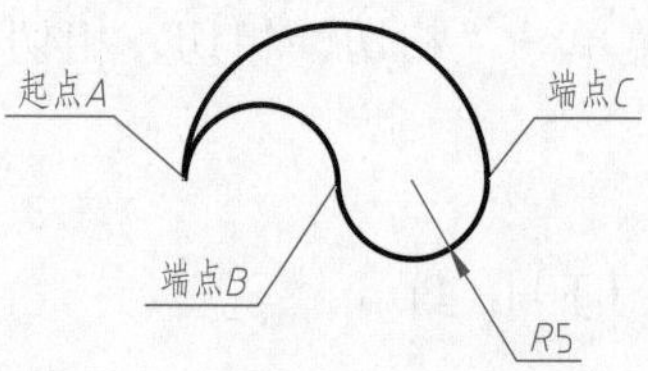

图 4-8 用圆弧命令绘制图形

用圆弧命令绘制图 4-8 所示图形。

命令行提示与操作过程如下。

命令：_arc

指定圆弧的起点或［圆心（C）］：在屏幕上任意指定一点作为左侧小圆弧的起点 A

指定圆弧的第二个点或［圆心（C）/端点（E）］：e↙端点方式

指定圆弧的端点：@10，0↙端点 B 的位置

指定圆弧的中心点（按住 Ctrl 键以切换方向）或［角度（A）/方向（D）/半径（R）］：d↙确定方向

命令：↙重复圆弧命令

ARC

指定圆弧的起点或［圆心（C）］：↙回车，以端点 B 作为右侧圆弧的起点，且与已有圆弧相切

指定圆弧的端点（按住 Ctrl 键以切换方向）：ARC @10，0 输入圆弧的弦长

命令：↙

ARC

指定圆弧的起点或［圆心（C）］：↙回车，以端点 C 作为上方大圆弧的起点，且与右侧小圆弧相切

指定圆弧的端点：捕捉起点 A

4.1.3 绘制矩形和正多边形

4.1.3.1 绘制矩形

矩形是最常用的几何图形，利用矩形命令绘制的矩形可以包括倒角、圆角、宽度、标高和厚度等参数，整个矩形是一个独立对象。

执行方式

☆ 下拉菜单："绘图" → "矩形（G）"命令。

☆ 功能区："默认"选项卡→"绘图"面板→▭（矩形）命令。

☆ 命令行：RECTANG 或 REC↙。

操作步骤

命令：_rectang

指定第一个角点或［倒角（C）/标高（E）/圆角（F）/厚度（T）/宽度（W）］：

指定另一个角点或［面积（A）/尺寸（D）/旋转（R）］：

选项说明

指定第一个角点：指定一点作为矩形的第一个角点。

指定另一个角点：可直接指定另一个角点来绘制矩形。

倒角（C）：绘制带倒角的矩形，需要指定矩形的倒角距离。

标高（E）：用于三维绘图。

圆角（F）：绘制带圆角的矩形，需要指定矩形的圆角半径。

厚度（T）：用于三维绘图。

宽度（W）：指定绘制矩形的线宽。

面积（A）：通过指定矩形的面积和长度（或宽度）绘制矩形。

尺寸（D）：通过指定矩形的长度、宽度和另一角点的方向绘制矩形。

旋转（R）：通过指定旋转的角度和拾取 1 个参考点绘制矩形。

实例操作

如图 4-9 所示，分别绘制长 25、宽 15，线宽为 0.5 的矩形［图 4-9（a）］，半径为 5 的圆角矩形［图 4-9（b）］，以及两倒角距离均为 5 的倒角矩形［图 4-9（c）］。

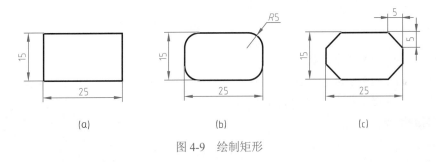

(a)　　　　　　　　　(b)　　　　　　　　　(c)

图 4-9　绘制矩形

命令行提示与操作过程如下。

命令：_rectang

指定第一个角点或［倒角（C）/标高（E）/圆角（F）/厚度（T）/宽度（W）］：绘图区指定一点

指定另一个角点或［面积（A）/尺寸（D）/旋转（R）］：@25，15✓输入相对坐标指定点，结果如图 4-9（a）所示。

命令：✓重复矩形命令

RECTANG

指定第一个角点或［倒角（C）/标高（E）/圆角（F）/厚度（T）/宽度（W）］：f✓绘制带圆角矩形

指定矩形的圆角半径 <5.0000>：5✓

指定第一个角点或［倒角（C）/标高（E）/圆角（F）/厚度（T）/宽度（W）］：指定第一角度

指定另一个角点或［面积（A）/尺寸（D）/旋转（R）］：@25，15↙结果如图 4-9（b）所示

命令：↙

RECTANG

指定第一个角点或［倒角（C）/标高（E）/圆角（F）/厚度（T）/宽度（W）］：c↙绘制带倒角矩形

指定矩形的第一个倒角距离 <0.0000>：5↙

指定矩形的第二个倒角距离 <5.0000>：↙

指定第一个角点或［倒角（C）/标高（E）/圆角（F）/厚度（T）/宽度（W）］：指定第一角度

指定另一个角点或［面积（A）/尺寸（D）/旋转（R）］：@25，15 结果如图 4-9（c）所示。

4.1.3.2 绘制正多边形

AutoCAD 可以创建边数为 3 ~ 1024 的正多边形。多边形是等边闭合多段线，可以指定多边形的边数、边长，还可以指定它是内接还是外切于圆。

执行方式

☆ 下拉菜单："绘图"→"多边形（Y）"命令。

☆ 功能区："默认"选项卡→"绘图"面板→▭（矩形）右侧下拉箭头▼→⬠（多边形）命令。

☆ 命令行：POLYGON 或 POL↙。

操作步骤

命令：_polygon 输入侧面数 <5>：

指定正多边形的中心点或［边（E）］：

输入选项［内接于圆（I）/外切于圆（C）］<I>：

指定圆的半径：

选项说明

输入侧面数：指定多边形的边数（3 ~ 1024）。

正多边形的中心点：指定多边形的中心点的位置。

内接于圆：指定内接圆的半径，正多边形的所有顶点都在此圆周上，如图 4-10(a) 所示。

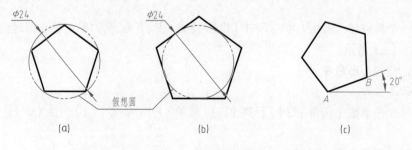

图 4-10　绘制正多边形

外切于圆：指定从正多边形中心点到各边中点的距离，如图 4-10（b）所示。

边（E）：通过指定第一条边的端点来定义正多边形。该边线的方向决定正多边形的方向，如图 4-10（c）所示。

实例操作

用多边形命令绘制如图 4-11 所示平面图形。

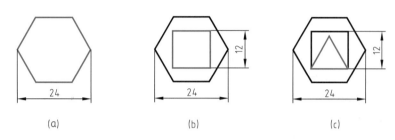

(a)　　　　　　　　　(b)　　　　　　　　　(c)

图 4-11　用多边形命令绘制平面图形

命令行提示与操作过程如下。

命令：_polygon 输入侧面数 <5>：6✓绘制六边形

指定正多边形的中心点或［边（E）］：绘图区指定六边形中心点

输入选项［内接于圆（I）/外切于圆（C）］<I>：✓选择内接于圆

指定圆的半径：12✓，结果如图 4-11（a）所示

命令：✓回车重复多边形命令

命令：_polygon 输入侧面数 <6>：4✓绘制正方形

指定正多边形的中心点或［边（E）］：对象捕捉追踪六边形上面边线中线与六边形左侧顶点的交点，操作方式详见第 2 章

输入选项［内接于圆（I）/外切于圆（C）］<I>：c✓选择外切于圆

指定圆的半径：6✓结果如图 4-11（b）所示

命令：✓

命令：_polygon 输入侧面数 <4>：3✓绘制三角形

指定正多边形的中心点或［边（E）］：e✓指定边长

指定边的第一个端点：捕捉正方形下边线端点　指定边的第二个端点：捕捉正方形下边线另一端点，结果如图 4-11（c）所示

4.1.4　绘制椭圆和椭圆弧

绘制椭圆与椭圆弧使用的是同一个命令，都是 ELLIPSE，但命令行的提示有所不同，本章重点介绍椭圆的画法。

执行方式

☆ 下拉菜单："绘图"→"椭圆（E）"命令。

☆ 功能区："默认"选项卡→"绘图"面板→◯（椭圆）或◯（椭圆弧）命令。

☆ 命令行：ELLIPSE 或 EL✓。

操作步骤

命令：_ellipse

指定椭圆的轴端点或［圆弧（A）/ 中心点（C）］：c↙

指定椭圆的中心点：(确定椭圆的中心点位置)

指定轴的端点：(确定椭圆一条半轴端点位置)

指定另一条半轴长度或［旋转（R）］：

选项说明

指定椭圆的轴端点：此项要求指定椭圆一个轴的两个端点和另一个轴的半轴长度绘制椭圆。在屏幕上拾取一点后，命令行继续提示：

指定轴的另一个端点：

指定另一条半轴长度或［旋转（R）］：

旋转（R）：通过绕第一条轴旋转圆创建椭圆。相当于将圆绕椭圆轴线旋转一角度后的投影。

中心点（C）：此项要求适合指定椭圆的中心和两个半轴长度来绘制椭圆。输入"C"，命令行继续提示：

指定椭圆的中心点：

指定轴的端点：

指定另一条半轴长度或［旋转（R）］：

实例操作

用椭圆命令绘制如图 4-12 所示平面图形。

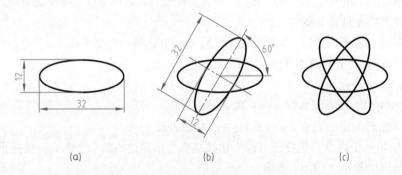

(a)　　　　　　　　　(b)　　　　　　　　　(c)

图 4-12　用椭圆命令绘制平面图形

命令行提示与操作过程如下。

命令：_ellipse

指定椭圆的轴端点或［圆弧（A）/ 中心点（C）］：_c

指定椭圆的中心点：绘图区拾取中心点

指定轴的端点：16↙

指定另一条半轴长度或［旋转（R）］：6↙结果如图 4-12（a）所示

命令：_ellipse

指定椭圆的轴端点或［圆弧（A）/ 中心点（C）］：_c

指定椭圆的中心点：捕捉已画椭圆中心点

指定轴的端点：< 极轴 开 >16↙打开极轴捕捉模式，设置增量角为 30°

指定另一条半轴长度或 [旋转（R）]：6↙结果如图 4-12（b）所示

同样方法绘制另一方向椭圆，结果如图 4-12（c）所示。

4.1.5　绘制点及等分对象

4.1.5.1　绘制点

（1）设置点样式。在 AutoCAD 中，可以创建点对象，点对象可以作为捕捉对象的节点。如对象上的等分点、指定距离的测量点等。为了便于观察，用户需要设置点的样式和大小。

执行方式

☆ 下拉菜单："格式" → "点样式（P）…"命令。

☆ 命令行：DDPTYPE↙。

启动命令后，系统弹出【点样式】对话框，如图 4-13 所示。

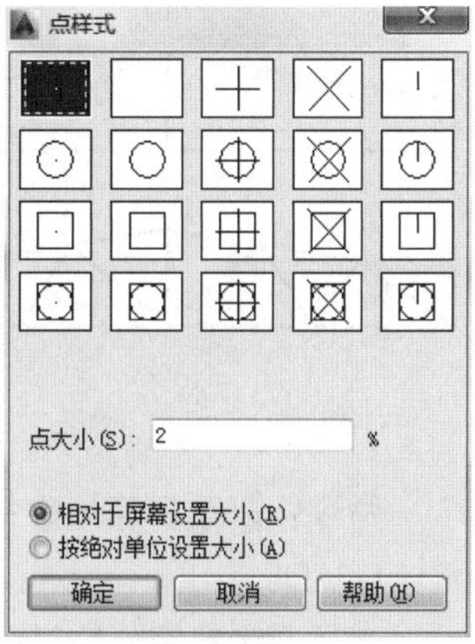

选项说明

相对于屏幕设置大小：按屏幕尺寸的百分比设置点的大小。这种方式设置的点的大小不会随着视图的缩放而显示其变化，即它的绝对尺寸随着视图的改变而改变。

按绝对单位设置大小：在文本框中输入值以指定的实际单位设置显示点的大小。这种方式设置的点的大小随视图的缩放而显示其变化，但点的绝对尺寸不变。

（2）绘制点。

图 4-13　【点样式】对话框

执行方式

☆ 下拉菜单："绘图" → "点（O）"命令。

☆ 功能区："默认"选项卡→ "绘图"面板→ ·（点）命令。

☆ 命令行：POINT 或 PO↙。

操作步骤

命令：_point

当前点模式：PDMODE=3　PDSIZE=-2.0000

指定点：

4.1.5.2　定数等分对象

定数等分是将对象按照指定的数目进行等分，在对象的等分位置绘制点或图块。该操作仅仅标明定数等分点的位置以作为参照点或辅助点，而不是实际的等分点，被定数等分的对象还是一个整体。

执行方式

☆ 下拉菜单："绘图" → "点（O）" → "定数等分（M）"命令。

☆ 功能区："默认"选项卡→"绘图"面板下拉箭头▼→⚔️（定数等分）按钮。

☆ 命令行：DIVIDE 或 DIV✓。

操作步骤

命令：

DIVIDE

选择要定数等分的对象：

输入线段数目或［块（B）］：

实例操作

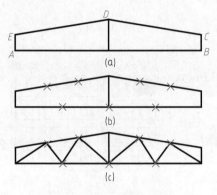

图 4-14　定数等分对象

命令：✓重复等分命令

DIVIDE

选择要定数等分的对象：选取 ED 线

输入线段数目或［块（B）］：3✓

命令：✓

DIVIDE

选择要定数等分的对象：选取 DC 线

输入线段数目或［块（B）］：3✓

结果如图 4-14（b）所示。

扫描附录 3 二维码→"素材文件"→"第 4 章"→4-14.dwg 文件，如图 4-14（a）所示。利用等分命令等分边线，完成如图 4-14（b）所示的梯形屋架的绘制。

命令行提示与操作过程如下。

（1）设置点样式。在图 4-13 所示的【点样式】对话框中选择一种便于观察的点样式。

（2）等分直线。*AB* 四等分，*ED* 和 *DC* 三等分。

命令：_divide

选择要定数等分的对象：选取 AB 线

输入线段数目或［块（B）］：4✓

（3）用【直线】命令将各个节点连接起来，绘图结果如图 4-14（c）所示。

4.1.5.3　定距等分对象

定距等分是将对象按照指定的等分间距进行等分，在对象的等分位置绘制点或图块。

执行方式

☆ 下拉菜单："绘图"→"点（O）"→"定距等分（D）"命令。

☆ 功能区："默认"选项卡→"绘图"面板下拉箭头▼→⚔️（定距等分）按钮。

☆ 命令行：MEASURE 或 ME✓。

操作步骤

命令：_measure

选择要定距等分的对象：

指定线段长度或［块（B）］：

实例操作

扫描附录 3 二维码→"素材文件"→"第 4 章"→ 4-15.dwg 文件，如图 4-15（a）所示。在该文件中包含一个"灯具"块，关于"块"的创建方式详见第 8 章。将"灯具"块，以 20 的间距均匀绘制在直线 *AB* 上，如图 4-15（b）所示。

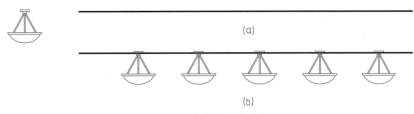

图 4-15　定距等分对象

命令行提示与操作过程如下。

命令：_measure

选择要定距等分的对象：

指定线段长度或［块（B）］：b 用块等分线段

输入要插入的块名：灯具 图形文件中包含的块

是否对齐块和对象？［是（Y）/否（N）］<Y>：✓

指定线段长度：20✓

4.1.6　绘制圆环和面域

4.1.6.1　绘制圆环

圆环是填充环或实体填充圆，即带有宽度的闭合多段线。要创建圆环，首先指定圆环内外直径和圆心。通过指定不同的中心点，可以连续创建具有相同直径的多个副本。要创建实体填充圆，可将其内径值指定为 0。

执行方式

☆ 下拉菜单："绘图"→"圆环（D）"命令。

☆ 功能区："默认"选项卡→"绘图"面板下拉箭头▼→◎（圆环）命令。

☆ 命令行：DONUT✓。

操作步骤

命令：_donut

指定圆环的内径 <0.5000>：

指定圆环的外径 <1.0000>：

指定圆环的中心点或 < 退出 >：

实例操作

绘制圆环外径为 10，内径分别为 0、4、10 的圆环，结果如图 4-16 所示。

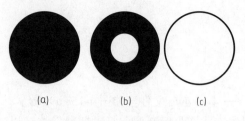

(a)　　　　(b)　　　　(c)

图 4-16　绘制圆环

命令行提示与操作过程如下。

命令：_donut

指定圆环的内径 <0.5000>：0✓

指定圆环的外径 <1.0000>：10✓

指定圆环的中心点或 < 退出 >：绘图区指定中心点

指定圆环的中心点或 < 退出 >：✓退出结果如图 4-16（a）所示

命令：✓重复画圆环命令

DONUT

指定圆环的内径 <0.0000>：4✓

指定圆环的外径 <10.0000>：✓

指定圆环的中心点或 < 退出 >：绘图区指定中心点

指定圆环的中心点或 < 退出 >：✓退出结果如图 4-16（b）所示

命令：✓

DONUT

指定圆环的内径 <4.0000>：10✓

指定圆环的外径 <10.0000>：✓

指定圆环的中心点或 < 退出 >：✓退出✓退出结果如图 4-16（c）所示

4.1.6.2　绘制面域

面域是由二维闭合图形形成的二维闭合区域。两者的区别在于二维闭合图形只包含边的信息，而面域是一个实体模型，不但含有边的信息，还含有边界内的信息，系统中可以对面域进行布尔运算。

（1）创建面域。在 AutoCAD 中，面域无法直接创建，只能将封闭的二维图形转化成面域。

执行方式

☆ 下拉菜单："绘图" → "面域（N）"命令。

☆ 功能区："默认"选项卡→ "绘图"面板下拉箭头▼→ (面域)命令。

☆ 命令行：REGION✓。

操作步骤

命令：_region

选择对象：找到 1 个　选择五边形

选择对象：找到 1 个，总计 2 个　选择矩形

选择对象：✓

已提取 2 个环。

已创建 2 个面域。

结果如图 4-17（a）所示。

（2）面域的布尔运算。面域的布尔运算包括三种：并集、差集和交集。

执行方式

☆ 下拉菜单："修改"→"实体编辑（N）"→"并集"或"差集"和"交集"命令。

☆ 命令行：UNION（并集）↙，SUBTRACT（差集）↙，INTERSECT（交集）↙。

操作步骤

并集◍：

命令：_union

选择对象：找到 1 个　选择六边形

选择对象：找到 1 个，总计 2 个　选择矩形

选择对象：↙

结果如图 4-17（b）所示。

差集◍：

命令：_subtract 选择要从中减去的实体、曲面和面域…

选择对象：找到 1 个　选择矩形

选择对象：↙

选择要减去的实体、曲面和面域…

选择对象：找到 1 个　选择六边形

选择对象：↙

结果如图 4-17（c）所示。

交集◍：

命令：_intersect

选择对象：找到 1 个　选择六边形

选择对象：找到 1 个，总计 2 个　选择矩形

选择对象：↙

结果如图 4-17（d）所示。

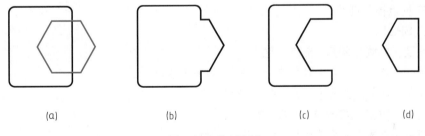

(a)　　　　　　　　(b)　　　　　　　　(c)　　　　　　　　(d)

图 4-17　绘制面域

4.1.7　绘制样条曲线

样条曲线是经过或接近影响曲线形状的一系列点的平滑曲线。可以使用拟合点或控制点创建和编辑样条曲线。图 4-18（a）为利用"拟合点"创建的样条曲线，图 4-18（b）为利用"控制点"创建的样条曲线。可通过拖拽"拟合点"和"控制点"来编辑样条曲线。

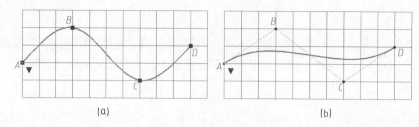

图 4-18　样条曲线

执行方式

☆ 下拉菜单："绘图" → "样条曲线（S）" → "拟合点（F）"和"控制点（CV）"命令。

☆ 功能区："默认"选项卡→"绘图"面板下拉箭头▼→ ⟥（样条曲线拟合）、⟥（样条曲线控制点）命令。

☆ 命令行：SPLINE 或 SPL↙。

操作步骤

（1）拟合点样条曲线。

命令：_SPLINE

当前设置：方式 = 拟合　节点 = 弦

指定第一个点或［方式（M）/节点（K）/对象（O）］：_M

输入样条曲线创建方式［拟合（F）/控制点（CV）］< 拟合 >：_FIT

当前设置：方式 = 拟合　节点 = 弦

指定第一个点或［方式（M）/节点（K）/对象（O）］：拾取点 A

输入下一个点或［起点切向（T）/公差（L）］：拾取点 B

输入下一个点或［端点相切（T）/公差（L）/放弃（U）］：拾取点 C

输入下一个点或［端点相切（T）/公差（L）/放弃（U）/闭合（C）］：拾取点 D

输入下一个点或［端点相切（T）/公差（L）/放弃（U）/闭合（C）］：↙结束命令

（2）控制点样条曲线。

命令：_SPLINE

当前设置：方式 = 拟合　节点 = 弦

指定第一个点或［方式（M）/节点（K）/对象（O）］：_M

输入样条曲线创建方式［拟合（F）/控制点（CV）］< 拟合 >：_CV

当前设置：方式 = 控制点　阶数 =3

指定第一个点或［方式（M）/阶数（D）/对象（O）］：拾取点 A

输入下一个点：拾取点 B

输入下一个点或［放弃（U）］：拾取点 C

输入下一个点或［闭合（C）/放弃（U）］：拾取点 D

输入下一个点或［闭合（C）/放弃（U）］：↙结束命令

选项说明

方式（M）：拟合（F）与控制点（CV）切换。

节点（K）：输入节点参数化。

对象（O）：选择多段线进行样条曲线拟合。

闭合：将最后一点定义为与第一点一致，并使它在连接处相切，这样可以闭合样条曲线。选择该选项后，在"指定切向："的提示下，光标指定一个方向即可。

公差（L）：是指样条曲线与输入点之间允许偏移的最大距离，输入大于 0 的公差将使样条曲线在指定的公差范围内通过拟合点。

起点切向（T）、端点相切（T）：通过移动光标单击或输入角度值来指定起点和终点的切线方向。

阶数（D）：控制曲线的精准度，最常用的为 3 阶。

4.2　多段线的绘制与编辑

多段线是作为单个对象创建的相互连接的序列直线段。可以创建直线段、圆弧段或两者的组合线段。

4.2.1　绘制多段线

执行方式

☆ 下拉菜单："绘图"→"多段线（P）"命令。

☆ 功能区："默认"选项卡→"绘图"面板→ ⤵（多段线）命令。

☆ 命令行：PLINE 或 PL↙。

操作步骤

命令：_pline

指定起点：

当前线宽为 0.0000

指定下一个点或 [圆弧（A）/ 半宽（H）/ 长度（L）/ 放弃（U）/ 宽度（W）]：

指定下一点或 [圆弧（A）/ 闭合（C）/ 半宽（H）/ 长度（L）/ 放弃（U）/ 宽度（W）]：

选项说明

（1）直线方式。执行 pline 命令后，先指定起点，这时命令行显示直线方式（默认方式）的选项提示：

指定下一点或 [圆弧（A）/ 闭合（C）/ 半宽（H）/ 长度（L）/ 放弃（U）/ 宽度（W）]：

各选项说明如下。

圆弧（A）：从绘制直线方式切换到圆弧方式。

闭合（C）：封闭多段线并结束命令，该选项从指定第三点时才开始出现。

半宽（H）：用于设置多段线宽度的一半。

长度（L）：用于指定多段线的长度。如果前一段是直线，延长方向与该线相同；如果前一段是圆弧，延长方向为圆弧端点处的切线方向。

放弃（U）：删除最近一次添加到多段线上的线段，可逐次回溯。

宽度（W）：指定下一条直线段的宽度。若起点与终点宽度值相等，则绘制等宽的多段线；若起点与终点宽度值不相等，则绘制出锥形线，一般用此方法绘制箭头。

（2）圆弧方式。当输入"A"切换到圆弧方式后，命令行提示：

指定圆弧的端点或［角度（A）/圆心（CE）/闭合（CL）/方向（D）/半宽（H）/直线（L）/半径（R）/第二个点（S）/放弃（U）/宽度（W）］：

各选项说明如下。

指定圆弧的端点：根据两点绘制与直线段相切的圆弧段。

闭合（CL）：用于设置用弧线段将多段线闭合，并结束命令。

直线（L）：切换回直线绘制方式。

角度（A）、圆心（CE）、方向（D）、半径（R）、第二个点（S）等选项，与绘制圆弧（ARC）的方法类似，不再赘述。

实例操作

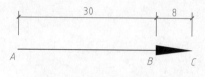

图 4-19　多段线命令绘制箭头

实例 4-3：利用多段线命令绘制图 4-19 所示箭头。
命令行提示与操作过程如下。

命令：_pline
指定起点：拾取点 A
当前线宽为 0.0000

指定下一个点或［圆弧（A）/半宽（H）/长度（L）/放弃（U）/宽度（W）］：30↙打开正交模式，画水平线段 AB

指定下一点或［圆弧（A）/闭合（C）/半宽（H）/长度（L）/放弃（U）/宽度（W）］：w↙重新设置线的宽度

指定起点宽度 <0.0000>：2↙设置 B 点的线宽
指定端点宽度 <1.0000>：0↙设置 C 点的线宽

指定下一点或［圆弧（A）/闭合（C）/半宽（H）/长度（L）/放弃（U）/宽度（W）］：8↙画出箭头

实例 4-4：用多段线命令绘制如图 4-20 所示跑道，线宽为 1。
命令行提示与操作过程如下。

命令：_pline
指定起点：拾取点 A
当前线宽为 0.0000

指定下一个点或［圆弧（A）/半宽（H）/长度（L）/放弃（U）/宽度（W）］：w↙设置线宽

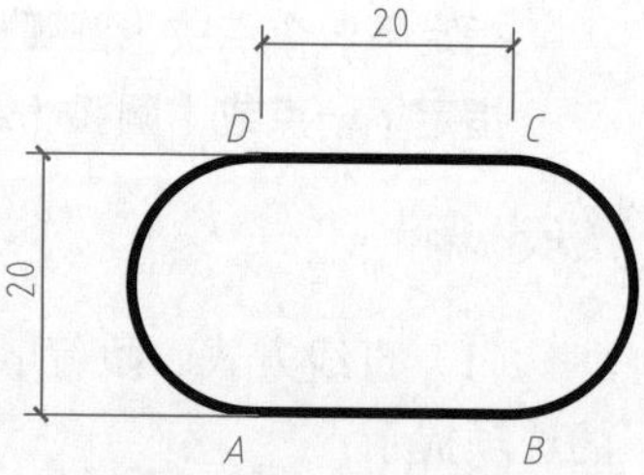

指定起点宽度 <0.0000>：1↙
指定端点宽度 <1.0000>：↙

图 4-20　直线和圆弧组合
的多段线

指定下一个点或［圆弧（A）/半宽（H）/长度（L）/放弃（U）/宽度（W）］：20↙打开正交模式，向右拖动鼠标，画直线段 AB

指定下一点或［圆弧（A）/闭合（C）/半宽（H）/长度（L）/放弃（U）/宽度（W）］：a↙切换到画圆弧方式

指定圆弧的端点或［角度（A）/圆心（CE）/闭合（CL）/方向（D）/半宽（H）/直线

（L）/半径（R）/第二个点（S）/放弃（U）/宽度（W）]：20↙向上拖动鼠标，画圆弧 BC
　　指定圆弧的端点或［角度（A）/圆心（CE）/闭合（CL）/方向（D）/半宽（H）/直线
（L）/半径（R）/第二个点（S）/放弃（U）/宽度（W）]：l↙切换到画直线方式
　　指定下一点或［圆弧（A）/闭合（C）/半宽（H）/长度（L）/放弃（U）/宽度（W）]：
20↙向左拖动鼠标，画水平线 CD
　　指定下一点或［圆弧（A）/闭合（C）/半宽（H）/长度（L）/放弃（U）/宽度（W）]：a↙
　　指定圆弧的端点或［角度（A）/圆心（CE）/闭合（CL）/方向（D）/半宽（H）/直线
（L）/半径（R）/第二个点（S）/放弃（U）/宽度（W）]：捕捉点 A

4.2.2　编辑多段线

执行方式

　　☆ 下拉菜单："修改"→"对象"→"多段线"命令。
　　☆ 功能区："默认"选项卡→"修改面板"下拉箭头▼→✐（编辑多段线）命令。
　　☆ 命令行：PEDIT 或 PE↙。

操作步骤

　　命令：_pedit
　　选择多段线或［多条（M）]：
　　输入选项［闭合（C）/合并（J）/宽度（W）/编辑顶点（E）/拟合（F）/样条曲线（S）/
非曲线化（D）/线型生成（L）/放弃（U）]：

选项说明

　　闭合（C）：连接第一个端点和最后一个端点，从而绘制成闭合的多段线。
　　合并（J）：将首尾相连的直线、圆弧或多段线添加到选定的多段线上，构成新的序列线
段实体。
　　宽度（W）：指定多段线新宽度。
　　编辑顶点（E）：通过在多段线顶点上定位一个标记，作为第一个需要编辑的顶点，然
后根据命令行的选项功能，对这条多段线的顶点进行移动、插入、打断、修改线宽等编辑，
达到编辑多段线的目的。
　　拟合（F）：创建圆弧拟合多段线（由圆弧连接每个顶点的平滑曲线）。
　　样条曲线（S）：使用选定多段线的顶点作为样条曲线的控制点，并在控制点之间产生
一条光滑的曲线。
　　非曲线化（D）：删除拟合曲线或样条曲线插入的多余顶点，并拉直多段线的所有线段。
　　线型生成（L）：该选项用于非连续线段的修改，关闭此选项，将在每个顶点处以点画
线开始和结束生成线型。该选项不能用于带变宽线段的多段线。
　　放弃（U）：撤销操作，连续执行可一直返回到初始状态。

实例操作

　　扫描附录 3 二维码→"素材文件"→"第 4 章"→4-21.dwg 文件，如图 4-21（a）所示。

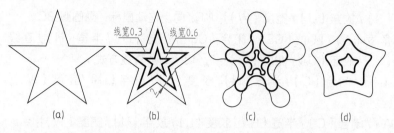

线宽0.3 线宽0.6

(a)   (b)   (c)   (d)

图 4-21 多段线编辑命令绘制图形

利用多段线编辑命令完成图 4-21（b）～（d）的绘制。

命令行提示与操作过程如下。

（1）将五角星各边线转换为连续的多段线。

命令：_pedit

选择多段线或［多条（M）］：选择五角星的一条边线

选定的对象不是多段线

是否将其转换为多段线？ <Y> y ✓将其转换为多段线

输入选项［闭合（C）/合并（J）/宽度（W）/编辑顶点（E）/拟合（F）/样条曲线（S）/非曲线化（D）/线型生成（L）/反转（R）/放弃（U）］：j 将其他边线添加到多段线

选择对象：指定对角点：找到 10 个   窗口选择五边形所有的边线

选择对象：✓

多段线已增加 9 条线段

输入选项［打开（O）/合并（J）/宽度（W）/编辑顶点（E）/拟合（F）/样条曲线（S）/非曲线化（D）/线型生成（L）/反转（R）/放弃（U）］：

按【Esc】键退出多段线编辑命令。

（2）偏移生成两个小五角星，并修改两个小五角星的线宽，分别为 0.3 和 0.6。偏移命令的操作详见第 5 章。

命令：_offset

当前设置：删除源 = 否 图层 = 源 OFFSETGAPTYPE=0

指定偏移距离或［通过（T）/删除（E）/图层（L）］< 通过 >：2 ✓设置向内偏移的距离

选择要偏移的对象，或［退出（E）/放弃（U）］< 退出 >：选择五角星

指定要偏移的那一侧上的点，或［退出（E）/多个（M）/放弃（U）］< 退出 >：在五角星内点鼠标

命令：_pedit

选择多段线或［多条（M）］：选择外面大五角星

输入选项［打开（O）/合并（J）/宽度（W）/编辑顶点（E）/拟合（F）/样条曲线（S）/非曲线化（D）/线型生成（L）/反转（R）/放弃（U）］：w ✓

指定所有线段的新宽度：0.3 ✓

输入选项［打开（O）/合并（J）/宽度（W）/编辑顶点（E）/拟合（F）/样条曲线（S）/非曲线化（D）/线型生成（L）/反转（R）/放弃（U）］：✓

回车结束

重复上一次操作，生成内部小五角星并修改线宽为 0.6，结果如图 4-21（b）所示。

（3）利用多段线编辑命令"拟合（F）"，生成图 4-21（c）。

命令：_pedit

选择多段线或［多条（M）］：选择外面大五角星

输入选项［打开（O）/合并（J）/宽度（W）/编辑顶点（E）/拟合（F）/样条曲线（S）/

非曲线化（D）/线型生成（L）/反转（R）/放弃（U）]：f↙

　　同样方法，分别选取内部两个五角星进行"拟合（F）"操作，结果如图 4-21（c）所示。

　　（4）利用多段线编辑命令"样条曲线（S）"，生成图 4-21（d）。

　　命令：_pedit

　　选择多段线或［多条（M）]：选择外面大五角星

　　输入选项［打开（O）/合并（J）/宽度（W）/编辑顶点（E）/拟合（F）/样条曲线（S）/

非曲线化（D）/线型生成（L）/反转（R）/放弃（U）]：s↙

　　同样方法，分别选取内部两个五角星进行"样条曲线（S）"操作，结果如图 4-21（d）所示。

4.3　多线的绘制与编辑

　　多线是包含 1～16 条称为元素的平行线，它可以是开放的也可以是封闭的，可以被填充为实心线也可以是空心的轮廓线，常用来绘制建筑施工图中的墙体、电路图中的电子线路等。

4.3.1　设置多线样式

执行方式

　　☆ 下拉菜单："格式"→"多线样式（M）"命令。

　　☆ 命令行：MLSTYLE↙。

　　启动该命令后，弹出【多线样式】对话框，如图 4-22 所示。通过该对话框可以创建、修改、保存和加载多线样式。

　　在图 4-22 所示【多线样式】对话框中，单击【新建】按钮，在弹出的【创建新的多线样式】对话框中输入"新样式名"，如图 4-23 所示。单击【继续】按钮，弹出【新建多线样式】对话框，如图 4-24 所示。通过该对话框可设置多线样式的说明、封口、填充、是否显示连接、图元的相关参数设定等内容。

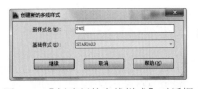

图 4-23　【创建新的多线样式】对话框

图 4-22　【多线样式】对话框

图 4-24　【新建多线样式】对话框

选项说明

说明（P）：可以为当前多线样式附加简单的说明和描述。

封口：用于设置多线起点和终点的封闭形式。

（1）直线封口，如图 4-25（a）所示。

（2）外弧封口，如图 4-25（b）所示。

（3）内弧封口，如图 4-25（c）所示。

（4）设起点与端点角度，可生成任意角度的封口，如将起点与端点角度设为 45°，结果如图 4-25（d）所示。

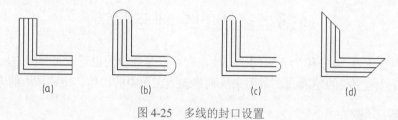

图 4-25　多线的封口设置

填充：用于设置多线的填充背景色，可以在下拉列表中选择一种颜色，也可以设置成"无"表示不填充。

显示连接：用于选择是否在多线的拐角处显示连接线。

图元（E）：设置多线元素的特性，包括添加或删除多线线条和设置直线元素的偏移量、颜色和线型等。如要绘制墙时，一般以墙轴线为基准（画线拾取点），上下各绘制一条线，即双线。

例如，设置"外墙"样式，外墙厚 370，两条多线的偏移量分别为 250 和 –120；设置"内墙"样式，内墙厚 240，则设置两条多线的偏移量分别为 120 和 –120，其他采用默认值。保留设置的多线样式，将在后面例题中使用。

4.3.2　绘制多线

执行方式

☆ 下拉菜单："绘图" → "多线（U）"命令。

☆ 命令行：MLINE ↙。

命令执行后，命令行提示：

操作步骤

命令：_mline

当前设置：对正 = 上，比例 =20.00，样式 =STANDARD

指定起点或［对正（J）/ 比例（S）/ 样式（ST）］：

指定下一点：

选项说明

对正（J）：用于设置多线的偏移方式。输入"J"后，命令行提示：

输入对正类型［上（T）/无（Z）/下（B）］＜无＞：

"上（T）"表示以多线上侧的线作为基准线；"下（B）"表示以多线下侧的线作为基准线；"无（Z）"表示按设定的偏移量 0 线作为基准线。

比例（S）：比例控制多线的全局宽度，而不影响线型比例。

样式（ST）：确定绘制多线时采用的多线样式。

实例操作

扫描附录 3 二维码→"素材文件"→"第 4 章"→ 4-26.dwg 文件，如图 4-26 所示。使用多线命令绘制墙体，其中外墙厚 370，内墙厚 240，可采用前面设置的多线样式绘图，结果如图 4-27 所示。

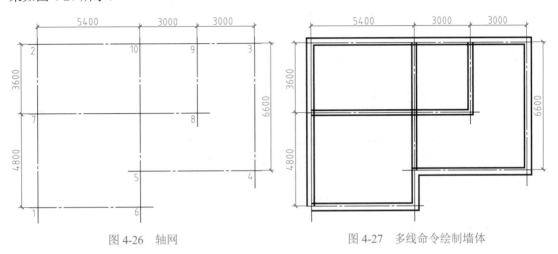

图 4-26　轴网　　　　　　　　图 4-27　多线命令绘制墙体

命令行提示与操作步骤如下。

（1）绘制外墙。

命令：_mline

当前设置：对正 = 上，比例 =1.00，样式 =STANDARD

指定起点或［对正（J）/比例（S）/样式（ST）］：j↙设置对正方式

输入对正类型［上（T）/无（Z）/下（B）］＜上＞：z↙

当前设置：对正 = 无，比例 =1.00，样式 =STANDARD

指定起点或［对正（J）/比例（S）/样式（ST）］：s↙设置多线比例

输入多线比例 <20.00>：1↙

当前设置：对正 = 无，比例 =1.00，样式 =STANDARD

指定起点或［对正（J）/比例（S）/样式（ST）］：st↙设置多线样式

输入多线样式名或［?］：外墙↙使用前面设置的样式"外墙"

当前设置：对正 = 无，比例 =1.00，样式 = 外墙

指定起点或［对正（J）/比例（S）/样式（ST）］：拾取点 1

指定下一点：拾取点 2

指定下一点或［放弃（U）］：拾取点 3

指定下一点或［闭合（C）/放弃（U）］：拾取点 4

指定下一点或［闭合（C）/放弃（U）］：拾取点 5

指定下一点或 [闭合（C）/放弃（U）]：拾取点 6

指定下一点或 [闭合（C）/放弃（U）]：✓回车结束命令

注意：应按顺时针依次连续点取点画线外侧交点，以保证上偏移量绘制在周线的外侧，如图 4-27 所示。

（2）画内墙。

命令：_mline

当前设置：对正 = 无，比例 =1.00，样式 = 外墙

指定起点或 [对正（J）/比例（S）/样式（ST）]：st✓重新设定多线样式

输入多线样式名或 [？]：内墙✓使用前面设置的样式"内墙"

当前设置：对正 = 无，比例 =1.00，样式 = 内墙

指定起点或 [对正（J）/比例（S）/样式（ST）]：拾取点 7

指定下一点：拾取点 8

指定下一点或 [放弃（U）]：拾取点 9

指定下一点或 [闭合（C）/放弃（U）]：✓回车结束命令

命令：✓回车重复多线命令

MLINE

当前设置：对正 = 无，比例 =1.00，样式 = 内墙

指定起点或 [对正（J）/比例（S）/样式（ST）]：拾取点 10

指定下一点：拾取点 5

指定下一点或 [放弃（U）]：✓回车结束命令

结果如图 4-27 所示。

4.3.3 编辑多线

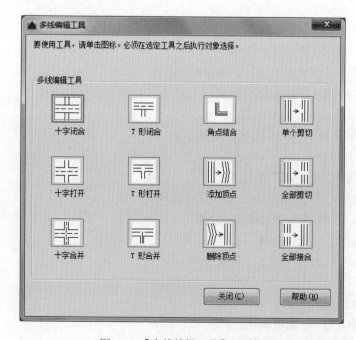

图 4-28 【多线编辑工具】对话框

执行方式

☆ 下拉菜单："修改" → "对象" → "多线（M）..."命令。

☆ 命令行：MLEDIT✓。

启动命令后，弹出【多线编辑工具】对话框，如图 4-28 所示，从中选择相应的图像样例按钮即可编辑多线。

【多线编辑工具】对话框，主要有以下几个功能。

（1）改变两条多线的相交形式，使它们形成"十""丅""┌"相交形式。

（2）将多线中的线条切断或结合。

（3）在多线中加入或删除控

制顶点。

实例操作

对图 4-27 所绘墙体的连接处进行修改，修改结果如图 4-29 所示。

操作步骤如下。

（1）打开图 4-28 所示【多线编辑工具】对话框。

（2）利用∟（角点结合）命令，分别点取 A 处两段多线，修改 A 处墙线。

（3）利用╫（十字打开）命令，分别点取 B 处两段多线，修改 B 处墙线。

（4）利用≡（T 形打开）命令，分别点取 C、D、E、F 处两段多线，修改 C、D、E、F 处墙线。

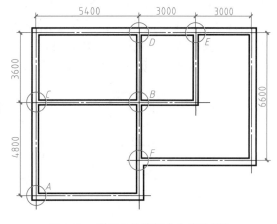

图 4-29　利用多线编辑命令修改墙体

注意：点选多线时，应先选择修改处的内墙线，后选择外墙线。

4.4　图案填充与编辑

图案填充是使用指定线条图案来充满指定区域的图形对象，常常用于表达剖切面和不同类型物体对象的外观纹理等，图案填充工具可以在图形内部填充图案或渐变色，一种图案就代表一种材质。

4.4.1　图案填充

执行方式

☆ 下拉菜单："绘图"→"图案填充（H）…"命令。

☆ 功能区："默认"选项卡→"绘图"面板→▧（图案填充）命令。

☆ 命令行：BHATCH 或 H↙。

启动命令后，功能区显示"图案填充创建"选项卡，如图 4-30 所示，用户可以定义填充边界，图案类型，填充图案的颜色、角度、比例、透明度等，还可以通过"图案填充创建"选项卡→"选项"面板定义其关联性及与已有的填充进行特性匹配。

图 4-30　"图案填充创建"选项卡

选项说明

（1）边界。进行图案填充时，首先要确定填充图案的边界。定义边界的对象可以是直线、多段线、样条曲线、圆、圆弧、椭圆、椭圆弧、面域等对象或用这些对象定义的块，而且作为边界的对象在当前屏幕上必须全部可见。

拾取点：通过选择由一个或多个对象形成的封闭区域内的点，确定图案填充边界，如图 4-31 所示。指定内部点时，可以在绘图区域内单击鼠标，如图 4-31（a）所示，回车即在所选区域内完成图案填充，如图 4-31（b）所示。如果需要填充多个区域，可连续在不同的封闭区域单击鼠标，如图 4-31（c）所示选择了两个区域。

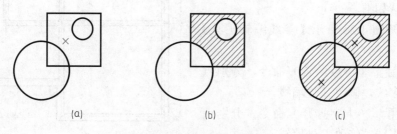

图 4-31　拾取点方式选择边界

选择对象：指定基于选定对象的图案填充边界。使用该选项时，不会自动检测内部对象，如图 4-32 所示。在图 4-32（a）所示图形中，选择大圆，填充结果如图 4-32（b）所示。若想在文字周围创建不填充的空间，需在选择大圆之后，继续将文字添加在选择集中，结果如图 4-32（c）所示。

（2）图案。定创建的是预定义的填充图案、用户定义的填充图案，还是自定义的填充图案。

单击"特性"面板→"图案"下拉箭头▼打开图案列表如图 4-33 所示，选择创建渐变色、预定义图案或用户定义的填充图案。根据选项不同，在"图案"面板上给出不同的图像样例按钮。

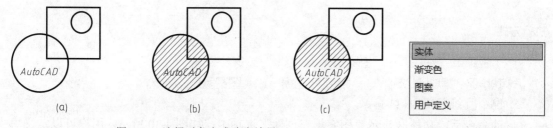

图 4-32　选择对象方式确定边界　　　　　　　　图 4-33　图案列表

（3）特性。

颜色：设置使用填充图案和实体填充的指定颜色替代当前颜色。

背景色：为新图案填充对象指定背景色。选择"无"可关闭背景色。

透明度：设置图案填充的透明度级别。如果选择了"ByLayer"，则已绘制的图层图案填充的透明度级别将由滑块指示。

角度：指定填充图案的旋转角度（相对当前 UCS 坐标系的 X 轴）。

比例：用于放大或缩小预定义或自定义图案。只有将"类型"设定为"预定义"或"自定义"，此选项才可用。

（4）设定原点。控制填充图案生成的起始位置。某些图案填充（例如砖块图案）需要与图案填充边界上的某一点对齐。默认情况下，所有图案填充原点都对应于当前的 UCS 原点。

（5）选项。

关联：即图案填充对象与图案填充边界对象相关联，对边界对象的更改将自动应用于图案填充。如图 4-34（a）在填充图案时，设定了对边界对象的关联性，当移动右侧竖直线时，自动更新关联的图案填充对象，如图 4-34（b）所示。如果更改致使边界开放，则图案填充将失去与边界对象的关联性，从而保持不变，如图 4-34（c）所示。

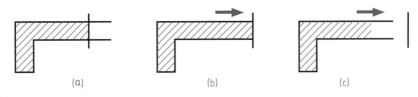

图 4-34　关联图案填充对象与边界

注释性：指定注释性比例是否根据视口比例自动调整填充图案比例。

特性匹配：使用已有图案填充对象的特性来设置图案填充特性。

4.4.2　填充图案的编辑

执行方式

☆ 下拉菜单："修改"→"对象"→"图案填充（H）…"命令。

☆ 功能区："默认"选项卡→"修改"面板下拉箭头▼→ ⬚（编辑图案填充）命令。

☆ 命令行：HATCHEDIT✓。

命令执行后，打开【图案填充编辑】对话框，如图 4-35 所示。可以更新类型和图案、角度和比例、图案填充原点等，还可以对填充边界做添加、删除等操作。

如果可双击已有的填充图案，在打开的"图案填充"特性选项卡中，编辑填充图案的相关特性，如图 4-36 所示。

图 4-35　【图案填充编辑】对话框

图 4-36　"图案填充"特性选项卡

上机操作练习

1. 按图 4-37 给出的三角形边长，绘制三角形及外接圆和内切圆。

2. 绘制图 4-38 所示平面图形。

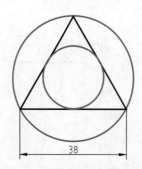

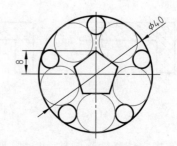

图 4-37　绘制平面图形（一）　　　　　　图 4-38　绘制平面图形（二）

步骤：

（1）画出 $\phi40$ 圆及内接圆半径为 8 的五边形。

（2）利用两点画圆方式绘出图中 5 个红色圆，其与五边形边线及 $\phi40$ 圆均相切。

（3）利用"相切、相切、相切（A）"方式绘制五个小圆。

3. 按图 4-39 中给出尺寸，绘制弹簧。

提示：

（1）打开极轴捕捉，将增量角设为 15°。

（2）绘制直线应从左至右绘制，画完直线后，应直接绘制圆弧，且输入圆弧起点时，直接回车，以直线的末端点为圆弧起点，保证所画圆弧与直线相切。

4. 使用矩形、椭圆、椭圆弧等命令，绘制图 4-40 所示卫生洁具。

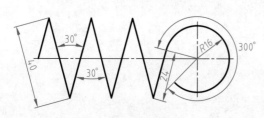

图 4-39　绘制弹簧

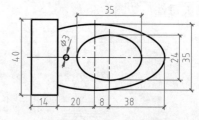

图 4-40　绘制卫生洁具

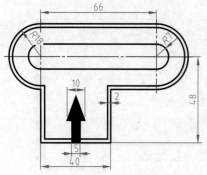

图 4-41　绘制平面图形（三）

5. 利用多段线的绘制与编辑命令，绘制图 4-41 所示平面图形。

步骤：

（1）利用画多段线命令绘制图形外轮廓线。

（2）绘制图中点画线。

（3）利用偏移命令（距离：2）画出第二条轮廓线。

（4）利用偏移命令（距离：18-2-7=9）画出最里面轮廓线。

（5）利用多段线编辑→顶点→打断和多段线编辑→

顶点→移动命令完成最里面轮廓线修改。

（6）利用多段线命令分别设置两段直线的线宽度，画出大箭头。

6. 图 4-42 所示为水轮机金属蜗壳轮廓图，试用样条曲线命令绘制涡线并完成全图。几何参数见附表。

附表 水轮机涡线几何参数 单位：cm

编号	1	2	3	4	5	6	7	8	9	10	11	12
θ	0	30	60	90	120	150	180	210	240	270	300	330
ρ	230	225	215	205	195	185	175	165	155	140	115	85

提示：用极轴追踪涡线轮廓点，增量角为 30°，极径见附表，涡轮轴直径为 155。

7. 按图 4-43 所示的尺寸，绘制平面图形，并填充图案。

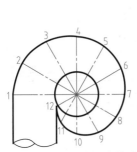

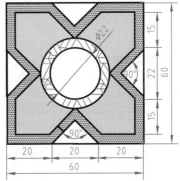

图 4-42 水轮机金属蜗壳轮廓图 图 4-43 绘制平面图形并填充图案

8. 绘制图 4-44（a）所示平面图形，创建面域并编辑面域生成图 4-44（b）所示图形。

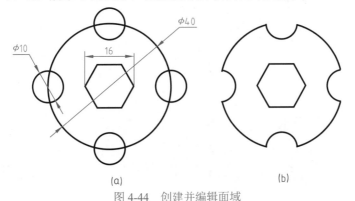

(a) (b)

图 4-44 创建并编辑面域

9. 绘制图 4-45 所示平面图形。

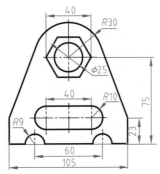

图 4-45 绘制平面图形（四）

10. 绘制如图 4-46 所示建筑平面图。

提示：外墙厚 300，内墙厚 200，隔墙厚 100。

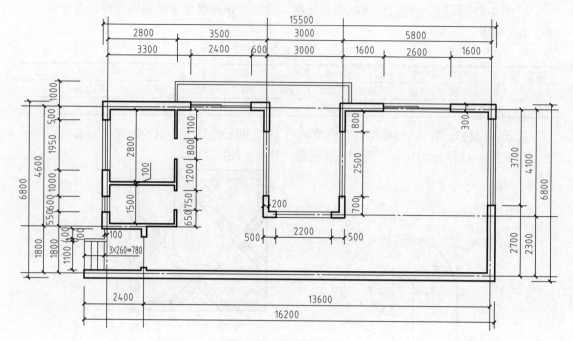

图 4-46　绘制建筑平面图

第 5 章 二维图形编辑

本章导读

二维图形的编辑命令，可对已有图形进行修改、组织等操作，是保证作图准确、减少重复、提高设计和绘图效率的有效途径。本章主要介绍删除类命令、改变位置类命令、复制类命令、改变几何特性类命令和修改对象特性类命令。

本章主要讲解绘制 AutoCAD 二维图形所用的基本绘图命令、多段线的绘制与编辑、多线的绘制与编辑、样条曲线的绘制、图案填充、绘制圆环和二维填充图形、面域的创建和编辑等内容。通过本章的学习，可以准确、快速地绘制各种二维图形。

学习目标

➢ 创建选择集的方式。

➢ 删除对象类命令的操作方法。

➢ 复制对象类（拷贝、镜像、阵列、偏移）命令的操作方法。

➢ 修改对象类（移动、旋转、比例缩放、修剪和延伸、打断和合并、拉伸和拉长、圆角和倒角）命令的操作方法。

➢ 夹点编辑。

➢ 修改图元特性。

5.1 创建选择集

在利用编辑命令对图形进行修改时，需选择操作对象，这时就需要构建选择集。可单个或多个选择要编辑的对象，然后完成对所选对象的编辑。

下面通过实例讲解创建选择集的几种方式。

5.1.1 点选

扫描附录3二维码→"素材文件"→"第5章"→5-1.dwg 文件，在该文件中做如下操作。

在选择对象时，将十字光标中间的靶框（"╬"）放在要选择的对象上，该对象就会以亮度方式显示，如图 5-1（a）中的大圆，此时单击即可选择对象，被选中的对象不仅会亮显，而且显示带有句柄方式的夹点（默认为蓝色），如图 5-1（b）所示。

拾取框的大小由【选项】对话框→"选择集"选项卡控制。该方式可以选择一个对象，也可以连续选择多个对象。由于点选方式只能逐个拾取所需对象，因此不适合选取大量对象的场合。

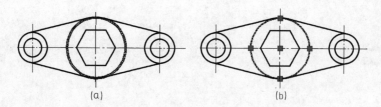

图 5-1　点选

5.1.2　窗口选择

窗口（W）选择是在指定的对角点所定义的矩形区域内选取对象，区域背景的颜色将填充为浅蓝色。窗口可以在系统提示"选择对象"时，输入字母"W"后回车，按系统提示指定矩形窗口的两个对角点（不区分方向），也可以直接在图形空白区域单击一点，从左向右拖动窗口，则出现一个边线为实线的矩形选择窗口，如图 5-2（a）所示。此时，只有完全包含在窗口内的对象才能被选中，如图 5-2（b）所示。

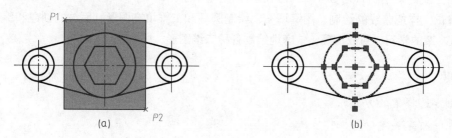

图 5-2　窗口（W）选择

5.1.3　窗交选择

窗交（C）选择方式是使用交叉窗口选择对象，该方法与用窗口（W）选择对象的方法类似。在提示"选择对象"时，输入字母"C"后回车，指定矩形窗口的两个对角点（不区分方向），或直接在图形空白区域单击一点，从右向左拖动窗口，则出现一个绿色边线为虚线的矩形选择窗口，如图 5-3（a）所示。此时，不仅完全包含在窗口内的对象被选中，与窗口相交的对象也被选中，如图 5-3（b）所示。

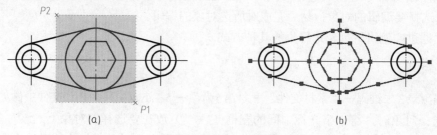

图 5-3　窗交（C）选择

5.1.4 栏选选择

栏选（F）选择是在提示"选择对象"时，输入字母"F"后回车，可以通过绘制一条开放的多点栅栏（多段直线）来选择对象，如图 5-4（a）所示。所有与栅栏线相交的对象均会被选中，并且栅栏可与自身相交，如图 5-4（b）所示。

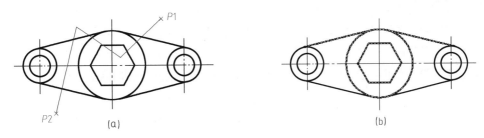

图 5-4　栏选（F）选择

5.1.5 全部选择

全部（A）选择是在提示"选择对象"时，输入"ALL"后回车，则可以选择除锁定图层和冻结图层以外的所有对象。

5.1.6 从选择集中删除

从选择集中删除（R）是要从已经选择的对象中删除对象，可以在提示"选择对象"时，输入"R"后回车，或者按住【Shift】键，单击要从选择集中移出的对象即可。

5.1.7 重复上一次的选择

重复上一次的选择（P）是在提示"选择对象"时，输入"P"后回车，可以选择上一次使用编辑命令时所选择的对象。

5.2　删除与恢复对象

5.2.1 删除对象

"删除"命令用于删除图中多余的对象。

执行方式

☆ 下拉菜单："修改"→"删除（E）"命令。

☆ 功能区："默认"选项卡→"修改"面板→✎（删除）命令。

☆ 命令行：ERASE 或 E↙。

操作步骤

命令：erase↙

选择对象：

选择对象：

用户可以利用上节介绍的创建选择集的方法来选择要删除的对象，然后按【Enter】键或空格键，即可删除所选择的对象。也可以在不执行任何命令的状态下，直接选择要删除的对象，按【Delete】键删除对象。

5.2.2　恢复对象

可以使用 OOPS 命令，将最近一次使用"删除""创建块""Wblock（写块）"等命令删除的对象恢复到图形中。若想恢复前几次删除的实体对象，需使用 Undo（放弃）命令。

恢复删除的对象也可直接单击"快速访问工具栏"中的 ← 按钮和 → 按钮。

5.3　改变位置类命令

改变位置类编辑命令，是指按照指定要求改变当前图形或图形中某部分的位置，主要包括"移动""旋转""缩放"和"对齐"命令。

5.3.1　移动

移动命令是指在不改变图形对象的方向和大小的前提下，将其由原位置移动到新位置。

执行方式

☆ 下拉菜单："修改"→"移动（V）"命令。
☆ 功能区："注释"选项卡→"修改"面板→ ✛（移动）命令。
☆ 命令行：MOVE 或 M↙。

操作步骤

命令：move↙
选择对象：指定对角点:（选择图形对象）
选择对象：↙（回车结束对象旋转）
指定基点或［位移（D）］<位移>：图中指定基点
指定第二个点或<使用第一个点作为位移>：

选项说明

指定基点：指定移动时，相对该点实施位移。
位移（D）：在指定第二个点提示下，按【Enter】键。则基点的坐标值将用作相对位移，而不是基点位置。选定的对象将按基点的坐标值确定新位置。
指定第二点：选定的对象将移到由基点（第一点）和第二点间的方向和距离来确定的新位置。

实例操作

扫描附录 3 二维码→"素材文件"→"第 5 章"→ 5-5.dwg，如图 5-5（a）所示，用移动命令完成图形的修改，如图 5-5（b）～（d）所示。

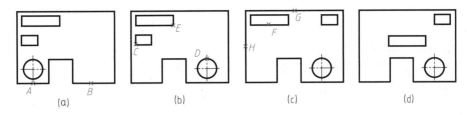

图 5-5 移动对象

命令行提示与操作如下。

命令：_move

选择对象：指定对角点：找到 3 个　选择图中圆及其中心线

选择对象：↙结束对象选择

指定基点或［位移（D）］＜位移＞：拾取点 A（边中点）

指定第二个点或＜使用第一个点作为位移＞：拾取点 B（边中点），结果如图 5-5（b）所示

命令：↙重复移动命令

MOVE

选择对象：指定对角点：找到 1 个　选择图中小矩形

选择对象：↙

指定基点或［位移（D）］＜位移＞：拾取点 C（端点）

指定第二个点或＜使用第一个点作为位移＞：对象捕捉追踪圆的上象限点 D

命令：↙

MOVE

选择对象：指定对角点：找到 1 个　再次选择小矩形

选择对象：↙

指定基点或［位移（D）］＜位移＞：拾取点 C

指定第二个点或＜使用第一个点作为位移＞：对象捕捉追踪端点 E，使点 C 与点 E 水平对齐，结果如图 5-5（c）所示

命令：↙

MOVE

选择对象：指定对角点：找到 1 个　选择图中大矩形

选择对象：↙

指定基点或［位移（D）］＜位移＞：拾取点 F（边中点）

指定第二个点或＜使用第一个点作为位移＞：＜正交关＞命令：move↙关闭正交模式，对象捕捉追踪点 G（边中点）与点 H（边中点）的交点，结果如图 5-5（d）所示

5.3.2　旋转

旋转命令是将选中的对象绕基点旋转到指定的角度位置上。旋转后，原位置的对象可被删除（或不删除）。旋转中心位于对象的几何中心时，旋转后该对象的位置不变，只把图像旋转了一定的角度。当旋转中心不位于对象的几何中心时，旋转后对象的位置将有改变。

99

执行方式

☆ 下拉菜单:"修改"→"旋转(R)"命令。

☆ 功能区:"注释"选项卡→"修改"面板→⟳(旋转)命令。

☆ 命令行:ROTATE 或 RO✓。

操作步骤

命令:rotate✓

UCS 当前的正角方向:ANGDIR= 逆时针 ANGBASE=0

选择对象:(选择图形对象)

选择对象:✓

指定基点:(指定基点)

指定旋转角度,或 [复制(C)/参照(R)] <0>:−90✓

选项说明

指定基点:指定旋转轴的位置。

指定旋转角度:决定对象绕基点旋转的角度。旋转角度有正、负之分,如果角度为正值,对象将逆时针方向旋转;如果角度为负值,对象将顺时针方向旋转。

复制(C):创建要旋转的对象的副本。

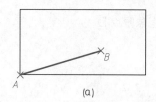 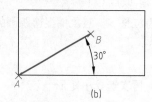

参照(R):通过此选项,可以指定一个参照角度,将对象从参照的角度旋转到新的角度。如图 5-6 中直线 *AB* 为任意角度,使其旋转至与水平方向成 30°,即可使用"参照(R)"。命令行提示与操作如下。

图 5-6 参照方式旋转直线

命令:_rotate

UCS 当前的正角方向:ANGDIR= 逆时针 ANGBASE=0

选择对象:找到 1 个 选择 AB 线

选择对象:✓

指定基点:拾取点 A

指定旋转角度,或 [复制(C)/参照(R)] <0>:R✓

指定参照角 <0>:指定第二点:拾取点 A 后再拾取点 B,系统测量两点所成角度

指定新角度或 [点(P)] <30>:30✓给出新的角度

旋转角度,并且平行于当前 UCS 的 Z 轴

实例操作

扫描附录 3 二维码→"素材文件"→"第 5 章"→5-7.dwg,如图 5-7(a)所示,用旋转命令完成图形的修改,如图 5-7(b)、(c)所示。

命令行提示与操作如下。

命令:_rotate

UCS 当前的正角方向：ANGDIR= 逆时针   ANGBASE=0

选择对象：指定对角点：找到 11 个窗口   选择图 5-7（a）中图形，注意从选择集中删除六边形

选择对象：↙

指定基点：拾取点 A

指定旋转角度，或［复制（C）/参照（R）］<14>：–90↙结果如图 5-7（b）所示

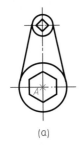
(a)

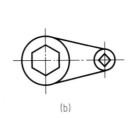
(b)

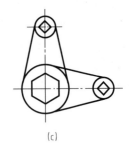
(c)

图 5-7   旋转对象

若使旋转后保留原对象，操作如下。

命令：_rotate

ROTATE

UCS 当前的正角方向：ANGDIR= 逆时针 ANGBASE=0

选择对象：指定对角点：找到 11 个窗口   选择图 5-7（a）中图形，注意从选择集中删除六边形

选择对象：↙

指定基点：拾取点 A

指定旋转角度，或［复制（C）/参照（R）］<30>：c↙复制副本

旋转一组选定对象

指定旋转角度，或［复制（C）/参照（R）］<270>：–90 结果如图 5-7（c）所示

5.3.3 缩放

AutoCAD 为用户提供了图形缩放命令，将所选择的对象按指定的比例因子放大或缩小，也可根据需要将对象缩放到指定尺寸。

执行方式

☆ 下拉菜单："修改"→"缩放（L）"命令。

☆ 功能区："注释"选项卡→"修改"面板→▤（缩放）命令。

☆ 命令行：SCALE 或 SC↙。

操作步骤

命令：scale↙

选择对象：（选择要缩放的对象）

选择对象：↙

指定基点：(在屏幕上指定基点)

指定比例因子或 [复制 (C) / 参照 (R)] <1>：

选项说明

指定基点：缩放中的基准点，即缩放图形时，选定对象的大小发生改变而该点的位置保持不变。

指定比例因子：比例因子大于 1 时放大对象，比例因子小于 1 且大于 0 时缩小对象。

复制（C）：创建要旋转的对象的副本。

参照（R）：将所选对象按参照方式进行缩放，需要依次输入参照长度的值和新长度的值，AutoCAD 根据两者的值自动计算出比例因子（比例因子＝新长度值 / 参照长度值），然后进行缩放。

实例操作

扫描附录 3 二维码→"素材文件"→"第 5 章"→ 5-8.dwg，如图 5-8（a）所示，用比例缩放命令完成图形的修改，如图 5-8（b）～（d）所示。

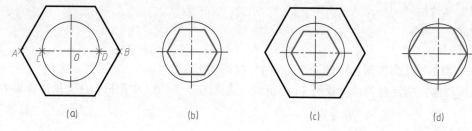

（a）　　　　　　（b）　　　　　　（c）　　　　　　（d）

图 5-8　比例缩放对象

命令行提示与操作如下。

命令：_scale

选择对象：找到 1 个　选择六边形

选择对象：✓

指定基点：拾取点 O

指定比例因子或 [复制 (C) / 参照 (R)]：0.5✓将六边形缩小到 0.5 倍，结果如图 5-8（b）所示

若需创建要缩放选定对象的副本，操作如下。

命令：_scale

选择对象：找到 1 个　选择六边形

选择对象：✓

指定基点：拾取点 O

指定比例因子或 [复制 (C) / 参照 (R)]：C✓复制副本

缩放一组选定对象

指定比例因子或 [复制 (C) / 参照 (R)]：0.5✓结果如图 5-8（c）所示

采用参照方式缩放选定对象，操作如下。

命令：_scale

选择对象：找到 1 个　选择六边形

选择对象：↙

指定基点：拾取点 O

指定比例因子或［复制（C）/ 参照（R）］：R↙指定缩放后尺寸

指定参照长度 <30.0000>：指定第二点：拾取点 A 后再拾取点 B，系统测量两点间距离

指定新的长度或［点（P）］<17.3499>：P↙测定要缩放的尺寸

指定第一点：指定第二点：拾取点 C 后再拾取点 D，指定缩放后的尺寸

5.3.4　对齐

对齐命令是将对象进行移动、旋转和按比例缩放，使其与其他对象对齐，是"移动""旋转"和"缩放"命令的组合。此命令适用于二维对象，也适用于三维对象。

执行方式

☆ 下拉菜单："修改"→"三维操作"→"对齐（L）"命令。

☆ 功能区："注释"选项卡→"修改"面板下拉箭头▼→🔲（对齐）命令。

☆ 命令行：ALIGN 或 AL↙。

操作步骤

命令：align↙

选择对象：（选择要对齐的对象）

选择对象：↙

指定第一个源点：（在图形上选择特征点）

指定第一个目标点：（在图形上选择特征点）

指定第二个源点：（在图形上选择特征点）

指定第二个目标点：（在图形上选择特征点）

指定第三个源点或 < 继续 >：（三维对象对齐用，否则回车结束命令）

是否基于对齐点缩放对象？［是（Y）/ 否（N）］< 否 >：

实例操作

扫描附录 3 二维码→"素材文件"→"第 5 章"→ 5-9.dwg，如图 5-9（a）所示，用对齐缩放命令完成图形的修改，如图 5-9（b）、（c）所示。

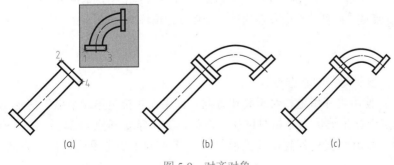

图 5-9　对齐对象

命令行提示与操作过程如下。

命令：_align

选择对象：指定对角点：找到 19 个，按图 5-9（a）所示位置框选对象

选择对象：↙

指定第一个源点：拾取点 1

指定第一个目标点：拾取点 2

指定第二个源点：拾取点 3

指定第二个目标点：拾取点 4

指定第三个源点或 < 继续 >：↙

是否基于对齐点缩放对象？[是（Y）/否（N）] < 否 >：Y↙结果如图 5-9（b）所示

如果在命令行提示"是否基于对齐点缩放对象？[是（Y）/否（N）] < 否 >：N↙"与表示不做缩放修改，结果如图 5-9（c）所示。

5.4 复制类命令

复制类命令是指利用已有图元编辑生成新的图形元素，可以更快地编辑绘制图形。主要包括"复制""镜像""偏移"和"阵列"命令。

5.4.1 复制

复制命令就是将已有的对象复制出副本，并放置到指定的位置。

执行方式

☆ 下拉菜单："修改" → "复制（Y）"命令。

☆ 功能区："注释"选项卡→"修改"面板→ （复制）命令。

☆ 命令行：COPY 或 CO↙。

操作步骤

命令：copy↙

选择对象：（选择要复制的对象）

选择对象：↙

当前设置：复制模式 = 多个

指定基点或 [位移（D）/模式（O）] < 位移 >：（在屏幕上指定基点）

指定第二个点或 [阵列（A）] < 使用第一个点作为位移 >：

选项说明

指定基点：复制对象的基准点。

位移（D）：使用坐标指定相对距离和方向。如果在"指定第二个点"提示下按【Enter】键，则第一个点坐标将被认为是相对位移。例如，如果指定基点为 2、3 并在下一个提示下按【Enter】键，对象将被复制到距其当前位置在 X 方向上 2 个单位、在 Y 方向上 3 个单位的位置。

模式（O）：控制是否自动重复该命令，如果选择"模式（O）"，则系统提示：

"输入复制模式选项［单个（S）/多个（M）］< 多个 >"

单个（S）：创建选定对象的单个副本，并结束命令。

多个（M）：将 COPY 命令设定为自动重复。

阵列（A）：指定在线性阵列中排列的副本数量。如果在"指定第二个点或［阵列（A）］< 使用第一个点作为位移 >："提示下，选择"阵列（A）"在系统提示：

输入要进行阵列的项目数：4

指定第二个点或［布满（F）］：

指定第二个点或［阵列（A）/退出（E）/放弃（U）］< 退出 >：

指定第二个点：确定阵列相对于基点的距离和方向。默认情况下，阵列中的第一个副本将放置在指定的位移。其余的副本使用相同的增量位移放置在超出该点的线性阵列中，如图 5-10 所示。

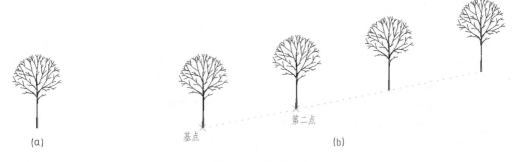

图 5-10　阵列复制

实例操作

扫描附录 3 二维码→"素材文件"→"第 5 章"→ 5-11.dwg，如图 5-11（a）所示，完成平面图形的绘制，如图 5-11（b）、（c）所示。

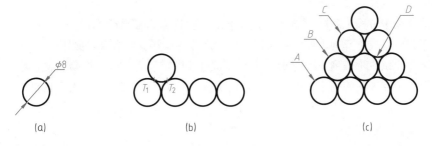

图 5-11　复制生成平面图形

命令行提示与操作过程如下。

（1）复制生成下面 4 个圆。

命令：_copy

选择对象：指定对角点：找到 1 个　选择 φ8 圆

选择对象：↙

当前设置：复制模式 = 多个

指定基点或［位移（D）/模式（O）］< 位移 >：在绘图区指定一点

指定第二个点或［阵列（A）]< 使用第一个点作为位移 >:（正交　开）8↙

指定第二个点或［阵列（A）/退出（E）/放弃（U）]< 退出 >: 16↙

指定第二个点或［阵列（A）/退出（E）/放弃（U）]< 退出 >: 24↙

指定第二个点或［阵列（A）/退出（E）/放弃（U）]< 退出 >: 32↙

指定第二个点或［阵列（A）/退出（E）/放弃（U）]< 退出 >: ↙结束命令

（2）绘制第二行左侧圆。

命令：_circle

指定圆的圆心或［三点（3P）/两点（2P）/切点、切点、半径（T）]：_ttr

指定对象与圆的第一个切点：在 T1 附近拾取点

指定对象与圆的第二个切点：在 T2 附近拾取点

指定圆的半径 <5.0000>: 4↙结果如图 5-11（b）所示

（3）复制生成其他圆。

命令：_copy

选择对象：找到 1 个　选择图 5-11（b）上面圆

选择对象：↙

当前设置：复制模式 = 多个

指定基点或［位移（D）/模式（O）]< 位移 >：在绘图区指定一点

指定第二个点或［阵列（A）]< 使用第一个点作为位移 >: 8↙

指定第二个点或［阵列（A）/退出（E）/放弃（U）]< 退出 >: 16↙

指定第二个点或［阵列（A）/退出（E）/放弃（U）]< 退出 >: ↙结束命令

命令：↙重复复制命令

COPY

选择对象：找到 1 个

选择对象：

当前设置：复制模式 = 多个

指定基点或［位移（D）/模式（O）]< 位移 >：拾取 A 圆圆心

指定第二个点或［阵列（A）]< 使用第一个点作为位移 >：拾取 B 圆圆心

指定第二个点或［阵列（A）/退出（E）/放弃（U）]< 退出 >：拾取 C 圆圆心

指定第二个点或［阵列（A）/退出（E）/放弃（U）]< 退出 >：拾取 D 圆圆心

指定第二个点或［阵列（A）/退出（E）/放弃（U）]< 退出 >: ↙结果如图 5-11（c）所示

5.4.2　镜像

镜像命令是把选择的对象以一条镜像线为轴线做对称复制。镜像完成后，可以保留或删除源对象。

执行方式

☆ 下拉菜单："修改" → "镜像（I）"命令。

☆ 功能区："注释"选项卡→"修改"面板→◁▷（镜像）命令。

☆ 命令行：MIRROR 或 MI↙。

操作步骤

命令：mirror ↙

选择对象：（选择要镜像的对象）

选择对象：↙

指定镜像线的第一点：（屏幕上指定一点）

指定镜像线的第二点：（屏幕上指定第二点）

要删除源对象吗？［是（Y）/ 否（N）]<N>：

说明：选择的第一点和第二点确定一条镜像线，被选择的对象以该直线为对称轴进行镜像。该线的长短与镜像结果没有关系，该线的角度决定最后生成的对象的位置。

实例操作

扫描附录 3 二维码→"素材文件"→"第 5 章"→ 5-12.dwg，如图 5-12（a）所示，用镜像命令完成图形的修改，如图 5-12（b）所示。

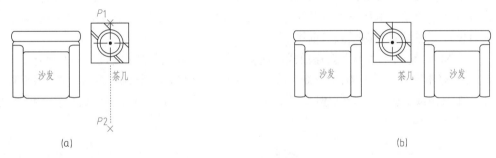

图 5-12　镜像对象

命令行提示与操作过程如下。

命令：_mirror

选择对象：指定对角点：找到 1 个　选择沙发

选择对象：↙

指定镜像线的第一点：拾取点 P1

指定镜像线的第二点：拾取点 P2

要删除源对象吗？［是（Y）/ 否（N）]<N>：↙默认保留源对象

如果在"要删除源对象吗？［是（Y）/ 否（N）]<N>："提示下，选择删除"Y"，则将沙发移至茶几右侧。

5.4.3　偏移

偏移命令可以通过指定偏移距离或要通过的点来复制对象。

执行方式

☆ 下拉菜单："修改"→"偏移（S）"命令。

☆ 功能区："注释"选项卡→"修改"面板→⊒（偏移）命令。

☆ 命令行：OFFSET 或 O↙。

操作步骤

命令：offset↙

当前设置：删除源 = 否　图层 = 源　OFFSETGAPTYPE=0

指定偏移距离或［通过（T）/ 删除（E）/ 图层（L）］<5.0000>：指定要偏移的距离

选择要偏移的对象，或［退出（E）/ 放弃（U）］< 退出 >：选择要偏移的对象

指定要偏移的那一侧上的点，或［退出（E）/ 多个（M）/ 放弃（U）］< 退出 >：指定偏移的方向

选项说明

指定偏移距离：给出数值，AutoCAD 按该尺寸偏移对象。

通过（T）：使产生的新偏移对象通过拾取点。

删除（E）：偏移后将源对象删除。

图层（L）：偏移后产生的新偏移对象位于当前层还是与源对象在同一图层中。在"指定偏移距离或［通过（T）/ 删除（E）/ 图层（L）]<5.0000>："提示下，输入"L"后按【Enter】键，命令行提示"输入偏移对象的图层选项［当前（C）/ 源（S）］< 源 >："可以选择将偏移复制的对象放置在源对象图层或当前图层。

多个（M）：输入"多个"偏移模式，这将使用当前偏移距离重复进行偏移操作。

注意：对不同图形执行偏移命令，会产生不同的结果，如果偏移直线，则会创建平行线，如果偏移圆或圆弧，则会创建同心圆或圆弧，如果偏移多段线，将生成平行于原始对象的多段线，如图 5-13 所示。

图 5-13　不同对象的偏移

实例操作

扫描附录 3 二维码→"素材文件"→"第 5 章"→ 5-14.dwg，如图 5-14（a）所示，通过图形中给出的等分点，用偏移命令完成分割线的绘制，如图 5-14（b）所示。

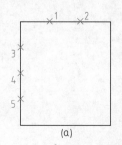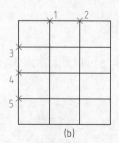

图 5-14　偏移对象

命令行提示与操作过程如下。

命令：_offset

当前设置：删除源 = 否　图层 = 源　OFFSETGAPTYPE=0

指定偏移距离或［通过（T）/ 删除（E）/ 图层（L）］< 通过 >：T↙

选择要偏移的对象，或［退出（E）/ 放弃（U）］< 退出 >：选择竖直边

指定通过点或［退出（E）/ 多个（M）/ 放弃（U）］< 退出 >：m↙

指定通过点或［退出（E）/ 放弃（U）］< 下一个对象 >：通过水平边上的等分点 1

指定通过点或［退出（E）/ 放弃（U）］< 下一个对象 >：通过水平边上的等分点 2

指定通过点或［退出（E）/ 放弃（U）］< 下一个对象 >：↙

选择要偏移的对象，或［退出（E）/ 放弃（U）］< 退出 >：选择水平边

指定通过点或［退出（E）/ 放弃（U）］< 下一个对象 >：通过竖直边上的等分点 3

指定通过点或［退出（E）/ 放弃（U）］< 下一个对象 >：通过竖直边上的等分点 4

指定通过点或［退出（E）/ 放弃（U）］< 下一个对象 >：通过竖直边上的等分点 5

指定通过点或［退出（E）/ 放弃（U）］< 下一个对象 >：↙

5.4.4　阵列

阵列是指多重复制选择的对象，并把复制的副本按矩形、环形或路径排列，如图 5-15
所示。

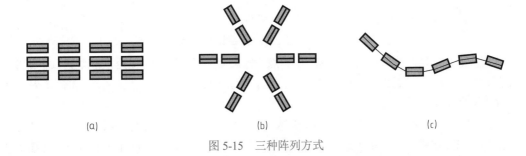

（a）　　　　　　　　　　（b）　　　　　　　　　　（c）

图 5-15　三种阵列方式

执行方式

☆ 下拉菜单："修改"→"阵列"→"矩形阵列"命令。

☆ 功能区："注释"选项卡→"修改"面板→▦（阵列）命令。

☆ 命令行：ARRAY 或 AR↙。

操作步骤

命令：array↙

选择对象：选择要阵列的对象

选择对象：↙

输入阵列类型［矩形（R）/ 路径（PA）/ 极轴（PO）］< 矩形 >：

选项说明

矩形（R）：将对象按行、列方式进行排列，如图 5-15（a）所示。创建矩形阵列时需提

供阵列的行数、列数、行间距、列间距等。

极轴（PO）：绕中心点或旋转轴等角度均匀分布对象，即环形阵列，如图 5-15（b）所示。决定环形阵列的主要参数有阵列中心、阵列总角度及阵列对象数目。还可以通过输入阵列总数及每个对象间的夹角来生成环形阵列。

路径（PA）：沿路径或部分路径均匀分布对象，如图 5-15（c）所示。用于阵列的路径对象可以是直线、多段线、样条曲线、圆弧及圆等。创建路径阵列时需指定阵列项目数、项目间距等参数，还可以设置阵列对象的方向及阵列对象是否与路径对齐。

实例操作

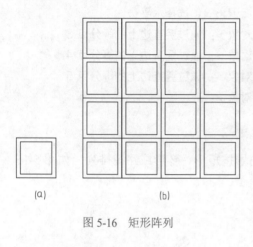

(a)　　　　　　(b)

图 5-16　矩形阵列

实例 5-1：扫描附录 3 二维码→"素材文件"→"第 5 章"→5-16.dwg，如图 5-16（a）所示，利用矩形阵列命令完成图形的修改，如图 5-16（b）所示。

命令行提示与操作过程如下。

单击功能区："注释"选项卡→"修改"面板→阵列下拉箭头▼→▦（矩形阵列）命令。

方法一：

命令：_arrayrect

选择对象：指定对角点：找到 2 个

选择对象：✓

类型 = 矩形　关联 = 否

选择夹点以编辑阵列或［关联（AS）/基点（B）/计数（COU）/间距（S）/列数（COL）/行数（R）/层数（L）/退出（X）］< 退出 >：col✓指定列数

输入列数或［表达式（E）]<4>：✓

指定列数之间的距离或［总计（T）/表达式（E）]<15.0000>：10✓输入列间距

选择夹点以编辑阵列或［关联（AS）/基点（B）/计数（COU）/间距（S）/列数（COL）/行数（R）/层数（L）/退出（X）］< 退出 >：r指定行数

输入行数或［表达式（E）]<3>：4✓

指定行数之间的距离或［总计（T）/表达式（E）]<15.0000>：10✓输入行间距

按【Esc】键结束命令，结果如图 5-16（b）所示。

方法二：当命令行提示选择夹点以编辑阵列或［关联（AS）/基点（B）/计数（COU）/间距（S）/列数（COL）/行数（R）/层数（L）/退出（X）]< 退出 >：时，在功能区"创建阵列"选项卡中设置参数，如图 5-17 所示，按"关闭阵列"命令，结果如图 5-16（b）所示。

矩形	列数:	4	行数:	4	级别:	1			关联	基点	关闭阵列
	介于:	10.0000	介于:	10.0000	介于:	1.0000					
	总计:	30.0000	总计:	30.0000	总计:	1.0000					
类型	列		行 ▾		层级				特性		关闭

图 5-17　矩形阵列参数设置

实例 5-2：扫描附录 3 二维码→"素材文件"→"第 5 章"→5-18.dwg，如图 5-18（a）

所示，利用环形阵列命令完成图形的修改，如图 5-18（b）、（c）所示。

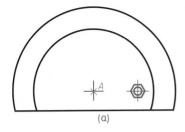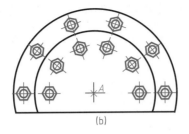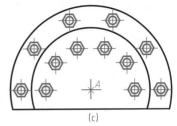

（a）　　　　　　　　　　　　（b）　　　　　　　　　　　　（c）

图 5-18　环形阵列

命令行提示与操作过程如下。

单击功能区："注释"选项卡→"修改"面板→阵列下拉箭头▼→（环形阵列）命令。

方法一：

命令：_arraypolar

选择对象：选择图 5-18（a）中六边形组合图形

选择对象：↙

类型 = 极轴　关联 = 否

指定阵列的中心点或 [基点（B）/ 旋转轴（A）]：拾取点 A 指定阵列中心

选择夹点以编辑阵列或 [关联（AS）/ 基点（B）/ 项目（I）/ 项目间角度（A）/ 填充角度（F）/行（ROW）/ 层（L）/ 旋转项目（ROT）/ 退出（X）] < 退出 >：i↙指定阵列数目

输入阵列中的项目数或 [表达式（E）] <6>：6↙

选择夹点以编辑阵列或 [关联（AS）/ 基点（B）/ 项目（I）/ 项目间角度（A）/ 填充角度（F）/行（ROW）/ 层（L）/ 旋转项目（ROT）/ 退出（X）] < 退出 >：f↙指定填充角度

指定填充角度（ += 逆时针、–= 顺时针）或 [表达式（EX）] <360>：180↙

选择夹点以编辑阵列或 [关联（AS）/ 基点（B）/ 项目（I）/ 项目间角度（A）/ 填充角度（F）/行（ROW）/ 层（L）/ 旋转项目（ROT）/ 退出（X）] < 退出 >：row↙指定阵列行数

输入行数或 [表达式（E）] <1>：2↙

指定行数之间的距离或 [总计（T）/ 表达式（E）] <8.1962>：7↙

指定行数之间的标高增量或 [表达式（E）] <0>：↙

选择夹点以编辑阵列或 [关联（AS）/ 基点（B）/ 项目（I）/ 项目间角度（A）/ 填充角度（F）/行（ROW）/ 层（L）/ 旋转项目（ROT）/ 退出（X）] < 退出 >：↙退出

按【Esc】键结束命令，结果如图 5-18（b）所示。

方法二：当命令行提示选择夹点以编辑阵列或 [关联（AS）/ 基点（B）/ 项目（I）/ 项目间角度（A）/ 填充角度（F）/ 行（ROW）/ 层（L）/ 旋转项目（ROT）/ 退出（X）] < 退出 >：时，在功能区"创建阵列"选项卡中设置参数，取消"旋转项目"选项，如图5-19所示，按"关闭阵列"命令，结果如图 5-18（c）所示。

极轴	项目数：	6	行数：	2	级别：	1	关联	基点	旋转项目	方向	关闭阵列
	介于：	36	介于：	7	介于：	1					
	填充：	180	总计：	7	总计：	1					
类型	项目		行 ▼		层级		特性				关闭

图 5-19　环形阵列参数设置

实例 5-3：扫描附录 3 二维码→"素材文件"→"第 5 章"→ 5-20.dwg，如图 5-20（a）所示，利用路径阵列命令完成图形的修改，如图 5-20（b）所示。

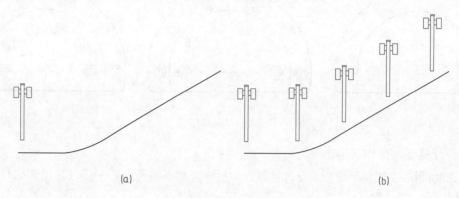

（a）   （b）

图 5-20　路径阵列

命令行提示与操作过程如下。

单击功能区："注释"选项卡→"修改"面板→阵列下拉箭头▼→ （路径阵列）命令。

方法一：

命令：_arraypath

选择对象：找到 1 个　选择图 5-20（a）中路径

选择对象：↙

类型 = 路径　关联 = 否

选择路径曲线：选择曲线

选择夹点以编辑阵列或［关联（AS）/方法（M）/基点（B）/切向（T）/项目（I）/行（R）/层（L）/对齐项目（A）/Z 方向（Z）/退出（X）］< 退出 >：i↙指定项目数

指定沿路径的项目之间的距离或［表达式（E）］<9.0000>：14 ↙

最大项目数 =6

指定项目数或［填写完整路径（F）/表达式（E）］<6>：↙默认系统计算的最大数

选择夹点以编辑阵列或［关联（AS）/方法（M）/基点（B）/切向（T）/项目（I）/行（R）/层（L）/对齐项目（A）/Z 方向（Z）/退出（X）］< 退出 >：A↙指定目标的对齐方式

是否将阵列项目与路径对齐？［是（Y）/否（N）］< 是 >：n↙

选择夹点以编辑阵列或［关联（AS）/方法（M）/基点（B）/切向（T）/项目（I）/行（R）/层（L）/对齐项目（A）/Z 方向（Z）/退出（X）］< 退出 >：↙结果如图 5-20（b）所示

方法二：当命令行提示选择夹点以编辑阵列或［关联（AS）/方法（M）/基点（B）/切向（T）/项目（I）/行（R）/层（L）/对齐项目（A）/Z 方向（Z）/退出（X）］< 退出 >：时，在功能区"创建阵列"选项卡中设置参数，取消"对齐项目"选项，如图 5-21 所示，结果如图 5-20（b）所示。

	项目数：2		行数：1		级别：1							
路径	介于：16.3923		介于：16.3923		介于：1.0000		关联	基点	切线方向	定距等分	对齐项目	Z方向	关闭阵列
	总计：16.3923		总计：16.3923		总计：1.0000							
类型	项目		行 ▼		层级		特性					关闭

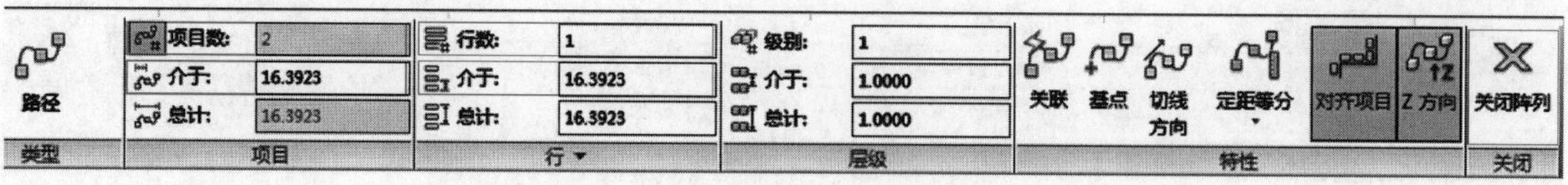

图 5-21　路径阵列参数设置

5.5　改变几何特性命令

改变几何特性类编辑命令在对指定对象进行编辑后，使编辑对象的几何特性发生变化，包括修剪、延伸、拉伸、拉长、圆角、倒角、打断、合并、分解、夹点等命令。

5.5.1　修剪与延伸

5.5.1.1　修剪

修剪命令以一个或多个对象为剪切边界，修剪其他对象，也可对作为修剪边界的对象进行修剪。

执行方式

☆ 下拉菜单："修改" → "修剪（T）"命令。

☆ 功能区："默认"选项卡→ "修改"面板→-/--（修剪）命令，如果此时"修改"面板中不显示"修剪"命令，则可单击"修改"面板上---/（延伸）命令右侧下拉箭头▼→-/--（修剪）命令。

☆ 命令行：TRIM 或 TR↙。

操作步骤

命令：trim↙
当前设置：投影 =UCS，边 = 无
选择剪切边…
选择对象或 < 全部选择 >：回车可选择图中全部对象作为剪切边
选择对象：↙
选择要修剪的对象，或按住 Shift 键选择要延伸的对象，或 [栏选（F）/ 窗交（C）/ 投影（P）/ 边（E）/ 删除（R）/ 放弃（U）]：

选项说明

（1）选择剪切边。指定一个或多个对象以用作修剪边界。

（2）选择要修剪的对象。选择要修剪对象的被剪掉部分，可点选、窗口选择或栏选选择等。

栏选（F）：选择与选择栏相交的所有对象。选择栏是一系列临时线段，它们是用两个或多个栏选点指定的。选择栏可不构成闭合环。

窗交（C）：选择矩形区域（由两点确定）内部或与之相交的对象。

注意：某些要修剪的对象的窗交选择不确定。TRIM 将沿着矩形窗交窗口从第一个点以顺时针方向选择遇到的第一个对象。

投影（P）：主要应用于三维空间中两个对象的修剪，可将对象投影到某一平面上执行修剪操作。

边（E）：确定修剪方式。执行该选项提示如下：

输入隐含边延伸模式 [延伸（E）/ 不延伸（N）] < 不延伸 >：

延伸（E）：如果剪切边与被修剪对象不相交，可延伸修剪边，然后进行修剪。

不延伸（N）：该选项为默认选项。只有当剪切边与被修剪对象真正相交时，才能进行修剪。

删除（R）：删除选择的对象。

放弃（U）：放弃【修剪】命令最后一次所做的修改。

操作技巧：

当剪切边与被修剪对象不相交时，不能修剪。此时，可在选择剪切边后，按住【Shift】键选择要延伸的对象，让剪切边与被修剪对象相交，然后再进行修剪。

实例操作

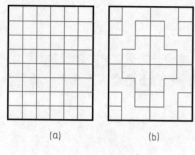

(a)　　　　(b)

图 5-22　修剪对象

扫描附录 3 二维码→"素材文件"→"第 5 章"→5-22.dwg，如图 5-22（a）所示，利用修剪命令来生成花窗格，如图 5-22（b）所示。

命令行提示与操作过程如下。

命令：_trim

当前设置：投影 =UCS，边 = 无

选择剪切边…

选择对象或 < 全部选择 >：↙直接回车，则图形中的全部对象均作为剪切边

选择要修剪的对象，或按住 Shift 键选择要延伸的对象，或［栏选（F）/ 窗交（C）/ 投影（P）/ 边（E）/ 删除（R）/ 放弃（U）］：按图 5-22（b）所示图形连续剪切

选择要修剪的对象，或按住 Shift 键选择要延伸的对象，或［栏选（F）/ 窗交（C）/ 投影（P）/ 边（E）/ 删除（R）/ 放弃（U）］：↙结束命令，结果如图 5-22（b）所示

操作技巧：

剪切命令是删除线段的一部分，如果在选择"剪切边"时，采用框选或全选方式，则选择剪切对象要注意先后顺序。如图 5-23（a）所示，以两条竖直线作为修剪边界，修剪水平线上 A、B 两段。如果先修剪 A 段，则 B 段成为独段线，将不能修剪，如图 5-23（b）所示。正确做法是，应先修剪 B 段，然后再修剪 A 段，结果如图 5-23（c）所示。

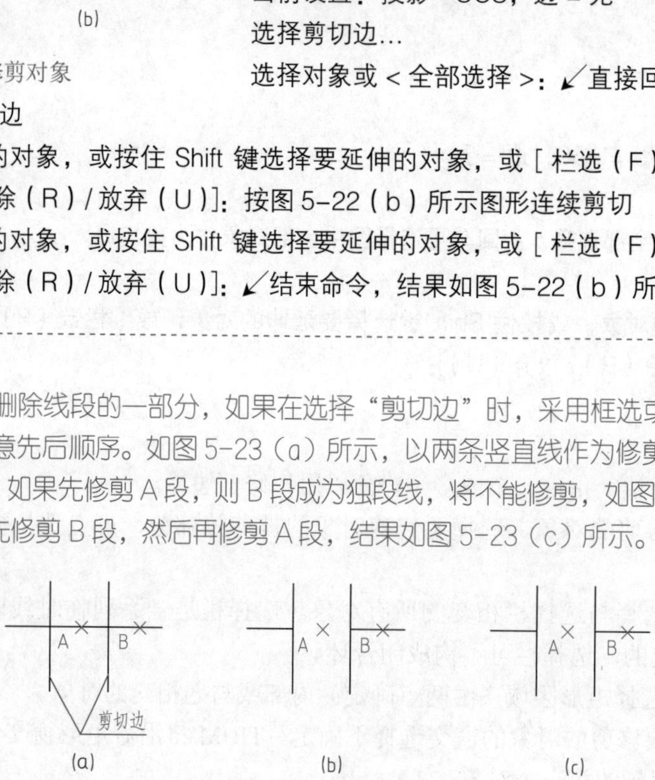

A　×　B　×　　　剪切边
(a)

A　×　B　×
(b)

A　×　B　×
(c)

图 5-23　修剪直线

5.5.1.2　延伸

延伸命令与修剪命令的作用正好相反，可以延长指定的对象，使之与另一对象相交或外观相交。用于延伸的对象有直线、圆弧、椭圆弧、非闭合的二维多段线及三维多段线。

执行方式

☆ 下拉菜单："修改"→"延伸（D）"命令。

☆ 功能区："默认"选项卡→"修改"面板→---/（延伸）命令，如果此时"修改"面板中不显示"延伸"命令，则可单击"修改"面板上-/---（修剪）命令右侧下拉箭头▼→---/（延伸）命令。

☆ 命令行：EXTEND 或 EX↙。

操作步骤

命令：extend↙

当前设置：投影 =USC，边 = 无

选择边界的边…

选择对象或 < 全部选择 >：直接，选择图中全部对象作为延伸边界

选择对象：↙

选择要延伸的对象，或按住 Shift 键选择要修剪的对象，或

[栏选（F）/ 窗交（C）/ 投影（P）/ 边（E）/ 放弃（U）]：

各选项的含义同修剪命令，不再赘述。

实例操作

扫描附 3 二维码→"素材文件"→"第 5 章"→5-24.dwg，如图 5-24（a）所示，利用修剪与延伸命令生成新的花窗格，如图 5-24（b）所示。

操作过程同上例，此处略。

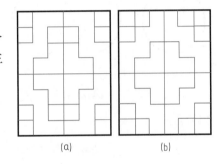

（a）　　　　　（b）

图 5-24　修剪与延伸对象

5.5.2 打断与合并

5.5.2.1 打断

打断命令可以将对象指定两点间的部分删除，或将对象分成两部分，还可以使用【打断于点】命令将对象在指定处断开成两个对象。

执行方式

☆ 下拉菜单："修改"→"打断（K）"命令。

☆ 功能区："默认"选项卡→"修改"面板下拉箭头▼→□（打断）命令。

☆ 命令行：BREAK 或 BR↙。

操作步骤

命令：break↙

选择对象：(选择要断开的对象)↙

指定第二个打断点或 [第一点（F）]：

选项说明

（1）选择对象。默认情况下，以选择对象时的拾取点作为第一个打断点，第二个打断

点的选取有以下三种方式。

① 直接点取对象上的另一点，则两点之间的部分被切断并删除。

② 如输入"@"，则将对象在选择对象时的拾取点处一分为二，而不删除其中的任何部分。该结果也可通过功能区"默认"选项卡→"修改"面板下拉箭头▼→ └ （打断于点）命令实现。

③ 若在对象外拾取一点，AutoCAD 会从对象中选取与之距离最近的点作为第二个打断点。因此，将第二点指定在要删除部分的端点之外，可以将该部分全部删除。

（2）第一点（F）。输入"F"，重新指定第一打断点，该方式可将直线上指定两个点之间的线段删除。

对于圆、矩形等封闭图形使用"打断"命令时，AutoCAD 将沿逆时针方向将第一个打断点到第二个打断点之间的那段线删除。例如，在图 5-25（a）～（c）所示图形中，使用打断命令时，点 1 和点 2 的选择顺序不同，产生的效果是不同的。

5.5.2.2 合并

合并命令可将直线、圆弧、椭圆弧、多段线等独立的图像合并成为一个对象。同角度的两条或多条线段合并为一条线段，还可以将圆弧或椭圆弧合并为一段圆弧或椭圆弧，如图 5-26（a）、（b）所示。

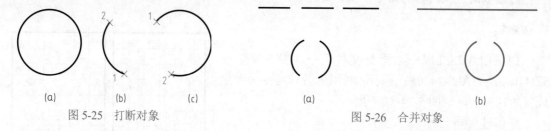

图 5-25　打断对象　　　　　　　　　　图 5-26　合并对象

执行方式

☆ 下拉菜单："修改" → "合并（J）"命令。

☆ 功能区："默认"选项卡→"修改"面板下拉箭头▼→ ➤◄ （合并）命令。

☆ 命令行：JOIN ↙。

操作步骤

命令：join ↙

选择源对象或要一次合并的多个对象：找到 1 个

选择要合并的对象：找到 1 个，总计 2 个

选择要合并的对象：

5.5.3　圆角与倒角

5.5.3.1　圆角

圆角命令通过二维相切圆弧连接两个对象，或者在三维实体的相邻面之间创建圆形过渡。

执行方式

☆ 下拉菜单："修改" → "圆角（F）"命令。

☆ 功能区:"默认"选项卡→"修改"面板→▦（圆角）命令,如果此时"修改"面板中不显示"圆角"命令,则可单击"修改"面板上▦右侧（倒角）下拉箭头▼→▦（圆角）命令。

☆ 命令行:FILLET 或 F✓。

操作步骤

命令:fillet✓

当前设置:模式 = 修剪,半径 =0

选择第一个对象或［放弃（U）/多段线（P）/半径（R）/修剪（T）/多个（M）］:

选择第二个对象,或按住 Shift 键选择对象以应用角点或［半径（R）］:

选项说明

选择第一个对象:选择倒圆角的第一个对象。

选择第二个对象:选择倒圆角的第二个对象。

放弃（U）:恢复在命令中执行的上一个操作。

多段线（P）:对多段线进行倒圆角。

半径（R）:更改当前半径值,输入的值将成为后续 FILLET 命令的默认值。

修剪（T）:设定修剪模式。输入此选项后,命令行提示"输入修剪模式选项［修剪（T）/不修剪（N）］< 修剪 >:"。如果设置成修剪模式,则不论两个对象是否相交或不足,均自动进行修剪,如图 5-27（a）两条直线,在修剪模式下圆角连接,结果如图 5-27（b）所示。如果设定成不修剪,则仅仅增加一条指定半径的圆弧,如图 5-27（c）所示。

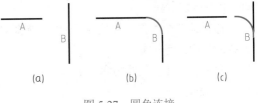

图 5-27　圆角连接

多个（M）:控制 FILLET 是否将选定的边修剪到圆角圆弧的端点。

操作技巧:

1. 如果将圆角半径设置为 0,则在修剪模式下,点取不平行的两条直线,它们将会自动准确相交。

2. 如果为修剪模式,拾取点时应点取要保留的那一部分,让另一段被修剪。

实例操作

扫描附录 3 二维码→"素材文件"→"第 5 章"→5-28.dwg 文件,如图 5-28（a）所示,利用圆角命令将其修改为图 5-28（b）所示图形。

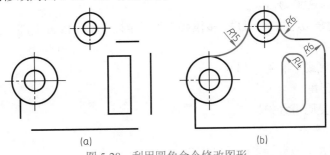

图 5-28　利用圆角命令修改图形

命令行提示与操作过程如下。

命令：_fillet

当前设置：模式 = 修剪，半径 =1.0000

选择第一个对象或［放弃（U）/多段线（P）/半径（R）/修剪（T）/多个（M）］：r↙设置半径，画半径为 15 圆角

指定圆角半径 <15.0000>：15 ↙

选择第一个对象或［放弃（U）/多段线（P）/半径（R）/修剪（T）/多个（M）］：点取左侧外圆靠近切点处

选择第二个对象，或按住 Shift 键选择对象以应用角点或［半径（R）］：点取中间外圆靠近切点处

命令：↙（重复圆角命令）

FILLET

当前设置：模式 = 修剪，半径 =15.0000

选择第一个对象或［放弃（U）/多段线（P）/半径（R）/修剪（T）/多个（M）］：r↙设置半径，画半径为 6 圆角

指定圆角半径 <15.0000>：6 ↙

选择第一个对象或［放弃（U）/多段线（P）/半径（R）/修剪（T）/多个（M）］：点取中间外圆靠近切点处

选择第二个对象，或按住 Shift 键选择对象以应用角点或［半径（R）］：点取中间外圆右侧水平线靠近切点一端

命令：↙（重复圆角命令）

FILLET

当前设置：模式 = 修剪，半径 =6.0000

选择第一个对象或［放弃（U）/多段线（P）/半径（R）/修剪（T）/多个（M）］：点取中间外圆右侧水平线靠近切点一端

选择第二个对象，或按住 Shift 键选择对象以应用角点或［半径（R）］：点取最右边竖直线靠近切点一端

命令：↙（重复圆角命令）

FILLET

当前设置：模式 = 修剪，半径 =6.0000

选择第一个对象或［放弃（U）/多段线（P）/半径（R）/修剪（T）/多个（M）］：r↙设置半径，画半径为 4 圆角

指定圆角半径 <6.0000>：4 ↙

选择第一个对象或［放弃（U）/多段线（P）/半径（R）/修剪（T）/多个（M）］：p↙中间矩形为多段线

选择二维多段线或［半径（R）］：

4 条直线已被圆角

命令：↙（重复圆角命令）

FILLET

当前设置：模式 = 修剪，半径 =4.0000

选择第一个对象或［放弃（U）/多段线（P）/半径（R）/修剪（T）/多个（M）］：r↙设置半径为 0，画下面直角

指定圆角半径 <4.0000>：0↙

选择第一个对象或［放弃（U）/多段线（P）/半径（R）/修剪（T）/多个（M）］：选择左侧竖直线

选择第二个对象，或按住 Shift 键选择对象以应用角点或［半径（R）］：选择底部水平线

命令：↙（重复圆角命令）

FILLET

当前设置：模式 = 修剪，半径 =0.0000

选择第一个对象或［放弃（U）/多段线（P）/半径（R）/修剪（T）/多个（M）］：选择右侧竖直线

选择第二个对象，或按住 Shift 键选择对象以应用角点或［半径（R）］：选择底部水平线

5.5.3.2　倒角

倒角命令是连接两个非平行的对象，通过自动修剪或延伸使之相交或用斜线连接。

执行方式

☆ 下拉菜单："修改"→"倒角（C）"命令。

☆ 功能区："默认"选项卡→"修改"面板→（倒角）命令，如果此时"修改"面板中不显示"倒角"命令，则可单击"修改"面板上 （圆角）命令右侧下拉箭头▼→ （倒角）命令。

☆ 命令行：CHAMFER 或 CHA↙。

操作步骤

命令：chamfer↙

（"修剪"模式）当前倒角距离 1=0.0000，距离 2=0.0000

选择第一条直线或［放弃（U）/多段线（P）/距离（D）/角度（A）/修剪（T）/方式（E）/多个（M）］：

选择第二条直线，或按住 Shift 键选择直线以应用角点或［距离（D）/角度（A）/方法（M）］：

选项说明

选择第一条直线：选择倒角的第一条直线。

选择第二条直线：选择倒角的第二条直线。

放弃（U）：恢复在命令中执行的上一个操作。

多段线（P）：以当前设定的倒角距离对多段线的各顶点（交角）修倒角。

距离（D）：设置倒角距离尺寸。如果两个倒角距离都为 0，则倒角操作将延伸或修剪这两个对象使之相交，不产生倒角。

角度（A）：根据第一个倒角距离和角度来设置倒角尺寸。

修剪（T）：用于设置倒角后是否自动修剪原拐角边，默认为修剪。

方式（E）：用于设定按距离方式还是按角度方式进行倒角。

多个（M）：用于在一次倒角命令执行过程中，为多个对象绘制倒角。

方法（M）：设定修剪方法为距离或角度。

操作技巧：

选择直线时的拾取点对修剪的位置有影响，一般保留拾取点的线段，而超过倒角的线段将自动被修剪。

实例操作

扫描附录 3 二维码→"素材文件"→"第 5 章"→ 5-29.dwg 文件，如图 5-29（a）所示，利用倒角和镜像命令完成轴的绘制，如图 5-29（b）所示。

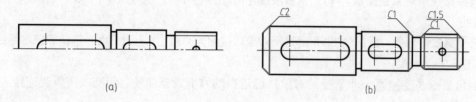

(a)　　　　　　　　　　　　　　　　　　(b)

图 5-29　倒角和镜像命令绘制轴

命令行提示与操作过程如下。

（1）画倒角。

命令：_chamfer

（"修剪"模式）当前倒角距离 1=1.5000，距离 2=1.5000

选择第一条直线或 [放弃（U）/ 多段线（P）/ 距离（D）/ 角度（A）/ 修剪（T）/ 方式（E）/ 多个（M）]：D↙设置左侧倒角距离 2

指定第一个倒角距离 <1.5000>：2↙

指定第二个倒角距离 <2.0000>：↙默认第二个倒角与第一个倒角距离相等

选择第一条直线或 [放弃（U）/ 多段线（P）/ 距离（D）/ 角度（A）/ 修剪（T）/ 方式（E）/ 多个（M）]：点左侧水平线

选择第二条直线，或按住 Shift 键选择直线以应用角点或 [距离（D）/ 角度（A）/ 方法（M）]：点左侧垂直线

命令：↙重复倒角命令

CHAMFER

（"修剪"模式）当前倒角距离 1=2.0000，距离 2=2.0000

选择第一条直线或 [放弃（U）/ 多段线（P）/ 距离（D）/ 角度（A）/ 修剪（T）/ 方式（E）/ 多个（M）]：D↙设置右侧倒角距离 1.5

指定第一个倒角距离 <2.0000>：1.5↙

指定第二个倒角距离 <1.5000>：↙

选择第一条直线或 [放弃（U）/ 多段线（P）/ 距离（D）/ 角度（A）/ 修剪（T）/ 方式（E）/ 多个（M）]：点右侧水平线

选择第二条直线，或按住 Shift 键选择直线以应用角点或 [距离（D）/ 角度（A）/ 方法（M）]：点右侧垂直线

命令：↙重复倒角命令

CHAMFER

（"修剪"模式）当前倒角距离 1=1.5000，距离 2=1.5000

选择第一条直线或［放弃（U）/多段线（P）/距离（D）/角度（A）/修剪（T）/方式（E）/多个（M）］：D↙设置中间倒角距离 1

指定第一个倒角距离 <1.5000>：1↙

指定第二个倒角距离 <1.0000>：↙

选择第一条直线或［放弃（U）/多段线（P）/距离（D）/角度（A）/修剪（T）/方式（E）/多个（M）］：点中间水平线（左）

选择第二条直线，或按住 Shift 键选择直线以应用角点或［距离（D）/角度（A）/方法（M）］：点中间垂直线（左）

命令：↙

CHAMFER

（"修剪"模式）当前倒角距离 1=1.0000，距离 2=1.0000

选择第一条直线或［放弃（U）/多段线（P）/距离（D）/角度（A）/修剪（T）/方式（E）/多个（M）］：点中间水平线（右）

选择第二条直线，或按住 Shift 键选择直线以应用角点或［距离（D）/角度（A）/方法（M）］：点中间垂直线（右）

（2）画出四条直线，操作过程略。

（3）镜像完成轴的绘制。

命令：_mirror

选择对象：指定对角点：找到 25 个

选择对象：

指定镜像线的第一点：指定镜像线的第二点：分别指定水平轴线的两个端点

要删除源对象吗？［是（Y）/否（N）］<N>：↙保留源对象

结果如图 5-29（b）所示。

5.5.4　拉伸与拉长

5.5.4.1　拉伸

拉伸命令指将选择的对象沿指定的方向进行拉长或缩短。该命令在编辑时必须用窗交来选择对象，且只移动包含在窗口内的线端点、圆心、插入点等特征点。

执行方式

☆ 下拉菜单："修改"→"拉伸（H）"命令。

☆ 功能区："默认"选项卡→"修改"面板→ （拉伸）命令。

☆ 命令行：STRETCH 或 S↙。

操作步骤

命令：stretch↙

以交叉窗口或交叉多边形选择要拉伸的对象…

选择对象：(以交叉窗口选择要拉伸的对象)

选择对象：↙

指定基点或 [位移（ D ）] < 位移 >：(在屏幕上指定基点)

指定第二个点或 < 使用第一个点作为位移 >：

说明：

（1）拉伸命令是通过改变端点的位置来拉伸或压缩对象的指定部分，其他图形对象间的几何关系保持不变，如图 5-30（a）～（c）所示。

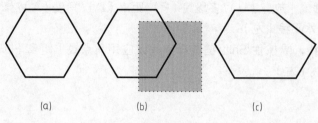

图 5-30　拉伸对象

（2）拉伸对象时，必须使用交叉窗口或交叉多边形方式选择对象，选择窗口内的对象被拉伸，而选择窗口以外的则不会被拉伸；若整个图形对象均在窗口内，则执行的结果是对其移动。

（3）拉伸用于编辑直线、圆弧、椭圆弧、多段线等带有端点的对象；对于圆、椭圆、块、文字等实体对象不能进行拉伸，只能移动。

实例操作

扫描附录 3 二维码→ "素材文件" → "第 5 章" → 5-31.dwg 文件，如图 5-31（a）所示，利用拉伸命令完成修改螺栓的长度，如图 5-31（b）所示。

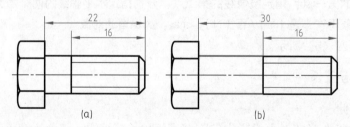

图 5-31　拉伸命令修改螺栓的长度

命令行提示与操作过程如下。

命令：_stretch

以交叉窗口或交叉多边形选择要拉伸的对象…

选择对象：指定对角点：找到 11 个　窗交选择螺栓右侧

选择对象：

指定基点或 [位移（ D ）] < 位移 >：绘图区指定一点

指定第二个点或 < 使用第一个点作为位移 >：8 ↙拉伸长度为 8

5.5.4.2　拉长

拉长命令用于改变非闭合的直线、圆弧、椭圆弧、多段线、样条曲线的长度，以及圆弧的角度。

执行方式

☆ 下拉菜单：“修改”→“拉长（G）”命令。

☆ 功能区：“默认”选项卡→“修改”面板下拉箭头▼→╱（拉长）命令。

☆ 命令行：LENGTHEN 或 LEN↙。

操作步骤

命令：_lengthen

选择对象或［增量（DE）/百分数（P）/全部（T）/动态（DY）］：

选项说明

增量（DE）：通过指定增量值来改变直线或圆弧的长度。

百分数（P）：以相对于原长度的百分比来改变对象的长度。

全部（T）：以给定直线新的总长度或圆弧的新包含角来改变长度。

动态（DY）：通过动态拖动对象的端点来改变其长度。

实例操作

扫描附录 3 二维码→“素材文件”→“第 5 章”→ 5-32.dwg 文件，如图 5-32（a）所示，利用拉长命令修改图形，如图 5-32（b）所示。

要求：

（1）修改直线，使两条线的长度均为 120。

（2）修改圆弧，要求两圆弧的圆心角均减少 30°。

命令行提示与操作过程如下。

（1）修改直线。

命令：_lengthen

选择对象或［增量（DE）/百分数（P）/全部（T）/动态（DY）］：t↙修改全部直线

指定总长度或［角度（A）］<0.0000>：24↙

选择要修改的对象或［放弃（U）］：选上面直线

选择要修改的对象或［放弃（U）］：选项目直线

选择要修改的对象或［放弃（U）］：↙

（2）修改圆弧。

命令：_lengthen

选择对象或［增量（DE）/百分数（P）/全部（T）/动态（DY）］：de↙修改大小增量

输入长度增量或［角度（A）］<-30.0000>：a↙修改圆心角

输入角度增量 <0>：-30↙

选择要修改的对象或［放弃（U）］：选上面圆弧

选择要修改的对象或［放弃（U）］：选下面圆弧

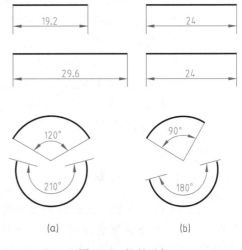

图 5-32　拉长对象

选择要修改的对象或 [放弃 (U)]: ↙

结果如图 5-32 (b) 所示。

5.5.5　分解

分解命令可以分解块、多段线、标注、图案填充等合成对象，将其转换为单个的元素。

执行方式

☆ 下拉菜单:"修改" → "分解（X）"命令。
☆ 功能区:"默认"选项卡→"修改"面板→🗔（分解）命令。
☆ 命令行: EXPLODE 或 X↙。

操作步骤

命令: _explode
选择对象: ↙

说明：可分解的组合对象有三维实体、三维网格、图块、剖面线、多线、多段线、矩形、多边形、圆环、面域、图案填充、多行文字、尺寸标注等。分解的结果取决于对何种对象进行分解，不同的对象有不同的分解结果。

（1）块。分解成多个图元，分解一个包含属性的块将删除属性值并重显示属性定义。

（2）尺寸标注。分解成直线、文字和箭头。

（3）多行文字。分解成单行文字。

（4）图案填充。分解成直线、圆弧或样条曲线。

（5）多段线。分解成直线、圆弧，并丢掉宽度信息。

任何分解对象的颜色、线型和线宽都可能会改变，且分解命令的操作是不可逆的，要谨慎使用。

5.5.6　利用夹点编辑图形

夹点又称为穴点、关键点，是指图形对象上可以控制对象位置、大小的关键点。在"命令"提示符下直接选择对象时，在对象上将显示若干小方框，这些小方框就是用来标记被选中对象的夹点，不同对象上夹点的位置和数量各不相同，如图 5-33 所示。

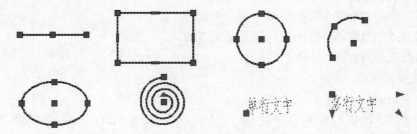

图 5-33　常用实体对象上的夹点

AutoCAD 的夹点是一种集成的编辑模式，具有非常实用的功能，它可以为用户提供一种方便快捷的编辑操作途径。使用夹点可以实现对象的"拉伸""移动""旋转""缩放"及"镜像"等操作。用夹点编辑对象的操作步骤与 5 种对应的编辑命令基本一致，其主要特点是不用选择命令，操作比较方便。

5.5.6.1　使用夹点直接编辑对象

（1）在不输入命令的情况下，拾取要编辑的对象，该对象上将显示蓝色的夹点标记。

（2）单击其中的一个或按住【Shift】键选择多个夹点，此时夹点变为红色，称为基夹点，此时命令行提示：

** 拉伸 **

指定拉伸点或［基点（B）/复制（C）/放弃（U）/退出（X）］

（3）在此提示下，直接按回车键、空格键或输入命令的前两个字母"ST""MO""RO""SC""MI"可以在"拉伸""移动""旋转""缩放""镜像"命令之间进行切换，或在右键快捷菜单中直接选择各选项。选择命令后的操作与前面基本相同，不再赘述。

5.5.6.2　利用快捷菜单编辑对象

（1）选择对象，出现该对象的夹点后，单击其中一个将其变为"基夹点"后，将单击鼠标右键弹出快捷菜单，如图 5-34 所示。与命令行提示内容相似，可以从中选择相关命令进行操作。

（2）将鼠标移至直线或圆弧端点的"夹点"标记上时，绘图区显示快捷菜单，如图 5-35 所示。可以对端点进行拉伸或拉长操作。

（3）如果将鼠标移至在矩形或多边形的顶点的"夹点"标记上时，绘图区显示快捷菜单，如图 5-36 所示。可以拉伸顶点、添加顶点或删除顶点。如果将鼠标移至在矩形或多边形的边线的"夹点"标记上时，绘图区显示快捷菜单，如图 5-37 所示。可以拉伸边线、在边线上添加顶点或将边线转换为圆弧。

图 5-34　夹点的快捷菜单　　图 5-35　端点的快捷菜单　　图 5-36　多边形顶　　图 5-37　多边形边线
　　　　　　　　　　　　　　　　　　　　　　　　　　点的快捷菜单　　　的快捷菜单

实例操作

扫描附录 3 二维码→"素材文件"→"第 5 章"→ 5-38.dwg 文件，如图 5-38（a）所示，利用夹点修改图形，如图 5-38（b）、（c）所示。

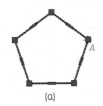

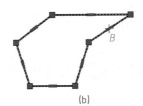

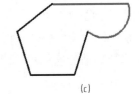

图 5-38　利用夹点修改图形

操作步骤如下。

（1）添加顶点。在不输入命令的情况下，拾取五边形，夹点的数量和位置如图 5-38（a）所示，将鼠标移至夹点 A 上，

命令行显示如下：

命令：

** 添加顶点 **

指定新顶点：

（2）将直线转换为圆弧。接续上一步操作，将鼠标移至边线的夹点 B 上，绘图区显示如图 5-37 所示快捷菜单，选择"转换为圆弧"，拖动鼠标至图 5-38（c）所示的位置。

命令行显示如下：

命令：

** 转换为圆弧 **

指定圆弧段中点：

5.6　编辑图元属性

AutoCAD 中，对象属性是指系统赋予对象的包括颜色、线型、图层、文字高度及样式、尺寸标注的参数等特性，改变对象属性一般可通过【特性】选项板或"特性匹配"命令进行修改。

5.6.1　使用【特性】选项板修改对象特性

AutoCAD 可在【特性】选项板中查看和修改对象特性。

执行方式

☆ 下拉菜单："修改"→"特性（P）"命令，或"工具"→"选项板"→"特性（P）"命令。

☆ 功能区："默认"选项卡→"特性"面板下方→ ▼（特性）选项板启动器。

☆ 命令行：PROPERTIES↙。

启动该命令后，在绘图窗口内弹出【特性】选项板。若要关闭【特性】选项板，只要单击窗口右上角的 ✕ 按钮即可。

图 5-39（a）所示为选择直线时【特性】选项板显示的内容，图 5-39（b）为选择多行文字时【特性】选项板显示的内容。当选择多个对象时，将显示"全部"选项，选项板中显示所选对象的通用特性，如图 5-39（c）所示。

在【特性】选项板中，可以使用标题栏旁边的滚动条在特性列表中滚动，也可以单击每个类别右侧的箭头展开或折叠列表。

选择要修改的值，然后使用以下方法之一对值进行修改。

（1）输入新值。

（2）单击右侧的向下箭头并从列表中选择一个值。

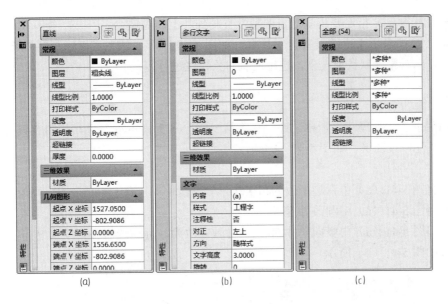

图 5-39　【特性】选项板

（3）单击▦（快速计算器）按钮可以计算新值。

（4）单击省略号按钮并在对话框中修改特性值。

修改特性值后可立即生效。

5.6.2　使用特性匹配工具修改对象特性

使用"特性匹配"可以将一个对象的某些或所有特性复制到其他对象，复制的特性类型包括颜色、图层、线型、线型比例、线宽、打印样式和厚度等，这样可以使图形具有规范性，而且操作极为方便，类似于 Office 软件中的格式刷。

执行方式

☆ 下拉菜单："修改"→"特性匹配（M）"命令。

☆ 功能区："默认"选项卡→"剪贴板"面板→▦（特性匹配）命令。

☆ 命令行：MATCHPROP↙。

操作步骤

命令：matchprop↙

选择源对象：

当前活动设置：颜色　图层　线型　线型比例　线宽　透明度　厚度　打印样式　标注　文字　图案填充　多段线视口　表格　材质　阴影显示　多重引线

选择目标对象或 [设置（S）]：

选项说明

选择源对象：可应用的特性类型包含颜色、图层、线型、线型比例、线宽、打印样式、透明度和其他指定的特性。

选择目标对象：指定要将源对象的特性复制到其上的对象。

设置（S）：显示【特性设置】对话框，如图 5-40 所示，从中可以控制要将哪些对象特性复制到目标对象。默认情况下，选定所有对象特性进行复制。

实例操作

扫描附录 3 二维码→"素材文件"→"第 5 章"→5-41.dwg 文件，如图 5-41（a）所示，利用特性匹配修改图形，如图 5-41（b）所示。

要求：

（1）将图 5-41（a）中六边形改为粗实线。

（2）将图 5-41（a）中圆改为虚线。

（3）将图 5-41（a）中竖向尺寸 50 的尺寸数字改为与标注线对齐。

结果如图 5-41（b）所示。

图 5-40 【特性设置】对话框

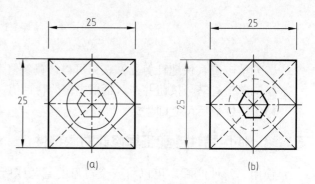

图 5-41 利用特性匹配修改图形

上机操作练习

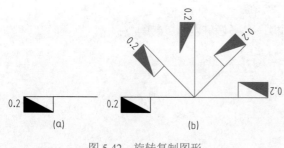

图 5-42 旋转复制图形

1.扫描附录 3 二维码→"素材文件"→"第 5 章"→5-42.dwg 文件，如图 5-42（a）所示，利用旋转复制完成图形，如图 5-42（b）所示。

2.扫描附录 3 二维码→"素材文件"→"第 5 章"→5-43.dwg 文件，如图 5-43（a）所示，利用直线、修剪、圆弧、旋转复制等命令完成图形，如图 5-43（b）所示。

3.绘制如图 5-44（a）所示台阶。

操作步骤：

（1）利用直线命令绘制三角形，如图 5-44（b）所示。

（2）绘制斜线及第一级台阶，如图 5-44（c）所示。

（3）复制第一级台阶并删除斜线，如图 5-44（d）所示。

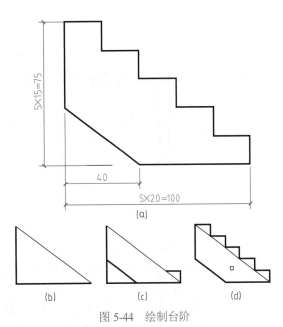

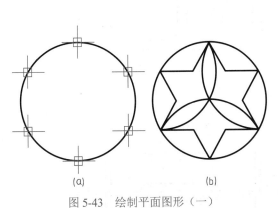

图 5-43 绘制平面图形（一）

图 5-44 绘制台阶

4. 绘制如图 5-45（a）所示平面图形。

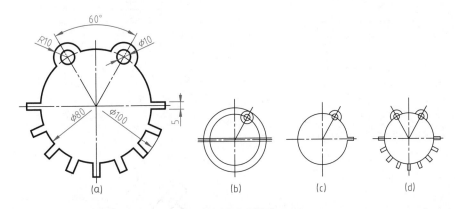

图 5-45 绘制平面图形（二）

（1）利用直线、圆、偏移命令绘制图形，如图 5-45（b）所示。

（2）利用修剪命令完成单一结构绘制，如图 5-45（c）所示。

（3）利用阵列、镜像命令完成图形，如图 5-45（d）所示。

5. 绘制如图 5-46 所示平面图形。

操作步骤：

（1）根据标出的尺寸绘制图形上半部分。

（2）利用镜像命令绘制图形下半部分。

6. 绘制如图 5-47（a）、（b）所示水池。

7. 绘制如图 5-48 所示轴。

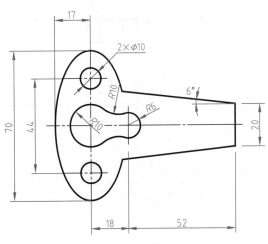

图 5-46 绘制平面图形（三）

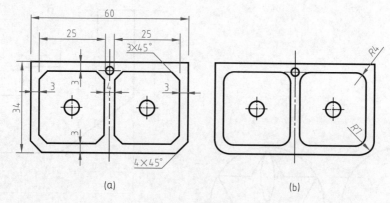

图 5-47　绘制水池

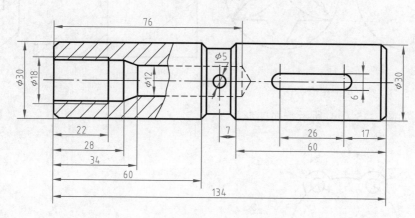

图 5-48　绘制轴

8.绘制如图 5-49 所示平面图形。

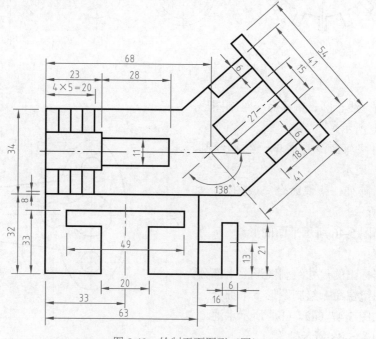

图 5-49　绘制平面图形（四）

9. 绘制如图 5-50 所示平面图形。

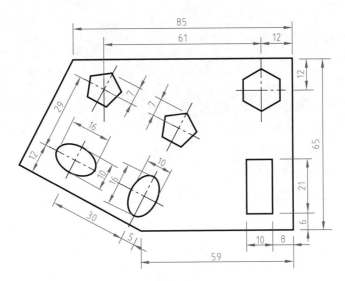

图 5-50　绘制平面图形（五）

10. 绘制如图 5-51 所示平面图形。

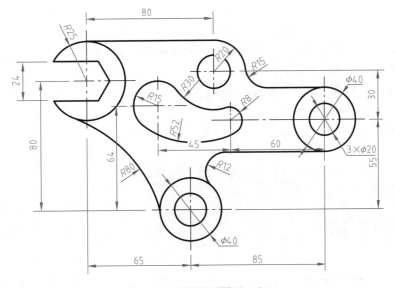

图 5-51　绘制平面图形（六）

第6章 尺寸标注

本章导读

AutoCAD 提供了一套完整、灵活的尺寸标注系统,可以按照图形的测量值和相应的标注样式对不同的对象类型进行尺寸标注。本章主要介绍尺寸样式的创建与管理,创建和编辑尺寸标注的方法及技巧,多重引线标注和公差标注的方法与步骤等。

学习目标

➢ 了解尺寸标注样式的概念,掌握创建和管理尺寸步骤样式的方法。
➢ 掌握基本尺寸标注的方法和技巧。
➢ 掌握创建及编辑多重尺寸标注的方法。
➢ 掌握公差尺寸的标注方法。
➢ 掌握编辑尺寸标注的方法。

6.1 尺寸标注样式

6.1.1 新建尺寸样式

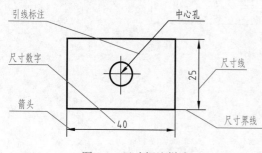

图 6-1 尺寸标注样式

尺寸标注样式用于控制尺寸标注的格式与外观,包括尺寸线、尺寸界线、箭头、尺寸数字、中心孔及引线标注等,如图 6-1 所示。在 AutoCAD 中可以利用【标注样式管理器】对话框方便地设置尺寸标注样式。

执行方式

☆ 下拉菜单:"格式"→"标注样式(D)..."或"标注"→"标注样式(D)..."。

☆ 功能区:"默认"选项卡→"注释"面板→ (标注样式)命令,或"注释"选项卡→"标注"面板中的 ⬚【对话框启动器】按钮，或"默认"选项卡→"注释"面板下方下拉箭头 ▼→ ⊿ （标注样式…）命令。

☆ 命令行：DIMSTYLE 或 D✓。

执行上述命令后，系统打开【标注样式管理器】对话框，如图 6-2 所示。可利用此对话框设置和浏览尺寸标注样式，包括设置当前尺寸标注样式、建立新的标注样式、修改已存在的标注样式、替代尺寸标注样式及对两个尺寸标注样式进行比较等。

选项说明

（1）【置为当前】按钮。单击此按钮，把在"样式"列表框中选中的样式设置为当前样式。

（2）【新建】按钮。定义一个新的尺寸标注样式。单击此按钮，AutoCAD 打开【创建新标注样式】对话框，如图 6-3 所示。

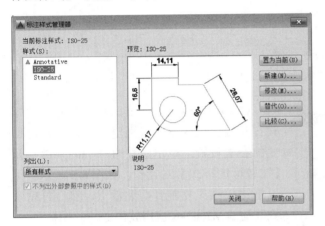

图 6-2 【标注样式管理器】对话框

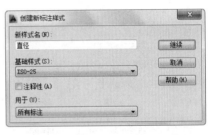

图 6-3 【创建新标注样式】对话框

其中各选项的功能如下。

新样式名："新样式名（N）"下方编辑框中，定义新的标注样式名称，例如"直径"。

基础样式：设定作为新样式的基础的样式。对于新样式，仅更改那些与基础特性不同的特性。

注释性：指定标注样式为注释性。注释性对象和样式用于控制注释对象在模型空间或布局中显示的尺寸和比例。

用于：创建一种仅适用于特定标注类型的标注子样式。例如，创建一个"直径"标注样式，该样式仅用于直径标注。

继续：单击【继续】按钮，将显示【新建标注样式】对话框，如图 6-4 所示，从中可以定义新的标注样式特性。该对话框中各部分的含义和功能将在后面介绍。

（3）【修改】按钮。修改一个已存在的尺寸标注样式。单击此按钮，AutoCAD 将打开【修改标注样式】对话框，该对话框中的各选项与【新建标注样式】对话框中完全相同，可以在此对已有标注样式进行修改。

（4）【替代】按钮。设置临时覆盖尺寸标注样式。单击此按钮，AutoCAD 打开【替代当前样式】对话框，该对话框中各选项与【新建标注样式】对话框完全相同，可改变选项的设置覆盖原来的设置，但这种修改只对指定的尺寸标注起作用，而不影响当前尺寸变量的设置。

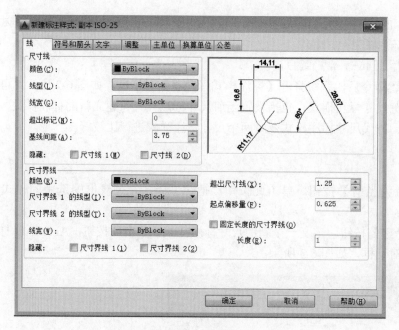

图 6-4 【新建标注样式】对话框

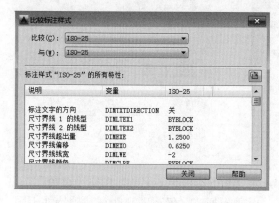

图 6-5 【比较标注样式】对话框

(5)【比较】按钮。比较两个尺寸标注样式在参数上的区别,或浏览一个尺寸标注样式的参数设置。单击此按钮,AutoCAD 打开【比较标注样式】对话框,如图 6-5 所示。可以把比较结果复制到剪贴板上,然后再粘贴到其他的 Windows 应用软件上。

6.1.2 "线"选项卡

在【新建标注样式】对话框中,第一个选项卡是"线",如图 6-4 所示。该选项卡用于设置尺寸线、尺寸界线的形式和特性等。

(1)"尺寸线"选项组。该选项组用于设置尺寸线的特性。

各选项含义如下。

"颜色"下拉列表框:设置尺寸线的颜色,可从下拉列表中选择。

"线型"下拉列表框:设置尺寸线的线型,一般尺寸线的线型为细实线。

"线宽"下拉列表框:设置尺寸线的线宽,可从下拉列表中选择。

"超出标记"微调框:当尺寸箭头设置为短斜线、短波浪线等,或尺寸线上无箭头时,可利用此微调框设置尺寸线超出尺寸界线的距离,如图 6-6(a)所示。

"基线间距"微调框:设置以基线方式标注尺寸时,相邻两尺寸线之间的距离,如图 6-6(b)所示。

"隐藏"复选框组:确定是否隐藏尺寸线及相应的箭头。选中"尺寸线 1"复选框表示隐藏第一段尺寸线及箭头,选中"尺寸线 2"复选框表示隐藏第二段尺寸线及箭头,如图 6-6(c)所示。

（2）"尺寸界线"选项组。该选项组用于确定尺寸界线的形式。

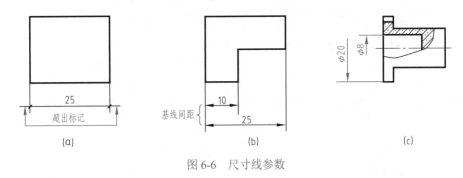

图 6-6　尺寸线参数

各选项含义如下。

"颜色"下拉列表框：设置尺寸界线的颜色。

"线宽"下拉列表框：设置尺寸界线的线宽。

"超出尺寸线"微调框：确定尺寸界线超出尺寸线的距离，如图 6-7（a）所示。

"起点偏移量"微调框：确定尺寸界线的实际起始点相对于指定的尺寸界线的起始点的偏移量，如图 6-7（a）所示。

"隐藏"复选框组：确定是否隐藏尺寸界线。选中"尺寸界线 1"复选框表示隐藏第一段尺寸界线，选中"尺寸界线 2"复选框表示隐藏第二段尺寸界线，如图 6-6（c）所示。

"固定长度的尺寸界线"复选框：选中该复选框，系统以固定长度的尺寸界线标注尺寸。可以在下面的"长度"微调框中输入长度值，如图 6-7（b）所示。此时，前面设置的"起点偏移量"不起作用。

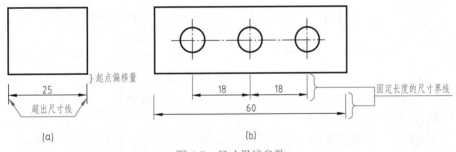

图 6-7　尺寸界线参数

（3）尺寸样式预览框。在【新建标注样式】对话框的右上方是一个尺寸样式预览框，直观地显示设置的尺寸样式。

6.1.3　"符号和箭头"选项卡

在【新建标注样式】对话框中，第 2 个选项卡是"符号和箭头"，如图 6-8 所示。该选项卡用于设置箭头、圆心标记、弧长符号和折弯半径标注的形式和特性。

（1）"箭头"选项组。设置尺寸箭头的形式，AutoCAD 提供了多种箭头形状，列在"第一个"和"第二个"下拉列表框中，另外还允许采用用户自定义的箭头形状。两个尺寸箭头可以采用相同的形式，也可以采用不同的形式。

"引线"下拉列表框：确定引线标注时箭头的形式。

"箭头大小"微调框：设置箭头的大小。

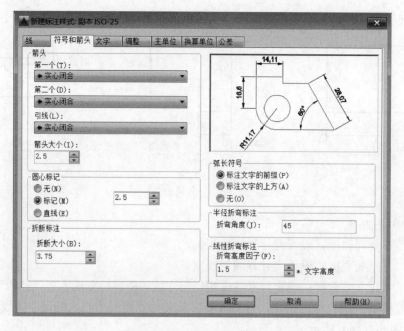

图 6-8 "符号和箭头"选项卡

（2）"圆心标记"选项组。设置半径标注、直径标注和中心标注时的中心标记和中心线的形式。有 3 个选项框可供选择。

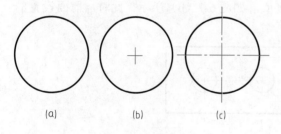

图 6-9 圆心标记

无：既不产生中心标记，也不产生中心线，如图 6-9（a）所示。

标记：中心标记为一个记号，如图 6-9（b）所示。

直线：中心标记采用中心线的形式，如图 6-9（c）所示。

"大小"微调框：设置中心标记和中心线的大小和粗细。

（3）折断标注。控制折断标注的间距宽度。折断大小显示和设置用于折断标注的间距大小。

（4）"弧长符号"选项组。控制弧长标注中圆弧符号的显示。其中有 3 个单选框。

标注文字的前缀：将弧长符号放在标注文字的前面，如图 6-10（a）所示。

标注文字的上方：将弧长符号放在标注文字的上方，如图 6-10（b）所示。

无：不显示弧长符号，如图 6-10（c）所示。

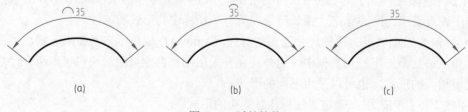

图 6-10 弧长符号

（5）折弯半径标注。控制折弯（Z 字形）半径标注的显示。

折弯半径标注通常在圆弧的中心点位于页面外部时创建。

折弯角度：确定折弯半径标注中，尺寸线的横向线段的角度。

（6）线性折弯标注。控制线性折弯标注的显示。当标注不能精确表示实际尺寸时，通常采用折弯标注。

6.1.4　"文字"选项卡

在【新建标注样式】对话框中，第 3 个选项卡是"文字"选项卡，如图 6-11 所示。该选项卡用于设置尺寸文字的外观、位置和对齐方式等。

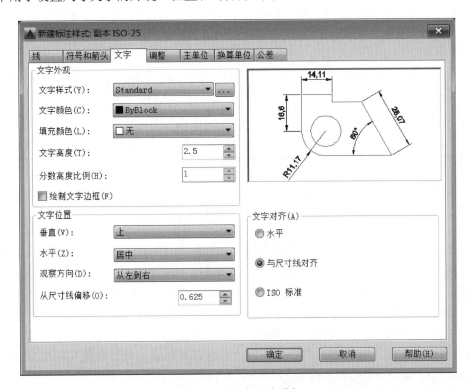

图 6-11　"文字"选项卡

6.1.4.1　"文字外观"选项组

"文字样式"下拉列表框：选择当前尺寸文字采用的文字样式。可在下拉列表框中选取，也可单击右侧的 按钮，打开【文字样式】对话框，以创建新的文字样式或对已有文字样式进行修改。

"文字颜色"下拉列表框：设置尺寸文字的颜色，其操作方法与设置尺寸线颜色的方法相同。

"填充颜色"下拉列表框：设定标注中文字背景的颜色。

"文字高度"微调框：设置尺寸文字的字高。如果选用的文字样式中设置的字高为 0，可在此处设置文字高度值。如果文字样式中设置的字高不是 0，则此处的设置无效。

"分数高度比例"微调框：确定尺寸文字的比例系数。

"绘制文字边框"复选框：选中此复选框，AutoCAD 将在尺寸文字的周围画上边框。

6.1.4.2 "文字位置"选项组

控制标注文字的位置。

（1）"垂直"下拉列表框。确定尺寸文字相对于尺寸线在垂直方向的对齐方式。在该下拉列表框中可选择的选项有 5 种，如图 6-12 所示。

居中：将标注文字放在尺寸线的中断处，如图 6-12（a）所示。

上方：将标注文字放在尺寸线上方。从尺寸线到文字的最低基线的距离就是当前的"从尺寸线偏移"数值，如图 6-12（b）所示。

外部：将标注文字放在尺寸线上远离拾取点的一边，如图 6-12（c）所示。

JIS 标准：按照日本工业标准（JIS）放置标注文字，如图 6-12（d）所示。

下方：将标注文字放在尺寸线下方。从尺寸线到文字的最高基线的距离就是当前的"从尺寸线偏移"数值，如图 6-12（e）所示。

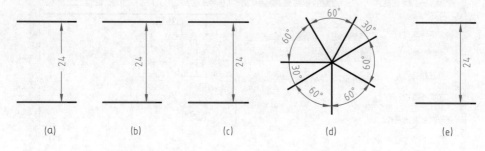

图 6-12　尺寸文字在垂直方向的放置

（2）"水平"下拉列表框。用来确定尺寸文字相对于尺寸线和尺寸界线在水平方向的对齐方式。在下拉列表框中可选择的选项有 5 种，如图 6-13 所示。

居中：将标注文字放置在两条尺寸界线的中间，如图 6-13（a）所示。

第一条尺寸界线：沿尺寸线与第一条尺寸界线对正放置。尺寸界线与标注文字的距离是箭头大小加上文字间距之和的两倍，如图 6-13（b）所示。

第二条尺寸界线：沿尺寸线与第二条尺寸界线对正放置。尺寸界线与标注文字的距离是箭头大小加上文字间距之和的两倍，如图 6-13（c）所示。

第一条尺寸界线上方：沿第一条尺寸界线放置标注文字或将标注文字放在第一条尺寸界线之上，如图 6-13（d）所示。

第二条尺寸界线上方：沿第二条尺寸界线放置标注文字或将标注文字放在第二条尺寸界线之上，如图 6-13（e）所示。

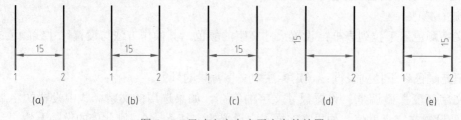

图 6-13　尺寸文字在水平方向的放置

（3）"观察方向"下拉列表框。用于控制标注文字的观察方向。包括以下两个选项。

从左到右：按从左到右阅读的方式放置文字。

从右到左：按从右到左阅读的方式放置文字。

（4）"从尺寸线偏移"微调框。当尺寸文字放置在断开的尺寸线中间时，此微调框用来设置尺寸文字与尺寸线之间的距离，本图6-14（a）所示；当尺寸文字放置在尺寸线上方时，此微调框用来设置尺寸文字的最低基线与尺寸线之间的距离，如图6-14（b）所示。

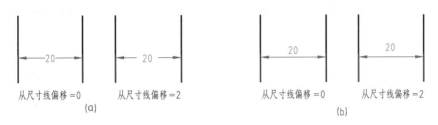

图6-14 "从尺寸线偏移"量的设置

注意：此值也用作尺寸线段所需的最小长度。

仅当有足够的空间容纳箭头、标注文字的长度以及"从尺寸线偏移"量时，才将尺寸线上方或下方的文字置于内侧。

6.1.4.3 "文字对齐"选项组

"文字对齐"选项框：用来控制标注文字的方向是保持水平还是与尺寸界线平行，如图6-15所示。有3个选项框可供选择。

水平：尺寸文字沿水平方向放置。不论标注什么方向的尺寸，尺寸文字总保持水平，如图6-15（a）所示。

与尺寸线对齐：尺寸文字沿尺寸线方向放置，如图6-15（b）所示。

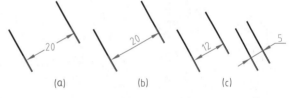

图6-15 文字对齐方式

ISO标准：当文字在尺寸界线内时，尺寸文字沿尺寸线方向放置。当文字在尺寸界线外时，尺寸文字沿水平方向放置，如图6-15（c）所示。

6.1.4.4 预览

显示样例标注图像，它可显示对标注样式设置所做更改的效果。

其他选项卡参数的设置将在后面应用时介绍。

6.2 基本尺寸标注

正确地进行尺寸标注是设计绘图工作中非常重要的一个环节，本节重点介绍基本尺寸的标注方法。

一般情况下，在对所绘制的图形进行尺寸标注之前，应进行如下操作。

（1）创建尺寸标注图层，以便于控制尺寸标注对象的显示与隐藏。

（2）创建尺寸标注样式。

结合本节所讲授内容，在"标注样式管理器"中，新建标注样式"基本标注"，设置标注样式参数见表6-1。

表 6-1　标注样式参数设置

选项卡		设置内容
线	尺寸线	基线间距 =8
	尺寸界线	超出尺寸线 =2；起点偏移量 =0
符号和箭头	箭头	选用 "实心闭合"；箭头大小等于 2.5
	圆心标记	选用 "直线"；标记大小为 3
文字	文字外观	2.5
	文字位置	水平→居中；垂直→上方；从尺寸线偏移 =1
	文字对齐	选用 "与标注线对齐"

注：表中未列出的参数选用默认值。

6.2.1　线性标注

执行方式

☆ 下拉菜单："标注"→"线性（L）"。

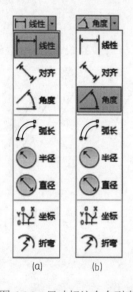

☆ 功能区："默认"选项卡→"注释"面板→⊢⊣（线性）命令，或"注释"选项卡→"标注"面板→⊢⊣（线性）命令。

☆ 命令行：DIMLINEAR 或 DLI ✓。

说明：在功能区"默认"选项卡→"注释"面板和"注释"选项卡→"标注"面板上，基本尺寸标注的类型以下拉列表方式排列，如图 6-16（a）所示。置于列表上方的命令，为上一次尺寸标注所采用的命令，如上一次进行了角度的尺寸标注，则命令面板上的显示如图 6-16（b）所示。因此在选择尺寸标注命令时，如果在面板上没有该命令的显示，则可单击列表上显示的命令右侧下拉箭头▼，展开列表进行选择。在后面的操作中，不再赘述。

操作步骤

命令：DIMLIN ✓（调用线性标注命令）

指定第一个尺寸界线原点或 < 选择对象 >：

（1）直接按回车键【Enter】。光标变为拾取框，并在命令行

（a）　　（b）

图 6-16　尺寸标注命令列表

提示如下：

选择标注对象，用拾取框选择要标注尺寸的线段

指定尺寸线位置或［多行文字（M）/文字（T）/角度（A）/水平（H）/垂直（V）/旋转（R）]：

（2）指定两点。命令行提示如下：

指定第一条尺寸界线原点或 < 选择对象 >：（捕捉被标注对象一端）

指定第二条尺寸界线原点：（捕捉被标注对象另一端）

指定尺寸线位置或［多行文字（M）/文字（T）/角度（A）/水平（H）/垂直（V）/旋转（R）]：

选项说明

指定第一条尺寸界线原点：拾取第一条尺寸界线起点。

指定第二条尺寸界线原点：拾取第二条尺寸界线起点。

指定尺寸线位置：确定尺寸线的位置。可移动鼠标选择合适的尺寸线位置，然后单击，AutoCAD 将自动测量所标注线段的长度并标注出相应的尺寸。

多行文字（M）：用多行文字编辑器确定尺寸文字。

文字（T）：在命令行提示下输入或编辑尺寸文字。选择此选项后，AutoCAD 提示如下：

输入标注文字 <默认值>：

其中的默认值是 AutoCAD 自动测量得到的被标注线段的长度，直接回车即可采用此长度值，也可输入其他数值代替默认值。

角度（A）：确定尺寸文字的倾斜角度。

水平（H）：不论标注什么方向的线段，尺寸线均水平放置。

垂直（V）：不论被标注线段沿什么方向，尺寸线总保持垂直。

旋转（R）：输入尺寸线旋转的角度值，旋转标注尺寸。

实例操作

扫描附录 3 二维码→"素材文件"→"第 6 章"→ 6-17.dwg 文件，完成如图 6-17 所示图形的尺寸标注。

命令行提示与操作过程如下。

命令：_dimlinear（调用线性标注命令）

指定第一条尺寸界线原点或 <选择对象>:（捕捉点 B）

指定第二条尺寸界线原点:（捕捉点 C）

指定尺寸线位置或 [多行文字（M）/文字（T）/角度（A）/水平（H）/垂直（V）/旋转（R）]:（屏幕上指定尺寸线的位置）

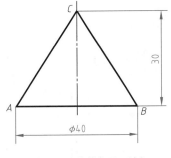

图 6-17　线性标注示例

标注文字 =30（系统自动标注测量值）

命令：↙（空格或回车，重复命令）

DIMLINEAR

指定第一条尺寸界线原点或 <选择对象>:（捕捉点 A）

指定第二条尺寸界线原点:（捕捉点 B）

指定尺寸线位置或 [多行文字（M）/文字（T）/角度（A）/水平（H）/垂直（V）/旋转（R）]: t↙

输入标注文字 <40>: %%c40↙（输入圆锥底圆直径 φ40）

指定尺寸线位置或 [多行文字（M）/文字（T）/角度（A）/水平（H）/垂直（V）/旋转（R）]:（屏幕上指定尺寸线的位置）

标注文字 =40

6.2.2　对齐标注

对齐标注的尺寸线与所标注轮廓线平行，标注起始点到终点之间的距离尺寸。

执行方式

☆ 下拉菜单："标注"→"对齐（G）"。

☆ 功能区："默认"选项卡→"注释"面板→↘（对齐）命令，或"注释"选项卡→"标注"面板→↘（对齐）命令。

☆ 命令行：DIMALIGNED 或 DAL✓。

操作步骤

命令行提示与操作过程如下。

命令：_dimaligned（调用对齐标注命令）

指定第一条尺寸界线原点或 < 选择对象 >：

指定第二条尺寸界线原点：

指定尺寸线位置或［多行文字（M）/文字（T）/角度（A）］：

选项说明

多行文字（M）/文字（T）：可以修改系统自动测量的尺寸数字。

角度（A）：指定尺寸文字的旋转角度。

实例操作

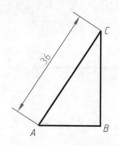

图 6-18　对齐标注示例

扫描附录3二维码→"素材文件"→"第6章"→6-18.dwg 文件，完成如图 6-18 所示图形的尺寸标注。

命令行提示与操作过程如下。

命令：_dimaligned（调用对齐标注命令）

指定第一条尺寸界线原点或 < 选择对象 >：（捕捉点 A）

指定第二条尺寸界线原点：（捕捉点 C）

指定尺寸线位置或［多行文字（M）/文字（T）/角度（A）］：（屏幕上指定尺寸线位置）

标注文字 =36（系统自动标注测量值）

6.2.3　半径标注

执行方式

☆ 下拉菜单："标注"→"半径（R）"。

☆ 功能区："默认"选项卡→"注释"面板→◯（半径）命令，或"注释"选项卡→"标注"面板→◯（半径）命令。

☆ 命令行：DIMRADIUS 或 DRA✓。

操作步骤

命令行提示与操作过程如下。

命令行：DRA✓

选择圆弧或圆：（选择要标注半径的圆或圆弧）

指定尺寸线位置或［多行文字（M）/文字（T）/角度（A）］：

选项说明

多行文字（M）/ 文字（T）：可以修改系统自动测量的尺寸数字。

角度（A）：指定尺寸文字的旋转角度。

实例操作

扫描附录 3 二维码→"素材文件"→
"第 6 章"→ 6-19.dwg 文件，完成如图 6-19
所示图形的半径尺寸标注。

命令行提示与操作过程如下。

方法一：按默认的设置进行标注。

命令：_dimradius

选择圆弧或圆：(选择圆弧)

标注文字 =20（系统自动标注测量值）

指定尺寸线位置或 [多行文字（M）/ 文字（T）/ 角度（A）]：(确定标注位置)

结果如图 6-19（a）所示。

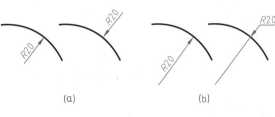

图 6-19　半径标注示例

方法二：建立新的标注样式"文字水平标注"，通过【标注样式管理器】修改标注样式
"基本标注"，将"文字"选项卡中"文字对齐"选项区改为"水平"；"调整"选项卡中"调
整"选项区改为"文字和箭头"；在"优化区"勾选"在尺寸界线之间绘制尺寸线"选项框。

操作步骤同方法一，结果如图 6-19（b）所示。

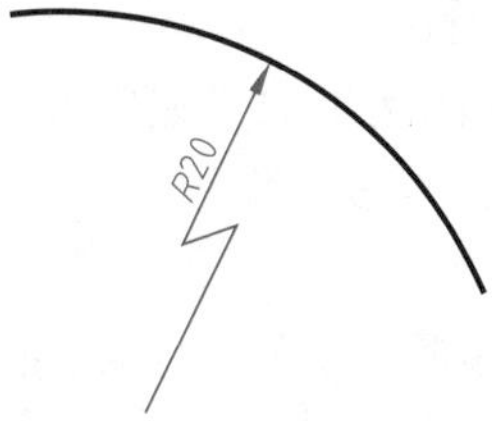

说明：

（1）由光标指定尺寸线位置，图 6-19 中分别标注光标拾取
点在圆弧内侧或外侧的不同标注结果。

（2）在标注半径时，如果圆弧或圆的中心位于布局之外且
无法在其实际位置显示时，可创建折弯半径标注。单击功能区→
"注释"选项卡→"标注"面板→ ⅿ（折弯）命令，然后选择圆
弧或圆，单击已放置尺寸线即可完成标注，如图 6-20 所示。

图 6-20　折弯半径标注示例

（3）如果需要标注圆或圆弧的圆心，可以通过【标注样式
管理器】对话框"符号和箭头"选项卡设定圆心标记组件的大
小，单击功能区→"注释"选项卡→"标注"面板下方的下拉箭
头▼→选择 ⊕（圆心标记）命令，然后将光标悬停在圆弧或圆
上，单击选择圆弧或圆即可完成标注，如图 6-21 所示。

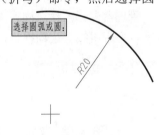

图 6-21　圆心标记标注示例

6.2.4　直径标注

执行方式

☆ 下拉菜单："标注"→"直径（D）"。

☆ 功能区："默认"选项卡→"注释"面板→ ◯（直径）命令，或"注释"选项卡→"标
注"面板→ ⊢（线性）命令右侧的下拉箭头▼→选择 ◯（直径）命令。

☆ 命令行：DIMDIAMETER 或 DDI ↙。

操作步骤

命令行提示与操作过程如下。

命令行：DDI✓

选择圆弧或圆：(选择要标注半径的圆或圆弧)

指定尺寸线位置或 [多行文字 (M) / 文字 (T) / 角度 (A)]：

选项说明

多行文字（M）/ 文字（T）：可以修改系统自动测量的尺寸数字。

角度（A）：指定尺寸文字的旋转角度。

实例操作

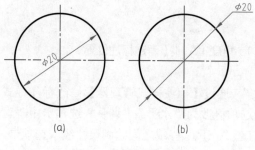

图 6-22　直径标注示例

扫描附录 3 二维码→"素材文件"→"第 6 章"→ 6-22.dwg 文件，完成如图 6-22 所示图形的直径尺寸标注。

命令行提示与操作过程如下。

方法一：选择标注样式"基本标注"进行直径标注。

命令：_dimdiameter (调用直径标注命令)

选择圆弧或圆：(选择圆)

标注文字 =20 (系统自动标注测量值)

指定尺寸线位置或 [多行文字 (M) / 文字 (T) / 角度 (A)]：(指定尺寸线位置)

结果如图 6-22（a）所示。

方法二：选择标注样式"文字水平标注"进行直径标注。操作步骤同方法一，结果如图 6-22（b）所示。

说明：采用第一种标注方法标注直径时，如果出现单个箭头的情况，可通过【标注样式管理器】修改标注样式"基本标注"，"调整"选项卡中"文字位置"区，勾选"尺寸界上方，不带引线"选项框。

6.2.5　角度标注

执行方式

☆ 下拉菜单："标注"→"角度（A）"。

☆ 功能区："默认"选项卡→"注释"面板→△（角度）命令，或"注释"选项卡→"标注"面板→△（角度）命令。

☆ 命令行：DIMANGULAR 或 DAN✓。

操作步骤

命令：_dimangular

选择圆弧、圆、直线或 < 指定顶点 >：(选择圆弧、圆、直线，或按"Enter"键通过指定 3 个点来创建角度标注)

指定标注弧线位置或［多行文字（M）/文字（T）/角度（A）/象限点（Q）］:

选项说明

指定标注弧线位置：指定尺寸线的位置并确定绘制延伸线的方向。

多行文字（M）：要编辑或替换生成的测量值，则删除文字，输入新文字。

文字（T）：在命令行提示下，自定义标注文字。由键盘键入"T"后回车，命令行继续提示"输入标注文字＜当前值＞"输入标注文字，按【Enter】键接受新生成的测量值。

角度（A）：修改标注文字的角度。由键盘键入"A"后回车，命令行继续提示"指定标注文字的角度"输入角度。

象限点（Q）：指定标注应锁定到的象限。

实例操作

扫描附录 3 二维码→"素材文件"→"第 6 章"→6-23.dwg 文件，完成如图 6-23 所示图形的角度尺寸标注。

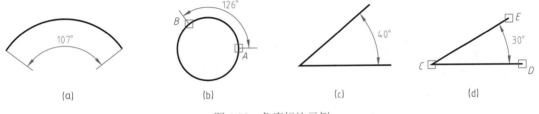

图 6-23   角度标注示例

系统根据选择标注的对象不同，给出不同的提示，命令行提示与操作过程如下。

命令：_dimangular

选择圆弧、圆、直线或＜指定顶点＞：选择图 6-23（a）圆弧

指定标注弧线位置或［多行文字（M）/文字（T）/角度（A）/象限点（Q）］：拖动鼠标指定尺寸线位置

命令行显示：标注文字 =107

结果如图 6-23（a）所示。

命令：_dimangular

选择圆弧、圆、直线或＜指定顶点＞：拾取图 6-23（b）圆上点 A

指定角的第二个端点：_对象捕捉圆上点 B

指定标注弧线位置或［多行文字（M）/文字（T）/角度（A）/象限点（Q）］：拖动鼠标指定尺寸线位置

命令行显示：标注文字 =126

结果如图 6-23（b）所示。

命令：_dimangular

选择圆弧、圆、直线或＜指定顶点＞：选择图 6-23（c）中水平线

选择第二条直线：选择另一条直线

指定标注弧线位置或［多行文字（M）/文字（T）/角度（A）/象限点（Q）］：拖动鼠标指

定尺寸线位置

命令行显示：标注文字 =40

结果如图 6-23（c）所示。

命令：_dimangular

选择圆弧、圆、直线或 < 指定顶点 >：回车选择默认值

指定角的顶点：拾取图 6-23（d）中点 C

指定角的第一个端点：拾取点 D

指定角的第二个端点：拾取点 E

指定标注弧线位置或［多行文字（M）/文字（T）/角度（A）/象限点（Q）]：拖动鼠标指定尺寸线位置

命令行显示：标注文字 =30

结果如图 6-23（d）所示。

6.2.6　弧长标注

执行方式

☆ 下拉菜单："标注"→"弧长（H）"。

☆ 功能区："默认"选项卡→"注释"面板→（弧长）命令，或"注释"选项卡→"标注"面板→（弧长）命令。

☆ 命令行：DIMARC✓。

操作步骤

命令：_dimarc

选择弧线段或多段线弧线段：(选择图例圆弧)

指定弧长标注位置或［多行文字（M）/文字（T）/角度（A）/部分（P）/引线（L）]：

选项说明

指定弧长标注位置：指定尺寸线的位置并确定延伸线的方向。

多行文字（M）：要编辑或替换生成的测量值，则删除文字，输入新文字，然后单击【确定】按钮。

文字（T）：在命令行提示下，自定义标注文字。生成的标注测量值显示在尖括号中。

输入标注文字<当前>：输入需要标注的数值，或按【Enter】键接受系统生成的测量值。

角度（A）：修改标注文字的角度。

部分（P）：缩短弧长标注的长度，如图 6-24（b）所示。

引线（L）：添加引线对象，即由尺寸数字指向被标注对象（弧长）的一条带箭头直线，如图 6-24（c）所示。

实例操作

扫描附录 3 二维码→"素材文件"→"第 6 章"→ 6-24.dwg 文件，完成如图 6-24 所示图形的弧长尺寸标注。

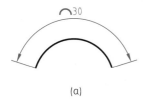
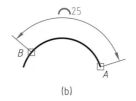
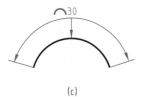

(a)　　　　　　　　　　(b)　　　　　　　　　　(c)

图 6-24　弧长标注示例

命令行提示与操作过程如下。

命令：_dimarc

选择弧线段或多段线圆弧段：选择图 6-24（a）圆弧

指定弧长标注位置或［多行文字（M）/文字（T）/角度（A）/部分（P）/引线（L）］：拖动鼠标指定尺寸线位置

命令行显示：标注文字 =30

结果如图 6-24（a）所示。

命令：_dimarc

选择弧线段或多段线圆弧段：选择图 6-24（b）圆弧

指定弧长标注位置或［多行文字（M）/文字（T）/角度（A）/部分（P）/引线（L）］:p（标注部分弧长）

指定弧长标注的第一个点：拾取

指定弧长标注的第二个点：

指定弧长标注位置或［多行文字（M）/文字（T）/角度（A）/部分（P）/引线（L）］：拖动鼠标指定尺寸线位置

命令行显示：标注文字 =25

结果如图 6-24（b）所示。

命令：_dimarc

选择弧线段或多段线圆弧段：选择图 6-24（c）圆弧

指定弧长标注位置或［多行文字（M）/文字（T）/角度（A）/部分（P）/引线（L）］:l（添加引线）

指定弧长标注位置或［多行文字（M）/文字（T）/角度（A）/部分（P）/无引线（N）］:拖动鼠标指定尺寸线位置

命令行显示：标注文字 =30

结果如图 6-24（c）所示。

6.2.7　基线标注

基线标注命令可以创建一系列由相同的尺寸界线原点测量出来的标注，在进行标注之前必须先创建（或选择）一个线性、坐标或角度标注作为基准标注，然后执行"DIMBASE-LINE"命令。

执行方式

☆ 下拉菜单："标注" → "基线（B）"。

☆ 功能区："注释"选项卡→"标注"面板→⊢⊣（基线），此时若"标注"面板上无此命令显示，则单击⊢⊢（连续）命令右侧的下拉箭头▼→选择⊢⊣（基线）命令。

☆ 命令行：DIMBASELINE 或 DBA ↙。

操作步骤

命令：_dimbaseline

选择基准标注：（选择已有的尺寸标注）

指定第二条尺寸界线原点或 [放弃（U）/选择（S）] < 选择 >：

选项说明

放弃（U）：放弃在命令执行期间上一次输入的基线标注。

选择（S）：选择一个线性标注、坐标标注或角度标注作为基线标注的基准。

选择：选择已有的线性标注、坐标标注或角度标注作为基线标注起点。

实例操作

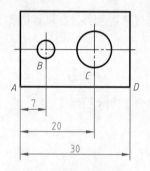

图 6-25　基线标注示例

扫描附录 3 二维码→"素材文件"→"第 6 章"→ 6-25.dwg 文件，完成如图 6-25 所示图形的尺寸标注。

命令行提示与操作过程如下。

命令：_dimlinear（调用线性标注命令）

指定第一条尺寸界线原点或 < 选择对象 >：（捕捉 A 点）

指定第二条尺寸界线原点：（捕捉 B 点）

指定尺寸线位置或 [多行文字（M）/文字（T）/角度（A）/水平（H）/垂直（V）/旋转（R）]：（指定尺寸线位置）

标注文字 =7（系统自动标注测量值）

命令：_dimbaseline（调用基线标注命令）

指定第二条尺寸界线原点或 [选择（S）/放弃（U）] < 选择 >：（捕捉 C 点）

标注文字 =20（系统自动标注测量值）

指定第二条尺寸界线原点或 [选择（S）/放弃（U）] < 选择 >：（捕捉 D 点）

标注文字 =30（系统自动标注测量值）

指定第二条尺寸界线原点或 [选择（S）/放弃（U）] < 选择 >：（捕捉 D 点）

标注文字 =30（系统自动标注测量值）

指定第二条尺寸界线原点或 [选择（S）/放弃（U）] < 选择 >：↙结束命令

6.2.8　连续标注

连续标注命令可以创建一系列端对端放置的标注，每个连续标注都从前一个标注的第二个尺寸界线处开始。在进行连续标注之前，必须先创建（或选择）一个线性、坐标或角度标注作为基准标注，以确定连续标注所需的前一尺寸标注的尺寸界线，然后执行"DIMCONTINUE"命令。

执行方式

☆ 下拉菜单："标注"→"连续（C）"。

☆ 功能区："注释"选项卡→"标注"面板→┝╂时若"标注"面板上无此命令显示，则单击┝╂（基线）命令右侧的下拉箭头▼→选择╂（连续）命令。

☆ 命令行：DIMCONTINUE 或 DCO↙。

操作步骤

命令：_ dimcontinue

选择连续标注：(选择已有的尺寸标注)

指定第二条尺寸界线原点或 [选择（S）/ 放弃（U）] < 选择 >：

选项说明

放弃（U）：放弃在命令执行期间上一次输入的连续标注。

选择（S）：AutoCAD 提示选择线性标注、坐标标注或角度标注作为连续标注。

选择：选择已有的线性标注、坐标标注或角度标注作为连续标注起点。

实例操作

扫描附录 3 二维码→"素材文件"→"第 6 章"→6-26.dwg 文件，完成如图 6-26 所示图形的尺寸标注。

命令行提示与操作过程如下。

命令：_dimlinear（调用线性标注命令）

指定第一条尺寸界线原点或 < 选择对象 >：(捕捉 A 点)

指定第二条尺寸界线原点：(捕捉 B 点)

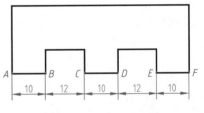

图 6-26　连续标注示例

指定尺寸线位置或 [多行文字（M）/ 文字（T）/ 角度（A）/ 水平（H）/ 垂直（V）/ 旋转（R）]：(指定尺寸线位置)

标注文字 =10（系统自动标注测量值）

命令：_dimcontinue（调用连续标注命令）

指定第二条尺寸界线原点或 [选择（S）/ 放弃（U）] < 选择 >：(捕捉 C 点)

标注文字 =12（系统自动标注测量值）

指定第二条尺寸界线原点或 [选择（S）/ 放弃（U）] < 选择 >：(捕捉 D 点)

标注文字 =10（系统自动标注测量值）

指定第二条尺寸界线原点或 [选择（S）/ 放弃（U）] < 选择 >：(捕捉 E 点)

标注文字 =12（系统自动标注测量值）

指定第二条尺寸界线原点或 [选择（S）/ 放弃（U）] < 选择 >：(捕捉 F 点)

标注文字 =10（系统自动标注测量值）

指定第二条尺寸界线原点或 [选择（S）/ 放弃（U）] < 选择 >：↙结束命令

6.2.9　坐标标注

坐标标注命令用于标注特征点的 X、Y 坐标，常与 UCS 命令配合使用。

执行方式

☆ 下拉菜单:"标注"→"坐标(O)"。

☆ 功能区:"默认"选项卡→"注释"面板→ (坐标)命令,或"注释"选项卡→"标注"面板→ (坐标)命令。

☆ 命令行:DIMORDINATE 或 DOR ↙。

操作步骤

命令:_dimordinate

指定点坐标:(指定一点)

指定引线端点或[X 基准(X)/Y 基准(Y)/多行文字(M)/文字(T)/角度(A)]:(改变文字)

选项说明

X 基准(X):坐标标注是沿 X 轴测量一个点与基准点的距离,且坐标标注的文字与坐标引线对齐。

Y 基准(Y):坐标标注是沿 Y 轴测量一个点与基准点的距离,且坐标标注的文字与坐标引线对齐。

实例操作

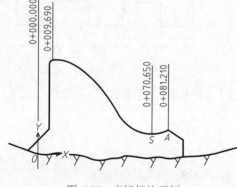

图 6-27 坐标标注示例

扫描附录 3 二维码→"素材文件"→"第 6 章"→ 6-27.dwg 文件,完成如图 6-27 所示图形的坐标尺寸标注。

命令行提示与操作过程如下。

命令:_ucs(调用用户坐标系统命令)

当前 UCS 名称:* 世界 *

指定 UCS 的原点或[面(F)/命名(NA)/对象(OB)/上一个(P)/视图(V)/世界(W)/X/Y/Z/Z 轴(ZA)]<世界>:(捕捉 O 点)

指定 X 轴上的点或<接受>:↙

命令:_dimordinate(调用坐标标注命令)

指定点坐标:(捕捉点 A)

指定引线端点或[X 基准(X)/Y 基准(Y)/多行文字(M)/文字(T)/角度(A)]:x(选择坐标标注的基准 X)

指定引线端点或[X 基准(X)/Y 基准(Y)/多行文字(M)/文字(T)/角度(A)]:t(选择单行文本方式书写文字)

输入标注文字 <81.21>:0+081.210↙(输入坐标值)

指定引线端点或[X 基准(X)/Y 基准(Y)/多行文字(M)/文字(T)/角度(A)]:(在屏幕上拾取一点,向上拖动光标确定引线端点位置)

标注文字 =0 + 081.210

同理标注其他坐标尺寸。

说明：其中 X 基准坐标标注是沿 X 轴测量一个点与基准点的距离，Y 基准坐标标注是沿 Y 轴测量距离，且坐标标注的文字与坐标引线对齐。

6.2.10 快速尺寸标注

快速尺寸标注命令可以交互、动态、自动化地进行尺寸标注。利用该命令可以同时选择多个圆或圆弧标注直径或半径，也可以同时选择多个对象进行基线标注或连续标注。该命令既可以对选择的对象标注尺寸，也可以编辑对象的尺寸标注。

执行方式

☆ 下拉菜单："标注" → "快速标注（Q）"。

☆ 功能区："注释" 选项卡→"标注" 面板→ （快速标注）命令。

☆ 命令行：QDIM ↙。

操作步骤

命令：_qdim

关联标注优先级 = 端点

选择要标注的几何图形：选择要标注尺寸的多个对象↙

指定尺寸线位置或 [连续（C）/ 并列（S）/ 基线（B）/ 坐标（O）/ 半径（R）/ 直径（D）/ 基准点（P）/ 编辑（E）/ 设置（T）] < 连续 >：

选项说明

连续（C）：创建一系列连续标注，其中线性标注线端对端地沿同一条直线排列，如图 6-28 所示。

并列（S）：创建一系列并列标注，其中线性尺寸线以恒定的增量相互偏移，如图 6-29 所示。

基线（B）：创建一系列基线标注，其中线性标注共享一条公用尺寸界线，如图 6-30 所示。

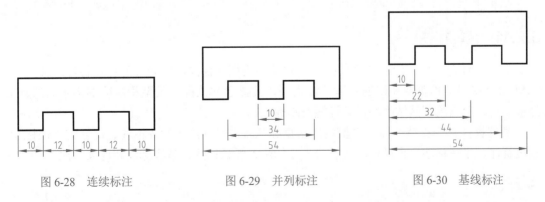

图 6-28　连续标注　　　　图 6-29　并列标注　　　　图 6-30　基线标注

坐标（O）：创建一系列坐标标注，其中元素将以单个尺寸界线以及 X 或 Y 值进行注释，相对于基准点进行测量，如图 6-31 所示。

半径（R）：创建一系列半径标注，其中将显示选定圆弧和圆的半径值，如图 6-32 所示。

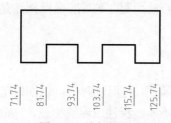

图 6-31 坐标标注

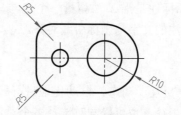

图 6-32 半径标注

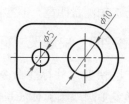

图 6-33 直径标注

直径（D）：创建一系列直径标注，其中将显示选定圆弧和圆的直径值，如图 6-33 所示。

基准点（P）：为基线和坐标标注设置新的基准点，选择该选项后，命令行提示：

选择新的基准点：(指定新的基准点后返回到上一个提示)

图 6-34 为设置点 A 为新基准点后的基线标注。

编辑（E）：在生成标注之前，删除出于各种考虑而选定的点位置，选择该选项后，命令行提示：

指定要删除的标注点或 [添加（A) / 退出（X)] < 退出 >：(指定点、输入 A 或按 Enter 键返回到上一个提示)

图 6-35 为删除相应标注点后进行的连续标注。

设置（T）：为指定尺寸界线原点（交点或端点）设置对象捕捉优先级，选择该选项后，命令行提示：

关联标注优先级 [端点（E) / 交点（I)] < 端点 >：(选择交点或端点后返回上一级目录)

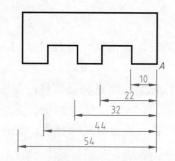

图 6-34 选择新基准点后的基线标注

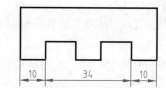

图 6-35 删除中间标注点后的连续标注

6.2.11 智能标注

智能标注命令可在同一命令任务中创建多种类型的标注。将光标悬停在标注对象上时，DIM 命令将自动预览要使用的合适标注类型，并显示与该标注类型相对应的提示。选择标注类型后，单击绘图区域中的任意位置绘制标注。

智能标注命令支持的标注类型包括垂直标注、水平标注、对齐标注、旋转的线性标注、角度标注、半径标注、直径标注、折弯半径标注、弧长标注、基线标注和连续标注。

执行方式

☆ 功能区："默认"选项卡→"注释"面板→（标注）命令，或"注释"选项卡→"标注"面板→（标注）命令。

☆ 命令行：DIM↙。

操作步骤

命令：_dim

选择对象或指定第一个尺寸界线原点或 [角度（A）/ 基线（B）/ 连续（C）/ 坐标（O）/ 对齐（G）/ 分发（D）/ 图层（L）/ 放弃（U）]：

选项说明

第一个尺寸界线原点：选择两个点时创建线性标注。

角度（A）：创建一个角度标注来显示三个点或两条直线之间的角度（同"DIMANGU-LAR"命令）。

基线（B）：从上一个或选定标准的第一条界线创建线性、角度或坐标标注（同"DIM-BASELINE"命令）。

连续（C）：从选定标注的第二条尺寸界线创建线性、角度或坐标标注（同"DIMCON-TINUE"命令）。

坐标（O）：创建坐标标注（同"DIMORDINATE"命令）。

对齐（G）：将多个平行、同心或同基准标注对齐到选定的基准标注。

分发（D）：指定可用于分发一组选定的孤立线性标注或坐标标注的方法。

图层（L）：为指定的图层指定新标注，以替代当前图层，输入 Use Current 或 "."以使用当前图层（"DIMLAYER"系统变量）。

放弃（U）：反转上一个标注操作。

6.3 多重引线标注

AutoCAD 提供了引线标注功能，利用该功能不仅可以标注特定的尺寸，如圆角、倒角等，还可以在图中添加多行旁注、说明。引线标注由箭头、引线、基线、多行文字或图块组成，如图 6-36 所示。其中箭头形式、引线外观、文字属性及图块形状等由引线样式控制。

图 6-36　引线标注的组成

6.3.1 创建多重引线样式

执行方式

☆ 下拉菜单："格式"→"多重引线标注样式（I）"。

☆ 功能区："注释"选项卡→"引线"面板→▣（多重引线样式）对话框启动器，或单击"默认"选项卡→"注释"面板下方下拉箭头▼→↗◎（多重引线样式...）命令。

☆ 命令行：MLEADERSTYLE↙。

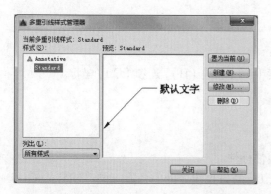

图 6-37 【多重引线样式管理器】对话框

启动命令后，系统打开【多重引线样式管理器】对话框，如图 6-37 所示。可根据需要将引线设置为折线或曲线；引线可以带箭头或不带箭头；注释文本可以是多行文本，也可以是形位公差，或是图块。

选项说明

样式：显示样式列表。当前样式被亮显。

列出：控制"样式"列表的内容。单击"所有样式"，可显示图形中可用的所有样式。单击"正在使用的样式"，仅显示当前图形中参照的样式。

预览：显示选定样式的预览图像。

【置为当前】按钮：将"样式"列表中选定的样式设定为当前样式。所有新的多重引线都将使用此样式进行创建。

【新建】按钮：显示【创建新多重引线样式】对话框，可以创建新样式。

【修改】按钮：显示【修改多重引线样式】对话框，可以对已有样式进行修改。

【删除】按钮：删除"样式"列表中选定的样式。不能删除图形中正在使用的样式。

实例操作

设置图 6-36（a）所示引线样式。

单击图 6-37 所示【多重引线样式管理器】对话框中【新建】按钮，系统弹出【创建新多重引线样式】对话框，如图 6-38 所示。输入新样式名为"带箭头"，然后单击【继续】按钮。

在系统弹出的【修改多重引线样式】对话框中，有"引线格式""引线结构""内容" 3 个选项卡。这些选项卡的内容与尺寸标注样式相关选项卡类似，不再赘述。

（1）"引线格式"选项卡设置如图 6-39 所示。

（2）"引线结构"选项卡设置如图 6-40 所示。

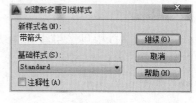

图 6-38 【创建新多重引线样式】
对话框

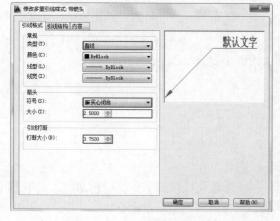

图 6-39 "引线格式"选项卡

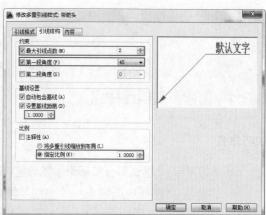

图 6-40 "引线结构"选项卡

（3）"内容"选项卡设置如图 6-41 所示。

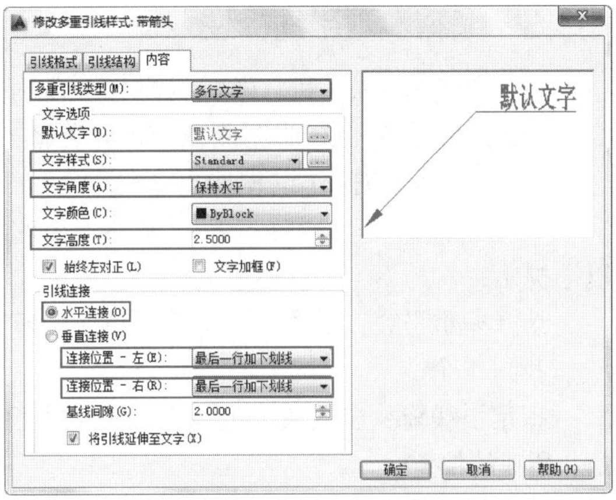

6.3.2　多重引线标注操作

执行方式

☆ 下拉菜单："标注"→"多重引线（E）"。

☆ 功能区："默认"选项卡→"注释"面板→ (引线)命令，或"注释"选项卡→"引线"面板→ (多重引线)命令。

☆ 命令行：MLEADER ✓。

图 6-41　"内容"选项卡

操作步骤

命令：_mleader

指定引线箭头的位置或［引线基线优先（L）/内容优先（C）/选项（O）］<选项>：

指定引线基线的位置：

选项说明

指定引线箭头的位置：指定多重引线对象箭头的位置。

引线基线优先（L）：指定多重引线对象基线的位置。如果上一次绘制的多重引线对象是基线优先，则后续的多重引线对象也将先创建基线，直至重新设定。

内容优先（C）：指定多重引线对象相关联的文字或块的位置。如果上一次绘制的多重引线对象是内容优先，则后续的多重引线对象也将先创建内容，直至重新设定。

选项（O）：指定用于放置多重引线对象的选项，选择该选项后，命令行提示：

输入选项［引线类型（L）/引线基线（A）/内容类型（C）/最大节点数（M）/第一个角度（F）/第二个角度（S）/退出选项（X）］<退出选项>：

其中各选项的含义见图 6-39 ～图 6-41，可根据需要对其进行修改。

实例操作

扫描附录 3 二维码→"素材文件"→"第 6 章"→ 6-42.dwg 文件，完成如图 6-42 所示图形的多重引线标注。

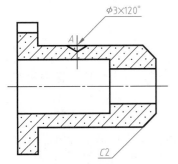

图 6-42　多重引线标注示例

命令行提示与操作过程如下。

第一步：按默认的设置进行标注。

命令：_mleader

指定引线箭头的位置或［引线基线优先（L）/内容优先（C）/选项（O）］<选项>：选择圆锥孔中心点 A

指定引线基线的位置：键盘输入"φ3×120°"后，在屏幕空白处单击鼠标，结束命令

第二步：建立新的引线样式"无箭头"，在【多重引线样式管理器】对话框中修改"引线格式"，将"箭头"设为"无"。标注倒角"C2"尺寸，操作步骤同第一步，结果如图 6-42 所示。

6.3.3 编辑多重引线标注

（1）添加引线。用于将引线添加至现有的多重引线对象。可根据光标的位置，将新引线添加到选定多重引线的左侧或右侧，如图 6-43 所示。

命令行提示与操作过程如下。

点击功能区→"注释"选项卡→"引线"面板→🖈（添加引线）命令后命令行将显示以下提示：

选择多重引线：(点取 1) 选择要更改的多重引线

找到 1 个

指定引线箭头位置或 [删除引线（R）]：[点取 2，屏幕显示见图 6-43（a）] 指定新引线的箭头所在的位置

指定引线箭头位置或 [删除引线（R）]：↙结束命令

结果如图 6-43（b）所示。

（2）删除引线。从选定的多重引线对象中删除引线，如图 6-44 所示。

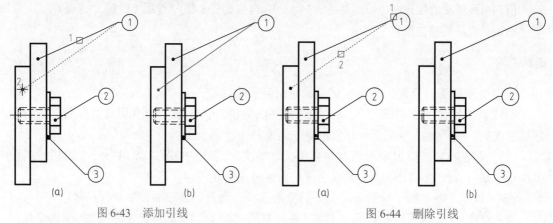

图 6-43　添加引线　　　　　　图 6-44　删除引线

命令行提示与操作过程如下。

点击功能区→"注释"选项卡→"引线"面板→🖈（删除引线）命令后命令行将显示以下提示：

选择多重引线：(点取 1) 选择要更改的多重引线

找到 1 个

指定要删除的引线或 [添加引线（A）]：[点取 2，屏幕显示见图 6-44（a）] 指定要删除的引线

指定要删除的引线或 [添加引线（A）]：↙结束命令

结果如图 6-44（b）所示。

（3）对齐引线。对齐并间隔排列选定的多重引线对象。选择多重引线后，指定所有其他多重引线要与之对齐的多重引线，如图 6-45 所示。

命令行提示与操作过程如下。

点击功能区→"注释"选项卡→"引线"面板→🖈（对齐）命令后命令行将显示以下提示：

命令：_mleaderalign

选择多重引线：选择要更改的多重引线

选择多重引线：找到 1 个（点取 1）

选择多重引线：找到 1 个，总计 2 个（点取 2）

选择多重引线：找到 1 个，总计 3 个［点取 3，如图 6-45（a）所示］

选择多重引线：↙结束对象选择

当前模式：使用当前间距

选择要对齐到的多重引线或［选项（O）］：o↙指定用于对齐并分隔选定的多重引线的选项

输入选项［分布（D）/使引线线段平行（P）/指定间距（S）/使用当前间距（U）］< 指定间距 >：d↙选择"分布（D）"，将内容在两个选定的点之间均匀隔开。

指定第一点或［选项（O）］:（点取 4）

指定第二点:（点取 5）在点 4 的垂直正下方

结果如图 6-45（b）所示。

（4）合并引线。将包含块的选定多重引线整理到行或列中，并通过单引线显示结果，如图 6-46 所示。

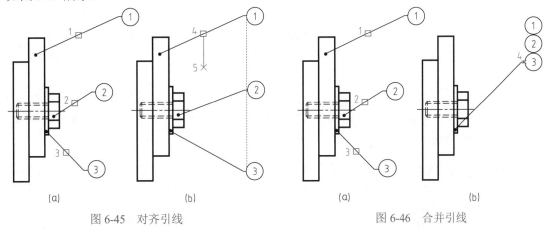

图 6-45 对齐引线　　　　图 6-46 合并引线

命令行提示与操作过程如下。

点击功能区→"注释"选项卡→"引线"面板→ (合并)命令后命令行将显示以下提示：

命令：_mleadercollect

选择多重引线：选择要更改的多重引线

选择多重引线：找到 1 个（点取 1）

选择多重引线：找到 1 个，总计 2 个（点取 2）

选择多重引线：找到 1 个，总计 3 个［点取 3，如图 6-46（a）所示］

选择多重引线：↙结束对象选择

指定收集的多重引线位置或［垂直（V）/水平（H）/缠绕（W）］< 水平 >：v↙（指定垂直排列）

指定收集的多重引线位置或［垂直（V）/水平（H）/缠绕（W）］< 垂直 >:（点取 4）结束命令

结果如图 6-46（b）所示。

6.4 公差标注

机械图中，公差标注分为尺寸公差标注和形位公差标注两种形式，如图 6-47 所示。

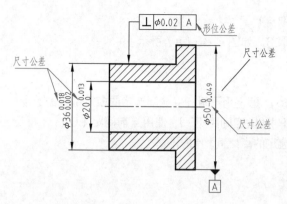

图 6-47 尺寸公差标注和形位公差标注

6.4.1 尺寸公差标注

标注尺寸公差（极限偏差），可通过创建新的标注样式，在"公差"选项卡中设置上、下偏差值的方式进行标注。另外，由于标注尺寸公差可以利用"线性标注"或"直径标注"命令标注，而这两个命令中均有修改文字内容选项，可通过输入符号完成。

6.4.1.1 使用公差尺寸标注样式

（1）新建尺寸标注样式。新建标注样式名称为"尺寸公差"，基础样式为"教材"，操作方法见本章 6.1，不再赘述。

打开【新建标注样式】对话框，选择"公差"选项卡，在"公差格式"区设置"方式（M）"为极限偏差，"精度（P）"为 0.000，"上偏差（V）"为 0.018，"下偏差（W）"为 0.002，"高度比例（H）"为 0.5，在"消零"区勾选"后续"选项框，其他采用默认值，如图 6-48 所示。

由于图 6-47 中的标注有尺寸公差的尺寸均带有直径符号"ϕ"，故需在【新建标注样式】对话框中打开"主单位"选项卡，在"线性标注"区→"前缀"微调框中指定参数"%%c"（ϕ），如图 6-49 所示。

图 6-48 "公差"选项卡参数设置

图 6-49 "主单位"选项卡参数设置

（2）标注尺寸公差。单击功能区"默认"选项卡→"注释"面板→├─┤（线性）命令，标注图 6-47 中尺寸"$\phi36^{0.018}_{0.002}$"。

（3）设置临时覆盖尺寸标注样式标注尺寸公差。打开【标注样式管理器】对话框，单击【替代】按钮，在"公差"选项卡中修改上偏差为 0.013，下偏差为 0，其他保持不变，标注尺寸"$\phi20^{0.013}_{0}$"。

同样方法标注尺寸"$\phi50^{0}_{-0.049}$"，此处不再赘述。

（4）修改尺寸特性。图 6-47 中的 3 个带有尺寸公差的尺寸，均可采用"尺寸公差"标注样式进行标注，然后利用【特性】对话框中"公差"选项卡，对公差"下偏差"和"上偏差"进行修改，改变公差值，如尺寸"$\phi 20_0^{0.013}$"的"上偏差（V）"和下偏差（W）分别改为"0.013"和"0"。

6.4.1.2　利用文字堆叠功能

标注尺寸时，利用"多行文字（M）"选项，打开多行文字编辑器，然后采用堆叠文字方式标注公差。如尺寸"$\phi 36_{0.002}^{0.018}$"，可在多行文字编辑器中输入"%%c36+0.018^+0.002"后，选中"+0.018^+0.002"，按 ┺ 按钮，单击【确定】即可。

6.4.2　形位公差标注

形位公差标注命令用于机械图零部件中形状和位置公差（简称"形位公差"）的标注。形位公差的标注形式包括指引线、几何特征符号、公差值和附加符号及基准代号，如图 6-50 所示。

执行方式

☆ 下拉菜单："标注"→"公差（T）…"。

☆ 功能区："注释"选项卡→"标注"面板下方下拉箭头▼ ▼ →选择 ⊕.1（公差）命令。

☆ 命令行：TOLERANCE 或 TOL ↙。

操作步骤

激活该命令后，系统弹出如图 6-51 所示的【形位公差】对话框，从中设置公差的符号、公差及基准等参数。

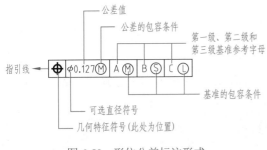

图 6-50　形位公差标注形式

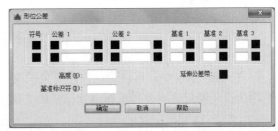

图 6-51　【形位公差】对话框

选项说明

符号区：单击该列的■框，弹出如图 6-52 所示的【特征符号】对话框，从中选择所需的几何特征符号。

"公差 1 和公差 2"选项区：单击该列前面的■框，将插入一个直径符号；单击该列后面的■框，打开【附加符号】对话框，如图 6-53 所示，在其中可以为公差选择包容条件符号；单击该列中间的编辑框，可以输入公差值。

"基准 1、基准 2 和基准 3"选项区：基准列左边的编辑框，可输入基准字母，基准列右边的编辑框，可为公差基准设置相应的包容条件。

"高度"微调框：用于设置投影公差带的值。投影公差带控制固定垂直部分延伸区的高度变化，并以位置公差控制公差精度。

图 6-52　公差【特征符号】对话框

图 6-53　公差【附加符号】对话框

"延伸公差带"选项框：单击■框，可在延伸公差带值的后面插入延伸公差带符号。

"基准标识符"文本框：创建由参照字母组成的基准标识符号。

实例操作

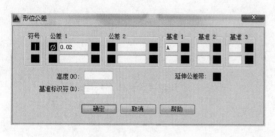

图 6-54　形位公差标准参数设置

完成如图 6-54 所示图形的形位公差标准参数设置。

第一步：采用 6.3.1 中设置的"带箭头"引线样式，标注引线及箭头。

第二步：单击功能区"注释"选项卡→"标注"面板下方下拉箭头▼ ▼ →选择 ⊕1（公差）命令，在弹出的【形位公差】对话框中设置参数如图 6-54 所示。

命令行提示与操作过程如下。

命令：_tolerance

输入公差位置：鼠标拾取点 A

6.5　编辑尺寸标注

在 AutoCAD 中，可以对已标注对象的文字、位置及样式等内容进行修改，而不必采用删除所标注的尺寸对象再重新进行标注的方法。

6.5.1　利用"DIMEDIT"命令编辑尺寸标注

利用"DIMEDIT"命令可以修改已有尺寸标注的文本内容或把尺寸文字倾斜一个角度，还可以使尺寸界线旋转一定的角度等。"DIMEDIT"命令可以同时对多个尺寸标注进行编辑。

执行方式

☆ 下拉菜单："标注"→"文字对齐（X）"下拉箭头▼→选择"默认"命令。

☆ 命令行：DIMEDIT 或 DED↙。

操作步骤

命令：_dimedit

输入标注编辑类型［默认（H）/新建（N）/旋转（R）/倾斜（O）］<默认>：

选项说明

默认（H）：将尺寸文字按 DDIM 所定义的默认位置和方向重新放置。

新建（N）：更新所选择的尺寸标注的尺寸文字。

旋转（R）：旋转所选择的尺寸文字。

倾斜（O）：实行倾斜标注，即使其尺寸界线倾斜一定的角度，不再与尺寸线相垂直，常用于标注锥形图形。

实例操作

扫描附录 3 二维码→"素材文件"→"第 6 章"→ 6-55.dwg 文件，修改如图 6-55（a）所示的尺寸文字及尺寸界线的倾斜角度。

命令行提示与操作过程如下。

命令：DIMEDIT↙输入命令

输入标注编辑类型［默认（H）/ 新建（N）/ 旋转（R）/ 倾斜（O）］< 默认 >：n↙创建新的尺寸文字，回车后在屏幕上弹出文字编辑框，输入 %%c32，单击屏幕空白处

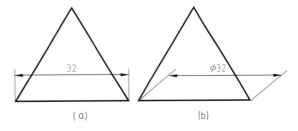

图 6-55　编辑尺寸标注应用示例

选择对象：找到 1 个（拾取图中的尺寸）

选择对象：↙回车结束对象选择，成功修改尺寸文字

命令：↙回车重复上一个命令

DIMEDIT

输入标注编辑类型［默认（H）/ 新建（N）/ 旋转（R）/ 倾斜（O）］< 默认 >：o↙修改尺寸界线的倾斜角度

选择对象：找到 1 个（再次拾取图中的尺寸）

选择对象：↙回车结束对象选择

输入倾斜角度（按"Enter"表示无）：40↙回车结束命令

结果如图 6-55（b）所示。

6.5.2　利用"DIMTEDIT"命令编辑尺寸标注

利用"DIMTEDIT"命令可以修改已有尺寸标注的尺寸文字的位置，使其位于尺寸线的左端、右端或中间，且可使文字倾斜一个角度。

执行方式

☆ 下拉菜单："标注"→"文字对齐（X）"下拉箭头▼→选择除"默认"命令外的其他命令。

☆ 命令行：DIMTEDIT 或 DIMTED↙。

操作步骤

命令：_dimtedit

为标注文字指定新位置或［左对齐（L）/ 右对齐（R）/ 居中（C）/ 默认（H）/ 角度（A）］：

选项说明

左对齐（L）：更改尺寸文字沿尺寸线左对齐，如图 6-56（a）所示。

右对齐（R）：更改尺寸文字沿尺寸线右对齐，如图 6-56（b）所示。

居中（C）：更改尺寸文字沿尺寸线中间对齐，如图 6-56（c）所示。

默认（H）：将尺寸文字按 DDIM 所定义的默认位置和方向重新放置。

角度（A）：旋转所选择的尺寸文字，如图 6-56（d）所示。

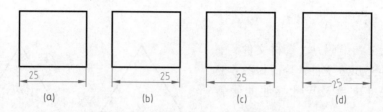

图 6-56　修改尺寸标注文字的位置及方向

6.5.3　利用夹点进行的尺寸编辑

在不调用任何命令的情况下，直接用单击尺寸标注，在尺寸界线的起点、尺寸线与尺寸界线的交点、尺寸文字位置出现蓝色夹点。每个夹点的作用如图 6-57 所示，这是一种方便快捷的编辑方式。

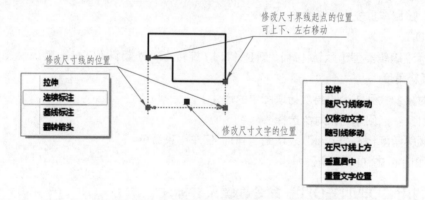

图 6-57　利用夹点编辑尺寸标注

操作技巧：

如果双击标注的尺寸，即可进入文字编辑器，可以直接对尺寸文字进行编辑。

6.5.4　尺寸关联

尺寸关联是指所标注尺寸与被标注对象有关联。如果标注的尺寸值是按自动测量值进行标注的，且尺寸标注是按尺寸关联模式标注的，那么改变被标注对象的大小后，相应的标注尺寸也将发生改变，即尺寸界线、尺寸线的位置都将改变到相应的新位置，尺寸值也改变成新测量值。反之，改变尺寸界线起始点的位置，尺寸值也会发生相应的变化。

在某些情况下可能需要修改关联性，例如以下几种。

（1）重定义图形中有效编辑的标注的关联性。

（2）为局部解除关联的标注添加关联性。

（3）在传统图形中为标注添加关联性。

（4）对于要在 AutoCAD2014 之前的版本中使用的图形，如果用户不需要在图形中使用任何代理对象，即可删除标注中的关联性。

上机操作练习

1. 按表 6-2、表 6-3 给出的参数，分别设置"机械图""建筑图"的标注样式。绘制图 6-85 并按设置的尺寸标注样式完成尺寸标注。

表 6-2　机械图尺寸标注样式设置

样式	线	符号和箭头	文字	调整	主单位	公差
线性	【基线间距】：7； 【超出尺寸线】：2； 【起点偏移量】：0	【箭头】：实心闭合； 【大小】：4	【文字样式】：数字及字母； 【文字高度】3.5； 【文字对齐】：与尺寸线对齐	【调整】选项：【文字或箭头】	【小数分隔符】：采用"."	【方式】：无
角度与圆外水平	【文字】选项对齐方式：水平，其余同线性					
尺寸公差	【主单位】选项前缀：%%c；【公差】选项方式：极限偏差；高度比例：0.5，其余同线性					
圆线性	【主单位】选项前缀：%%c，其余同线性					
圆内	【调整】选项：选择【文字和箭头】，其余同线性					

表 6-3　建筑图尺寸标注样式设置

样式	线	符号和箭头	文字	主单位
线性	【基线间距】：7； 【超出尺寸线】：2； 【起点偏移量】：2	（1）建筑： 【箭头】：建筑标记； 【箭头大小】：2； （2）水工： 【箭头】：倾斜； 【箭头大小】：3	【文字样式】：数字、字母； 【文字字高】：2.5； 【文字对齐】：与尺寸线对齐	【小数分隔符】：采用"."
圆弧	【基线间距】：7； 【超出尺寸线】：2； 【起点偏移量】：2	【箭头】：实心闭合	【文字样式】：数字、字母； 【文字字高】：2.5； 【文字对齐】：与尺寸线对齐	【小数分隔符】：采用"."
角度	【基线间距】：7； 【超出尺寸线】：2； 【起点偏移量】：2	【箭头】：实心闭合	【文字对齐】：水平	【小数分隔符】：采用"."

2. 扫描附录 3 二维码→"素材文件"→"第 6 章"→6-58.dwg ～ 6-63.dwg 文件，按图 6-59 ～图 6-65 所示标注尺寸（标注样式设置见第 10 章机械专业图部分）。

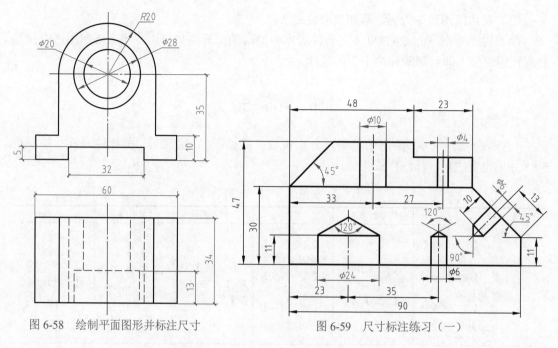

图 6-58 绘制平面图形并标注尺寸

图 6-59 尺寸标注练习（一）

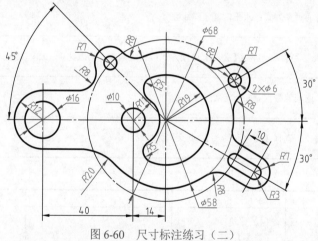

图 6-60 尺寸标注练习（二）

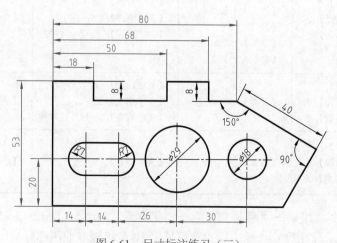

图 6-61 尺寸标注练习（三）

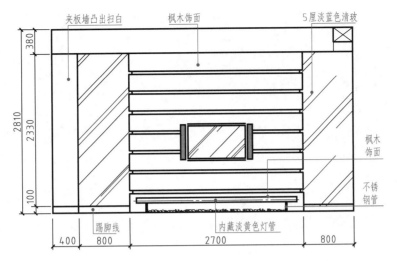

图 6-62 尺寸标注练习（四）

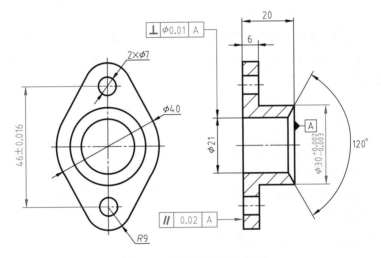

图 6-63 尺寸标注练习（五）

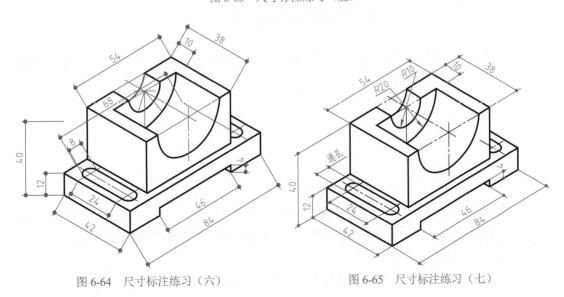

图 6-64 尺寸标注练习（六）　　　　图 6-65 尺寸标注练习（七）

第7章　文字与表格

本章导读

在绘制工程图样时，不仅要绘制图形，还需在图形中注释文字信息，必要时还应绘制表格。本章主要学习文字样式、表格样式的创建与编辑方法，创建和编辑文字的方法与技巧，表格的创建与编辑方法等内容。

学习目标

➤ 掌握创建、修改文字样式的方法。

➤ 掌握书写单行文本的方法与技巧。

➤ 掌握书写多行文本的方法与技巧。

➤ 掌握文字编辑的方法。

➤ 掌握创建及编辑表格对象的方法。

7.1　创建和修改文字样式

文字样式用于设置字体、字号、倾斜角度、方向和其他文字特征。用户可依据工程标准创建符合行业要求的文字样式。

7.1.1　创建文字标注样式

执行方式

☆ 下拉菜单："格式"→"文字样式（S）…"命令。

☆ 功能区：单击"默认"选项卡→"注释"面板下方下拉箭头▼→（文字样式…）命令，或"注释"选项卡→"文字"面板下方→（文字样式）对话框启动器命令。

☆ 命令行：STYLE 或 ST↙。

启动命令后，系统打开【文字样式】对话框，如图 7-1 所示。

图 7-1　【文字样式】对话框

选项说明

（1）"样式（S）"列表框。列出所有已有的文字样式名，选择其中一种样式后，可对其设置参数进行修改或"置为当前"。

（2）"字体"选项组。用来确定文本样式使用的字体名和字体样式。在 AutoCAD 中，除了它固有的 SHX 形状字体文件外，还可以使用 TrueType 字（如仿宋、宋体、楷体、黑体等）。

"字体名（F）"：从下拉列表中选择字体文件名称后。

"字体样式（Y）"：指定字体格式，比如斜体、粗体或者常规字体。选定"使用大字体"后，该选项变为"大字体"，用于选择大字体文件。

"使用大字体（U）"复选框：指定亚洲语言的大字体文件。只有 SHX 文件可以创建"大字体"。

> 操作技巧：
> 1. 在"字体名（F）"下拉列表中，尽量不要选择那些前面带"@"的字体，带"@"的字体是侧倒的。
> 2. 在使用 AutoCAD 书写文字时，会出现中、西文字高不等。可通过选用大字体，设置字体组合，如 gbenor.shx 与 gbcbig.shx 组合，即可得到中、西文字一样高的文本。

（3）"大小"选项组。

"注释性（I）"复选框：指定文字为注释性文字。

高度（T）：若在此文本框中输入一个数值，则作为创建文字时的固定字高，在用"TEXT"命令输入文字时，AutoCAD 不再提示输入字高参数。若在此文本框中设置字高为 0，AutoCAD 则会在每一次创建文字时提示输入字高。

关于字体的高度，在国家标准 GB/T 14665—2012《机械工程 CAD 制图规则中》有如下规定，见表 7-1。

其他专业可参照表 7-1 设置文字高度。

"使文字方向与布局匹配（M）"复选框：指定图纸空间视口中的文字方向与布局方向匹配。如果清除"注释性"选项，则该选项不可用。

表 7-1　字体与图纸幅面之间的选用关系

字符类别	图　　幅				
	A0	A1	A2	A3	A4
	字体高度 h				
字母与数字	5mm			3.5mm	
汉字	7mm			5mm	

注：h 为汉字、数字和字母的高度。

（4）"效果"选项组。

"颠倒（E）"复选框：选中此复选框，表示将文本文字倒置标注。

"反向（K）"复选框：确定是否将文本文字反向标注。

"垂直（V）"复选框：确定文本是水平标注还是垂直标注。此复选框选中时为垂直标注，否则为水平标注。

宽度因子（W）：设置宽度系数，确定文本字符的宽、高比。当比例系数为 1 时表示将按字体文件中定义的宽、高比标注文字；当此系数小于 1 时文字会变窄，大于 1 时会变宽。

倾斜角度（O）：用于确定文字的倾斜角度。角度为 0° 时不倾斜，为正时向右倾斜，为负时向左倾斜。

（5）【置为当前（C）】按钮。将在"样式"下选定的样式设定为当前。

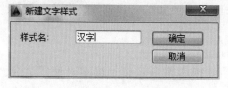

图 7-2　【新建文字样式】对话框

（6）【新建（N）…】按钮。单击【新建】按钮，AutoCAD 打开如图 7-2 所示【新建文字样式】对话框。在对话框中可以为新建的样式输入名字"汉字"，单击【确定】按钮，返回【文字样式】对话框。

（7）【应用（A）】按钮。确认对文本样式的设置。当建立新的样式或者对现有样式的某些特征进行修改后，都需要单击此按钮，AutoCAD 确认所做的改动。

实例操作

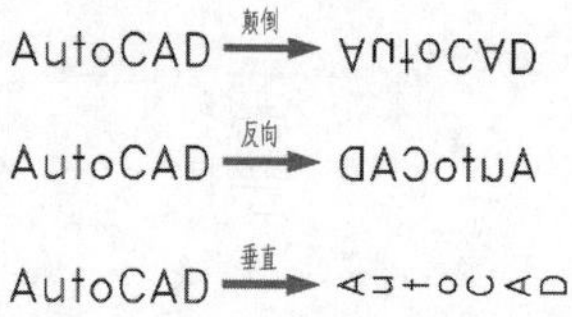

实例 7-1：设置用于书写汉字的字型名为"汉字"的文字样式。
操作步骤如下。

AutoCAD —颠倒→ ∀ƆotuA
AutoCAD —反向→ ԾAƆotuA
AutoCAD —垂直→ ◁Ɔ○⊢∪∪◁

图 7-3　文字效果

（1）单击功能区"注释"选项卡→"文字"面板下方→ ⬛（文字样式）对话框启动器命令，在打开的图 7-1 所示【文字样式】对话框中，点击【新建】按钮，弹出【新建文字样式】对话框，在样式名内输入"汉字"，如图 7-2 所示，点击【确定】按钮，返回【文字样式】对话框。文字效果如图 7-3 所示。新建"汉字"文字样式参数设置如图 7-4 所示。

（2）将字体名下方的"使用大字体"勾掉，然后选择"仿宋"，宽度因子改为 0.8，其他不变。分别单击【应用】→【关闭】按钮完成操作。

实例 7-2：设置用于书写数字和字母的字型名称为"数字字母"的文字样式。
操作步骤如下。

（1）单击功能区"注释"选项卡→"文字"面板下方→ ⬛（文字样式）对话框启动器命令，在打开的【文字样式】对话框中，点击【新建】按钮，弹出【新建文字样式】对话框，在样式名内输入"数字字母"，点击确定。新建"数字字母"文字样式参数设置如图 7-5 所示。

（2）勾选字体名下方的"使用大字体"复选框，字体名选择"romans.shx"，大字体选择"gbcbig.shx"，宽度因子改为 0.7，其他不变。单击【应用】→【关闭】按钮完成操作。

图 7-4　新建"汉字"文字样式参数设置

图 7-5　新建"数字字母"文字样式参数设置

操作技巧：

1. 当打开 CAD 文件，遇到提示"缺少一个或多个 SHX 文件，希望执行什么操作？"的情况，我们应选择第一项"为每个 SHX 文件指定替换文件"，同时勾选下边的"始终执行我的当前选择"。

2. 在【选项】对话框中进行替换。单击【选项】对话框→"文件"选项卡→"文字编辑器、字典和字体文件名"→替换字体文件→指定用于替换的文字名。这样操作后，一般不再出现"缺少一个或多个 SHX 文件"的提示。

3. 如果使用了大字体或一些用户自定义的字体，还需在【指定文字的样式】对话框中，在"大字体"下面选择一种字体做替换，一般选择 gbcbig.shx，然后点击确定。

7.1.2　修改文字样式

修改文字样式也是在【文字样式】对话框中进行，其过程与创建文字样式基本相同，这里不再重复。

修改文字样式时，应注意以下几点。

（1）修改完成后，单击【文字样式】对话框的【应用（A）】按钮，则修改生效，AutoCAD 立即更新图样中与此文字样式关联的文字。

（2）当修改文字样式中的字体文件时，AutoCAD 将改变所有文字的外观。

（3）当修改文字的颠倒、反向和垂直特性时，AutoCAD 将改变已有单行文字的外观；而修改文字高度、宽度因子及倾斜角度时，则不会引起已有单行文字外观的改变，但会影响此后创建的文字对象。

（4）对于多行文字，只有"垂直""宽度因子"及"倾斜角度"选项影响文字的外观。

7.2　单行文字

在绘图过程中，如果输入的文字内容较少，如一些图名，可以使用"单行文字"命令来标注文字，在命令行输入的文字同时显示在绘图区。而且在创建过程中可以随时改变文本的位置，只要将光标移到新的位置，然后单击鼠标，则当前行结束，随后输入的文本在新的位置出现。用这种方法可以把单行文本标注到绘图区的任何地方。

7.2.1 创建单行文字

可以使用单行文字创建一行或多行文字，其中，每行文字都是独立的对象，可对其进行移动、格式设置或其他修改。

执行方式

☆ 下拉菜单："绘图"→"文字"→"单行文字"命令。

☆ 功能区："默认"选项卡→"注释"面板→"文字"下拉列表→**A**（单行文字）命令，或"注释"选项卡→"文字"面板→**A**（单行文字）命令。

☆ 命令行：TEXT 或 DTEXT↙。

操作步骤

命令：_text

当前文字样式："Standard"文字高度：2.5000 注释性：否 对正：左

指定文字的起点 或 [对正（J）/样式（S）]:（在绘图区点击鼠标左键确定起点）

指定高度 <2.5000>：5↙（输入文字高度）

指定文字的旋转角度 <0>：↙（默认文字倾斜角度为 0）

输入文字：（输入文字）

选项说明

指定文字的起点：指定输入文字对象的起点。

指定文字高度：仅在当前文字样式不是注释性且没有固定高度时，才显示"指定高度"提示。

指定文字的旋转角度：指定文字行相对 X 轴正方向所成角度。

对正（J）："对正（J）"选项用来确定文字的对齐方式，对齐方式决定文字的哪一部分与所选的插入点（文字的起点）对齐。执行此选项，AutoCAD 提示如下：

指定文字的起点或 [对正（J）/样式（S）]: j↙

输入选项 [左（L）/居中（C）/右（R）/对齐（A）/中间（M）/布满（F）/左上（TL）/中上（TC）/右上（TR）/左中（ML）/正中（MC）/右中（MR）/左下（BL）/中下（BC）/右下（BR）]:

在此提示下选择一个选项作为文字的对齐方式。当文字串水平排列时，AutoCAD 为标注文字定义了如图 7-6 所示文字行的底线、基线、中线和顶线，各种文字的对齐方式如图 7-7 所示，图中大写字母对应上述提示中各命令。下面以"对齐"为例简要说明。

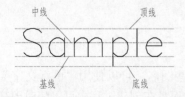

图 7-6 文字行的底线、基线、中线和顶线

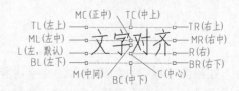

图 7-7 文字的对齐方式

选择"对齐（A）"选项，要求用户指定文字行基线的起始点与终止点的位置，

AutoCAD 提示如下：

指定文字基线的第一个端点：(指定文字行基线的起点位置)

指定文字基线的第二个端点：(指定文字行基线的终点位置)

输入文字：(输入一行文字后回车)

输入文字：(继续输入文字或直接回车结束命令)

绘图区输入的文字字符均匀地分布于指定的两点之间，如果两点间的连线不水平，则文字行倾斜放置，倾斜角度由两点间的基线与 X 轴的夹角确定；字高、字宽根据两点间的距离、字符的多少以及文字样式中设置的宽度系数自动确定。

其他选项与"对齐"选项类似，不再赘述。

样式（S）：指定文字样式，默认创建的文字使用当前文字样式。输入"？"将列出当前文字样式、关联的字体文件、字体高度及其他参数。

说明：

（1）在输入文字时，不论采用哪种对正方式，在绘图区都是临时按"左对齐"方式排列，只有在命令结束后，才按指定的方式重新排列。

（2）系统变量 DTEXTED 设置为 1，将显示【编辑文字】对话框；设置为 2，将显示"在位文字编辑器"。

操作技巧：

1. 如果上次使用的是"TEXT"或"DTEXT"命令，再次使用该命令时，按【Enter】键响应"指定文字的起点"，AutoCAD 将跳过指定高度和旋转角度的提示，输入的文字将直接放置在前一行文字的下方。

2. 在输入文字时，按【Tab】键或【Shift+Tab】组合键可在单行文字之间前移和后移。也可在要添加文字的位置单击鼠标左键。

7.2.2　在单行文字中加入特殊符号

工程图中用到的有些符号不能通过标准键盘直接输入，如文字的下划线、直径代号等。当用户利用"DTEXT"命令创建文字注释时，可通过输入特殊的控制码来产生特定的字符，这些代码及对应的特殊符号见表 7-2。

表 7-2　Auto CAD 控制码及对应的特殊符号

项目	符号	功　　能	项目	符号	功　　能
用于所有文字	%%O	上划线（‾‾）	用于所有文字	\u+2220	角度（∠）
	%%U	下划线（＿＿）		\u+2260	不相等（≠）
	%%D	"度"符号（°）		\u+2082	下角标 2
	%%P	正负符号（±）		\u+00B2	平方 2
	%%C	直径符号（φ）		\u+0394	差值（△）
	%%%	百分号（%）		\u+2261	标识（≡）
	\u+2248	几乎相等（≈）		\u+03A9	欧米加（Ω）

项目	符 号	功 能	项目	符 号	功 能
用于西文字体	\u+0278	电相位φ	用于西文字体	\u+214A	地界线卟
	\u+E101	流线匸		\u+E100	边界线段
	\u+E102	界碑线M		\u+2104	中心线叺
	\u+2126	欧姆Ω			

注："%%O"和"%%U"分别是上划线和下划线的开关，第一次出现此符号开始画上划线和下划线，第二次出现此符号上划线和下划线终止。

实例操作

特殊符号：∠30°　　控制码：\u+222030%%d

特殊符号：φ30　　　控制码：%%c30

7.2.3　单行文字的编辑

通过单行文字编辑，可以更改单行文字的内容、格式和特性。

7.2.3.1　修改单行文字的内容

执行方式

☆ 下拉菜单："修改"→"对象"→"文字"→"编辑（E）..."命令。

☆ 双击单行文字对象。

☆ 命令行：DDEDIT↙。

执行命令后，打开单行文字的"在位文字编辑器"，如图 7-8 所示。可直接添加新文字或删除文字，修改结束后，在绘图区空白处单击左键，即完成文字编辑。命令行连续提示"选择注释对象或［放弃（U）］："可连续修改多个文字对象。

在"在位文字编辑器"上单击鼠标右键以显示文字编辑快捷菜单，如图 7-9 所示。

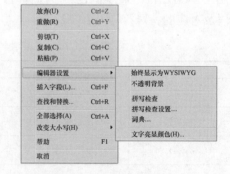

可直接添加新文字或删除文字

图 7-8　单行文字的"在位文字编辑器"　　图 7-9　文字编辑快捷菜单

文字编辑快捷菜单选项说明如下。

（1）剪切（T）、复制（C）、粘贴（P）。剪切（T）、复制（C）、粘贴（P）选项的操作，与在"word"文档中的操作完全相同，此处略。

（2）编辑器设置。

始终显示为 WYSIWYG（所见即所得）：控制在位文字编辑器及其中文字的显示。取消选中后，将以适当的大小在水平方向显示，以便用户可以轻松地阅读和编辑文字。

不透明背景：当选中此选项时，将使标记编辑器背景成为不透明。

拼写检查：确定键入时拼写检查为打开还是关闭状态。

文字亮显颜色（H）...：指定选定文字时的亮显背景颜色。

（3）插入字段（L）...。选择该选项后，系统打开【字段】对话框，如图 7-10 所示，从中可以选择要插入到文字中的字段。文字中的字段包含说明，这些说明用于显示可能会在图形生命周期中更改的数据。字段更新时，文字中将显示最新的数据。

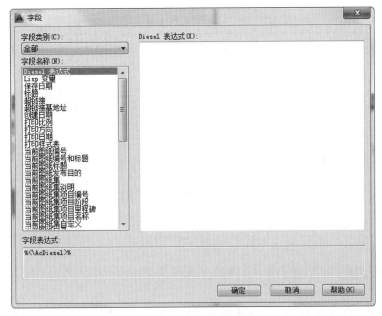

图 7-10　【字段】对话框

（4）查找和替换...。选择该选项后，系统打开【查找和替换】对话框，如图 7-11 所示，该对话框的操作与在"word"文档中的"查找与替换"操作完全相同，此处略。

（5）全部选择（A）。选择单行文字对象中的所有文字。

（6）改变大小写（H）。更改选定文字的大小写。

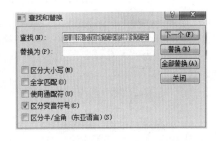

图 7-11　【查找和替换】对话框

实例操作

在明细表中添加文字，如图 7-12 所示。

操作步骤如下。

（1）扫描附录 3 二维码→"素材文件"→"第 7 章"→明细表 .dwg 文件。

（2）创建新文字样式，并设置其为当前样式。新样式名为"明细表文字"，设置字体文件，字体名为"gbeitc.shx"，字体样式为"gbcbig.shx"，字体高度为 4，宽度因子为 0.8，其他采用默认值。

（3）用"TEXT"命令在明细表底部第一行、第一列书写文字"序号"，注意应设置文字对齐方式为"L（左）"，文字旋转角度为0°。输入完成后，注意调整文字的位置，使其处于单元格上下左右对称位置，如图 7-12（a）所示。

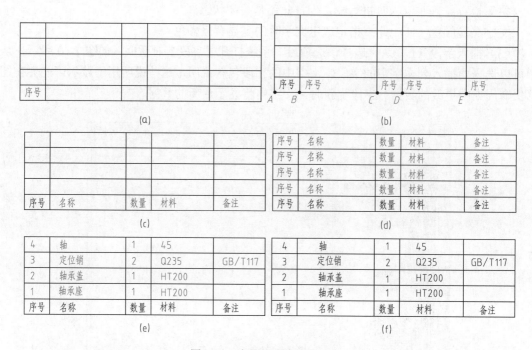

图 7-12　在明细表中添加文字

（4）用"COPY"命令将"序号"由点 A 复制到 B、C、D、E 各点，结果如图 7-12（b）所示。

（5）双击文字修改文字内容，并调整文字的左右位置，结果如图 7-12（c）所示。

（6）把已经填写的文字向上阵列，结果如图 7-12（d）所示。

（7）双击文字修改文字内容，结果如图 7-12（e）所示。

（8）调整文字的位置，使其尽可能放置在表格中间位置，结果如图 7-12（f）所示。

7.2.3.2　利用【特性】选项板修改文字的格式和特性

在编辑文字时，可以通过【特性】选项板编辑文字对象的内容及更改格式和其他特性。

执行方式

☆ 下拉菜单："修改"→"特性（P）"命令。

☆ 功能区："默认"选项卡→"特性"面板下方→▧（特性）选项板启动器命令。

☆ 命令行：PROPERTIES 或 PR ✓。

命令执行后，打开【特性】选项板，在绘图区选择要编辑的文字，如图 7-13 所示。

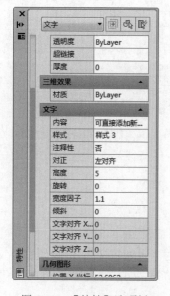

图 7-13　【特性】选项板

选项说明

内容：编辑文字对象的内容。

样式：要更改选定文字的字体，可从列表中选择一种字体。

对正：修改文字的对齐方式。

高度：要更改选定文字的高度，可在"高度"框中输入新值。

旋转：修改文字行的倾斜角度。

宽度因子：重新设置宽度系数，确定文字字符的宽、高比。

倾斜：修改文字的倾斜角度。

注意：文字倾斜与旋转的区别在于，倾斜是针对每个文字的倾斜角度，如图 7-14（a）所示，而旋转是对文字行的倾斜角度，如图 7-14（b）所示。

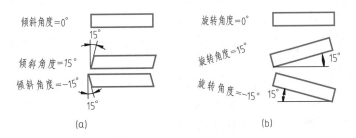

图 7-14　文字倾斜与旋转的区别

7.3　多行文字

多行文字对象是由任意数目的文字行组成的文字段落，所有的文字构成一个实体。对于内容较多的输入项或需要特殊格式的文字，可以使用多行文字。多行文字支持：文字换行；设置段落中的单个字符、单词或短语的格式；栏；堆叠文字；项目符号和编号列表；制表符和缩进。

7.3.1　创建多行文字

7.3.1.1　创建多行文字

执行方式

☆ 下拉菜单："绘图" → "文字" → "多行文字"命令。

☆ 功能区："默认"选项卡→"注释"面板→"文字"下拉列表→**A**（多行文字）命令，或"注释"选项卡→"文字"面板→**A**（多行文字）命令。

☆ 命令行：MTEXT 或 MT ✓。

操作步骤

命令：mtext ✓

当前文字样式："Standard" 文字高度：2.5　注释性：否

指定第一角点：(指定矩形输入框的第一个角点)

指定对角点或［高度（H）/对正（J）/行距（L）/旋转（R）/样式（S）/宽度（W）/栏（C）］：
（指定矩形输入框的另一个角点）

选项说明

指定对角点：直接在绘图区选取一个点作为矩形框的第二个角点，AutoCAD 以这两个点为对角点形成一个矩形区域，其宽度作为将来要标注的多行文字的宽度，而且第一个点作为第一行文字顶线的起点。图 7-15 所示为"文字编辑器"选项卡和"多行文字编辑器"，可利用此编辑器输入多行文字并对其格式进行设置。

高度（H）：确定文字的字符高度。

对正（J）：确定所标注文字的对齐方式。执行此选项后，AutoCAD 提示如下：

输入对正方式［左上（TL）/中上（TC）/右上（TR）/左中（ML）/正中（MC）/右中（MR）/左下（BL）/中下（BC）/右下（BR）］< 左上（TL）>：

这些对齐方式与"TEXT"命令中的各对齐方式相同。选取一种对齐方式后回车，AutoCAD 回到上一级提示：

指定对角点或［高度（H）/对正（J）/行距（L）/旋转（R）/样式（S）/宽度（W）/栏（C）］：

行距（L）：确定多行文字的行间距，这里所说的行间距是指相邻两文字行的基线之间的垂直距离。执行此选项后，AutoCAD 提示如下：

输入行距类型［至少（A）/精确（E）］< 至少（A）>：

在此提示下有两种方式确定行间距："至少"方式和"精确"方式。在"至少"方式下，AutoCAD 根据每行文字中最大的字符自动调整行间距；在"精确"方式下，AutoCAD 给多行文字赋予一个固定的行间距。

旋转（R）：确定文字行的倾斜角度。执行此选项后，AutoCAD 命令行显示如下：

命令：_mtext

当前文字样式："Standard" 文字高度：2.5　注释性：否

指定第一角点：

指定对角点或［高度（H）/对正（J）/行距（L）/旋转（R）/样式（S）/宽度（W）/栏（C）］：r↙

指定旋转角度 <0>：（输入倾斜角度，输入角度值后按 Enter 键）

指定对角点或［高度（H）/对正（J）/行距（L）/旋转（R）/样式（S）/宽度（W）/栏（C）］：

样式（S）：确定当前的文字样式。

宽度（W）：指定多行文字的宽度。可在绘图区选取一点与前面确定的第一个角点组成的矩形框的宽作为多行文字的宽度。也可以输入一个数值，精确设置多行文字的宽度。

栏（C）：根据栏宽、栏间距宽度和栏高组成矩形框。

7.3.1.2　"文字编辑器"选项卡和"多行文字编辑器"

"文字编辑器"用来控制文本文字的显示特性，如图 7-15 所示。

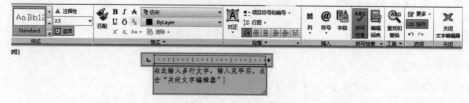

图 7-15　"文字编辑器"选项卡和"多行文字编辑器"

在"文字编辑器"选项卡中，包含"样式""格式""段落""插入""拼写检查""工具""选项""关闭"8 个命令面板。

各面板命令介绍如下。

（1）"样式"面板。

样式：通过文字样式列表选择多行文字对象应用的文字样式。默认情况下，"标准"文字样式处于活动状态。

✕（注释性）：打开或关闭当前文字对象的"注释性"。

"高度"下拉列表框：确定文字的字符高度，可在文字编辑框中直接输入新的字符高度，也可从下拉列表中选择已设定过的高度。

Ⓐ（遮罩）：在文字后放置不透明背景。

（2）"格式"面板。

🖌（匹配文字格式）：将选定文字的格式应用到目标文字。

B（黑体）和 *I*（斜体）：设置黑体或斜体效果，只对 TrueType 字体有效。

Ａ（删除线）：用于在文字上添加水平删除线。

U（下划线）与 Ō（上划线）：设置或取消上（下）划线。

⊾（堆叠）：即层叠 / 非层叠文字按钮，用于层叠所选的文字，也就是创建分数形式。当文字中某处出现"/""^"或"#"这三种层叠符号之一时可层叠文字。"/"字符堆叠成居中对齐的分数形式；"#"字符堆叠成由斜线分开的分数形式；"^"字符堆叠成左对齐、上下排列的公差形式。

"堆叠"文字的方法主要有以下两种。

方法一：选中需层叠的文字，然后单击 ⊾ 按钮，则符号左边的文字作为分子，右边的文字作为分母，如图 7-16 所示。

方法二：选择层叠文字，然后单击鼠标右键，弹出快捷菜单，在其中选择"堆叠"选项，结果如图 7-16 所示。

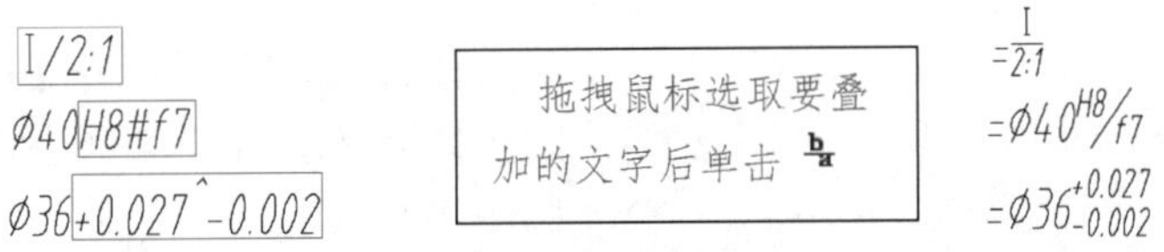

图 7-16　文字层叠

操作技巧：

使用多行文字编辑命令在文字中标注上下标的方法。

1. 上标，输入 2^，然后选中 2^，点 a/b 键即可。

2. 下标，输入 ^2，然后选中 ^2，点 a/b 键即可。

3. 上下标，输入 2^2，然后选中 2^2，点 a/b 键即可。

x²（上标）：将选定文字转换为上标，即在键入线的上方设置稍小的文字。

x₂（下标）：将选定文字转换为下标，即在键入线的下方设置稍小的文字。

"大小写" Aa 按钮：更改选定文字的大小写。

"字体"下拉列表：为新输入的文字指定字体或更改选定文字的字体。

"颜色"下拉列表：指定新文字的颜色或更改选定文字的颜色。

"清除"下拉列表：删除选定字符的字符格式，或删除选定段落的段落格式，或删除选定段落中的所有格式。

单击"格式"面板下拉箭头▼，设置文字的倾斜角度、追踪和宽度因子。

![倾斜角度图标] (倾斜角度)：设定文字的倾斜角度，请输入介于 –85 和 85 之间的值。值为正时文字向右倾斜，值为负时文字向左倾斜。

![追踪图标] (追踪)：增大或减小选定字符之间的空隙。

![宽度因子图标] (宽度因子)：扩展或收缩选定字符宽度。

（3）"段落"面板。

![对正图标] (对正)：多行文字对象的"对正"控制文字插入点的对齐方式和文字的走向。"文字对齐是指相对于文字边界框靠左对齐和靠右对齐。点击下拉箭头▼显示"多行文字对正"菜单，有 9 个对齐选项可用，各选项与单行文字基本相同，不再赘述。

![对齐图标] (对齐)：在"段落"面板上给出了常用的对齐方式，分别是左对齐、居中、右对齐、两端对齐和分散对齐。

![项目符号图标] (项目符号和编号)：可以在多行文字中创建项目符号列表、字母及数字列表或者简单轮廓。添加或删除项目，或将项目向上或向下移动一层时，列表编号将自动调整。可以使用在大多数文字编辑器中使用的相同方法删除和重新应用列表格式。

![行距图标] (行距)：行距是多行段落中文字的上一行底部和下一行顶部之间的距离。

（4）"插入"面板。

![列图标] (列)：可在多行文字中创建和编辑多个列，单击![列图标] (列)下方▼下拉箭头，有三个选项，即"不分栏""静态栏"和"动态栏"。

![符号图标] (符号)：用于输入各种符号。单击该按钮，系统打开符号列表，各选项含义参见表 7-2。

![字段图标] (字段)：插入一些常用或预设字段。单击该按钮，系统打开【段落】对话框，如图 7-17 所示，用户可以从中选择字段插入到标注文本中。

（5）"拼写检查"面板。

![拼写检查图标] (拼写检查)：打开"拼写检查"功能后，如果找到拼写错误的单词，将亮显该单词，并且绘图区域将缩放为便于读取该单词的比例。

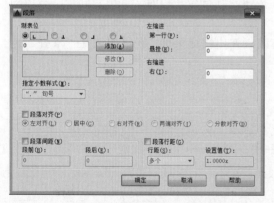

图 7-17　【段落】对话框

![编辑词典图标] (编辑词典)：显示【词典】对话框，从中可添加或删除在拼写检查过程中使用的自定义词典。

（6）"工具"面板。

![查找和替换图标] (查找和替换)：选择要输入的文本文件后，可以替换选定的文字或全部文字，或在文字边界内将插入的文字附加到选定的文字中。点击该按钮后，打开如图 7-18 所示【查找和替换】对话框，"查找位置"用于确定查找范围，在"查找"和"替换为"中分别输入查找内容和替换内容，可以直接单击【全部替换】按钮，进行一次性替换。

（7）"选项"面板。

图标（更多）：在编辑器中的其他操作。如插入字符集、编辑器的设置等。

图标（标尺）：在编辑器顶部显示标尺。拖动标尺末尾的箭头可更改文字对象的宽度。

图标（放弃和重做）：放弃或恢复是放弃在"文字编辑器"功能区上下文选项卡中执行的动作，包括对文字内容或文字格式的更改。

图 7-18　【查找和替换】对话框

（8）"关闭"面板。

✖ （关闭）：结束"MTEXT"命令，并关闭"文字编辑器"上下文选项卡。

可以利用"文字编辑器"修改已输入的文本文字特性。选择要修改的文本，选择文本的方式有以下 3 种。

① 将光标定位到文本文字开始处，按住鼠标左键，拖到文本末尾。

② 双击某个文字，则该文字被选中。

③ 3 次单击鼠标，则选中全部内容。

7.3.2　编辑多行文字

7.3.2.1　利用多行文字"在位文字编辑器"编辑文字

执行方式

☆ 下拉菜单："修改"→"对象"→"文字"→"编辑（E）…"命令。

☆ 双击多行文字对象。

☆ 命令行：MTEDIT↙。

命令执行后，功能区显示多行文字选项卡，绘图区显示"在位文字编辑器"，可以修改选定多行文字对象的格式或内容，其各选项和操作与创建多行文字相同，此处不赘述。

7.3.2.2　在"在位文字编辑器"中编辑多行文字

双击多行文字对象，绘图区显示"在位文字编辑器"如图 7-19 所示。

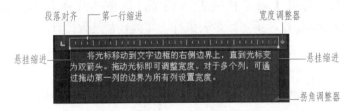

图 7-19　多行文字"在位文字编辑器"

段落对齐：点击这个图标可以切换选择对齐方式，有 4 种"制表位"符号，分别表示 4 种对齐方式，即 └ （左对齐）、┘ （右对齐）、┴ （居中对齐）、上 （小数点对齐）。

第一行缩进：拖动三角形图标，可以将段落的第一行向右缩进一定的距离。

悬挂缩进：相对文本框左右的缩进。

宽度调整器：将光标移动到该图标上（直到光标变为双箭头），拖动光标即可调整宽度。

图 7-20　【堆叠特性】对话框

拐角调整器：将光标移动到该图标上（直到光标变为双箭头），拖动光标即可调整宽度和高度尺寸。

7.3.2.3　更改堆叠文字的特性

操作步骤如下。

（1）双击多行文字对象，进入"在位文字编辑器"，然后选择已堆叠的文字后，单击显示在文字附近的闪电图标 ⚡️，选择"堆叠特性"选项，打开【堆叠特性】对话框，根据需要更改设置，如图 7-20 所示。

（2）若需取消堆叠文字，则单击显示在文字附近的闪电图标 ⚡️，选择"取消堆叠"。

7.3.2.4　分解多行文字

利用"EXPLODE（分解）"命令，可以将多行文字分解为单行文字。

7.4　创建表格对象

在 AutoCAD 中，为了提高工作效率，节省存储空间，会创建表格来存放数据。表格是在行和列中包括数据的复合对象。模板文件 acad.dwt 和 acadiso.dwt 中定义了名为 Standard 的默认表格样式。

7.4.1　创建表格样式

在 AutoCAD 中，可以通过设置表格的样式来创建不同风格的表格。表格样式包括表格内的文字颜色、字体、大小、表格排列顺序及表格边框的颜色、线宽和填充颜色等。

执行方式

☆ 下拉菜单："格式" → "表格样式（B）..." 命令。

☆ 功能区："注释" 选项卡→ "表格" 面板下方→▣（表格样式）对话框启动器，或单击 "默认" 选项卡→ "注释" 面板下方下拉箭头→▦（表格样式...）命令。

☆ 命令行：TABLESTYLE ↙。

该命令执行后，打开【表格样式】对话框，如图 7-21 所示。默认的表格样式是 "Standard"，第一行是标题行，第二行是表头行，其他行都是数据行。

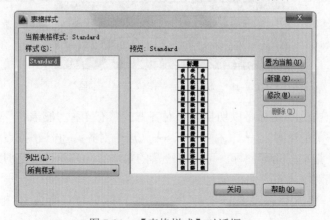

图 7-21　【表格样式】对话框

单击【新建】按钮，打开【创建新的表格样式】对话框，如图 7-22 所示。输入新样式名后，单击【继续】按钮，打开【新建表格样式】对话框，如图 7-23 所示，从中可以定义新的表格样式。

图 7-22 【创建新的表格样式】对话框

图 7-23 【新建表格样式】对话框

选项说明

（1）"起始表格"选项组。选择起始表格，可以在图形中选择一个要应用到新表格样式设置的表格。

（2）"常规"选项组。表格方向包括"向下"和"向上"选项。选择"向上"选项是指创建由下而上读取的表格，标题行和列标题行都在表格的底部；选择"向下"选项是指创建由上而下读取的表格，标题行和列标题行都在表格的顶部。

（3）"单元样式"选项组。设置数据单元、单元文字和单元边框的外观。

（4）"常规"选项卡。

填充颜色：指定填充颜色。选择"无"或选择一种背景色，或者单击【选择颜色】按钮，在弹出的【选择颜色】对话框中选择适当的颜色。

对齐：为单元内容指定一种对齐方式。"中心"指水平对齐；"中间"指垂直对齐。

格式：设置表格中各行的数据类型和格式。单击右边的省略号按钮弹出【表格单元格式】对话框，从中可以进一步定义格式选项。

类型：将单元样式指定为标签或数据，在包含起始表格的表格样式中插入默认文字时适用，也用于在工具选项板上创建表格工具的情况。

页边距 - 水平：设置单元中的文字或块与左右单元边界之间的距离。

页边距 - 垂直：设置单元中的文字或块与上下单元边界之间的距离。

创建行 / 列时合并单元：将使用当前单元样式创建的所有新行或列合并到一个单元中。

（5）"文字"选项卡。

文字样式：指定文字样式。选择文字样式或单击右边的省略号按钮弹出【文字样式】对话框，可创建新的文字样式。

文字高度：指定文字高度。此选项仅在选定文字样式的文字高度为 0 时适用。如果选定的文字样式指定了固定的文字高度，则此选项不可用。

文字颜色：指定文字颜色。选择一种颜色，或者单击【选择颜色】按钮，在弹出的【选择颜色】对话框中选择适当的颜色。

文字角度：设置文字角度，默认文字角度为0°。可输入−359°～359°之间任何角度。

（6）"边框"选项卡。

线宽：设置要用于显示边界的线宽。如果使用加粗的线宽，必须修改单元边距才能看到文字。

线型：通过单击边框按钮，设置线型以应用于指定边框。

颜色：指定颜色以应用于显示的边界。单击【选择颜色】按钮，在弹出的【选择颜色】对话框中选择适当的颜色。

双线：指定选定的边框为双线型。可以通过在"间距"文本框中输入值来更改行距。

边框显示按钮：应用选定的边框选项。单击此按钮可以将选定的边框选项应用到所有单元边框，包括外部边框、内部边框、底部边框、左边框、顶部边框、右边框或无边框。在【表格样式】对话框中单击【修改】按钮可以对当前表格样式进行修改，方式与新建表格样式相同。

7.4.2　创建表格

新创建表格的外观由当前表格样式决定。使用该命令时，用户要输入的主要参数有"行数""列数""行高"及"列高"等。

执行方式

☆ 下拉菜单："绘图"→"表格..."命令。

☆ 功能区："默认"选项卡→"注释"面板→▦（表格）命令，或"注释"选项卡→"表格"面板→▦（表格）命令。

☆ 命令行：TABLE↙。

执行上述命令后，系统打开【插入表格】对话框，如图 7-24 所示。

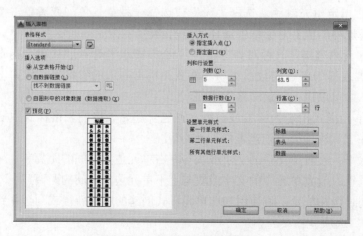

图 7-24　【插入表格】对话框

选项说明

（1）"表格样式"选项组。可以在"表格样式名称"下拉列表框中选择一种表格样式，也可以单击后面的按钮新建或修改表格样式。

（2）"插入选项"选项组。

"从空表格开始"单选按钮：创建可以手动填充数据的空表格。

"自数据链接"单选按钮：通过启动数据链接管理器连接电子表格中的数据来创建表格。

"自图形中的对象数据（数据提取）"单选按钮：启动"数据提取"向导来创建表格。

（3）"插入方式"选项组。

"指定插入点"单选按钮：指定表左上角的位置。可以使用鼠标，也可以在命令行输入坐标值。如果将表的方向设置为由下而上读取，则插入点位于表的左下角。

"指定窗口"单选按钮：指定表的大小和位置。可以使用鼠标，也可以在命令行输入坐标值。选定此选项时，行与列设置的两个参数中只能指定一个，另外一个参数由指定窗口的大小自动等分来确定。

（4）"列和行设置"选项组。指定列和行的数目以及列宽与行高。

（5）"设置单元样式"选项组。指定第一行、第二行和所有其他行单元样式为标题、表头或者数据样式。

在图7-24的【插入表格】对话框中进行相应设置后，单击【确定】按钮，系统在指定的插入点或窗口自动插入一个空表格，并显示"文字编辑器"选项卡，用户可以逐行逐列输入相应的文字或数据。

在【插入表格】对话框中进行相应设置后，单击【确定】按钮，系统在指定的插入点或窗口自动创建新表格，并打开多行文字编辑器，可以逐行输入相应的文字或数据，如图7-25所示。

图7-25　创建新表格

操作技巧：

在插入表格后，在表格中单击某一个单元格，在出现的夹点上拖拽可以改变单元格的大小。

7.4.3　向表格中填写文字

表格单元中可以填写文字和块信息，新创建表格后，AutoCAD会亮显第一个单元格，同时打开"文字编辑器"选项卡，即可以输入文字。此外，双击某一单元格将其激活，可以在其中填写文字或修改文字。

操作方法如下。

（1）在图7-25所创建的表格中，单击需要输入文字的单元格。

（2）单元格变成文本框，可输入文字内容，按【Ctrl+Enter】快捷键结束操作。

操作技巧：

1. 在表格的标题行、表头行和数据行输入文字内容后，可以对文字进行对齐、设置字体等操作。

2. 在一个单元格中输入文字完成后，按【Enter】键，可以切换到下一个单元格输入文字。

7.4.4　编辑表格

表格创建后，可以随时对表格中的内容进行编辑和修改，同时可以对表格行数、列数、颜色等表格样式进行修改，以满足设计要求。

操作方法如下。

（1）单击鼠标左键选中某个单元格，在选中单元格内点击鼠标右键，在弹出的菜单中选择"编辑文字"，可以更改单元格里的文字内容。也可以通过在某个单元格内双击鼠标左键，直接打开"文字编辑器"，进行文字内容等修改。

（2）选择某个单元格或按住【Shift】键的同时在另一个单元格内单击，可以同时选中这两个单元格及它们之间的所有单元格，在被选中的单元格周围出现蓝色夹点，可以选中相应的夹点改变被选中单元的行高和列宽。

（3）单击表格的边框线选中表格，显示夹点模式，各个夹点功能如图 7-26 所示。

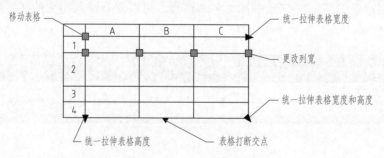

图 7-26　利用夹点编辑表格

（4）选中一个单元格或多个单元格，通过表格上方的工具栏进行编辑，如图 7-27 所示。

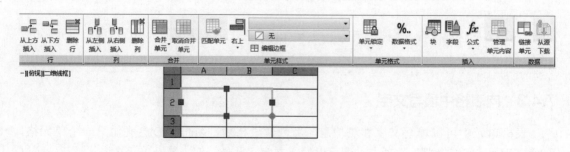

图 7-27　单元格选中状态

实例操作

实例 7-3：创建如图 7-28 所示标题栏。

操作步骤如下。

（1）设定表格样式。单击功能区"注释"选项卡→"表格"面板下方→ （表格样式）对话框启动器，打开如图7-21所示【表格样式】对话框。单击【新建】按钮，在【创建新的表格样式】对话框中输入名称"标题栏"。点击【继续】按钮，在弹出的【新建表格样式：标题

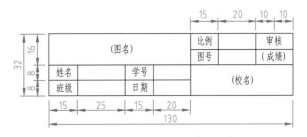

图 7-28　创建标题栏

栏】对话框的"单元样式"选项区中，设定单元格的样式为"数据"，"常规"选项卡的设置如图7-29所示，"文字"选项卡的设置如图7-30所示，其他参数采用默认值。然后单击【确定】按钮，返回上一级对话框，单击【关闭】按钮，完成表格样式设定。

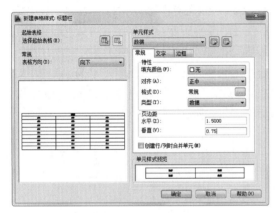

图 7-29　"常规"选项卡的设置

图 7-30　"文字"选项卡的设置

（2）插入表格。单击功能区"默认"选项卡→"注释"面板→ （表格）命令，弹出【插入表格】对话框，设置如图7-31所示，单击【确定】按钮，在屏幕上适当位置单击鼠标左键，在绘图区适当位置放置表格。在绘图区空白处单击鼠标结束命令，结果如图7-32所示。

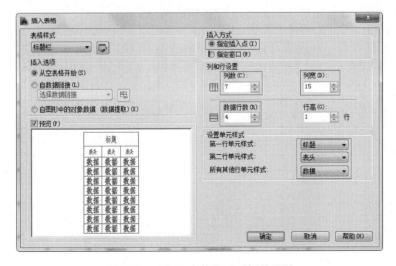

图 7-31　【插入表格】对话框的设置

（3）编辑表格和表格单元。

① 删除行。将最上面一行（标题行）和第二行（表头行）删除。可在该单元格内部单击鼠标左键，选中单元格，在表格上方的工具栏中单击 📋 "行/删除"即可，结果如图 7-33 所示。

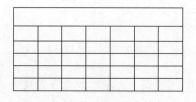

图 7-32　插入的原始表格　　　　　　　　图 7-33　删除标题行和表头行

② 改变表格的宽度。首先在要改变宽度的任意一个单元格内部单击鼠标左键，选中单元格，单击下拉菜单→修改→"特性"命令。A、C、E、G 各列宽度保持原值 15，无须修改。B 列宽度修改为 25，D、F 列宽度均修改为 20，最终修改结果如图 7-34 所示。

③ 合并单元格。按照标题栏给出的样式，合并必要的单元格。如将 1、2 行 A、B、C、D 列合并，可选中该部分单元格，在其快捷菜单中单击【合并】/【全部】即可完成操作。用同样的方法将 3、4 行 E、F、G 列合并，结果如图 7-35 所示。

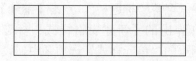

图 7-34　改变单元格宽度　　　　　　　　图 7-35　合并单元格

（4）书写表格内容。在需要书写文字的表格中首先选中要修改的单元格，然后双击鼠标左键，切换到文本输入状态，同时打开【文字格式】工具栏，然后按照标题栏的要求如内容、字高、文字样式等填写即可，结果如图 7-28 所示。

实例 7-4：绘制带有图形块的表格，如图 7-36 所示。

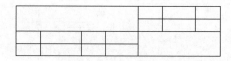

编号	简图	规格	单根长/mm	根数	总长/m	重量/kg
①		Φ25	8840	4	35.3600	136
②		Φ22	9260	2	18.5200	55
③		Φ16	9300	2	18.6000	29
④		Φ16	2680	4	10.7200	17
⑤		Φ8	1890	59	111.5100	44

图 7-36　钢筋表

编号	简图	规格	单根长/mm	根数	总长/m	重量/kg
①			25	8840	4	35.3600	136
②			22	9260	2	18.5200	55
③			16	9300	2	18.6000	29
④			16	2680	4	10.7200	17
⑤			8	1890	59	111.5100	44

图 7-37　创建表格并添加文字

操作步骤如下。

（1）利用绘制表格、编辑表格命令，完成如图 7-37 所示内容的绘制，操作过程参见实例 7-3。

（2）在表格中添加图块信息。选中要插入块的单元格，单击功能区"表格单元"选项卡→"插入"面板→（块）命令，打开
【在表格单元中插入块】对话框，如图 7-38 所
示。扫描附录 3 二维码→"素材文件"→"第
7 章"→ 25 钢筋 .dwg 文件。在对话框中勾选
"自动调整（A）"复选框，旋转角度为 0°，
在"全局单元对齐（C）"下拉列表中选择
"左下"。

　　在表格中单击该单元格左下角点，即可
将图块插入表格中，如图 7-39 所示。其他图
形的插入与此相同，在此不赘述。结果如图
7-39 所示。

图 7-38　【在表格单元中插入块】对话框

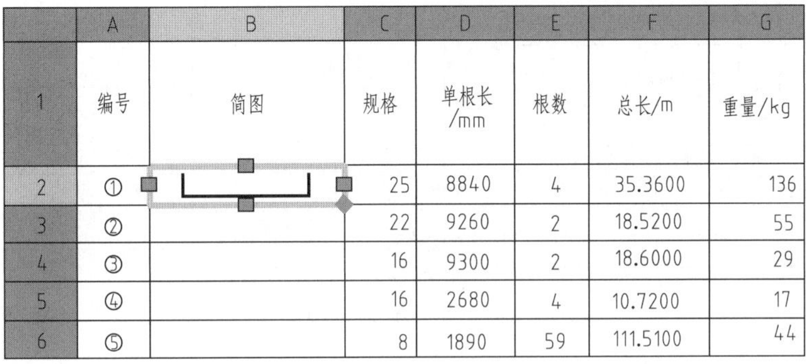

	A	B	C	D	E	F	G
1	编号	简图	规格	单根长/mm	根数	总长/m	重量/kg
2	①		25	8840	4	35.3600	136
3	②		22	9260	2	18.5200	55
4	③		16	9300	2	18.6000	29
5	④		16	2680	4	10.7200	17
6	⑤		8	1890	59	111.5100	44

图 7-39　插入块

上机操作练习

　　1. 绘制如图 7-40 所示的门窗明细表，表格数据外框线、表头外框线为 0.3，其他线宽为
CAD 默认。表头和数据均为仿宋字体，字高 5，对齐方式为正中。单元边距竖直方向 1.5，
水平方向 1.5。因为一般情况下，标题书写在表格之外，本例不设置标题。

名称	宽度	高度	底部高度	材质	数 量			
					一层	二层	三层	合计
M1	4500	2700	0	全玻璃门	1	0	0	1
M2	900	2400	0	胶合板门	16	13	18	21
C1	300	2000	900	塑钢窗	10	10	10	30
C2	3900	2000	900	塑钢窗	10	10	10	16

15　15　15　15　20　15　15　15　15

6×7.5=45

图 7-40　门窗明细表

　　2. 绘制如图 7-41 所示标题栏。

　　提示：由于该表格较复杂，建议绘制该表格时，首先可分别创建如图 7-42 所示的 4 个
表格，然后利用"移动"命令将这些表格组合成标题栏。

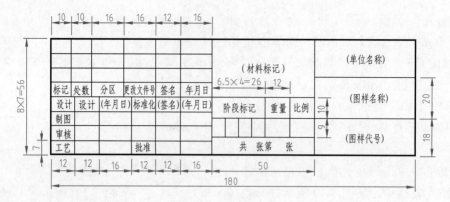

图 7-41　标题栏尺寸

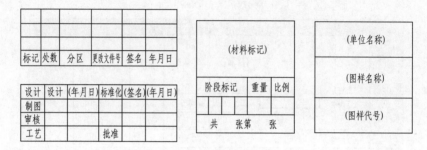

图 7-42　拆分标题栏

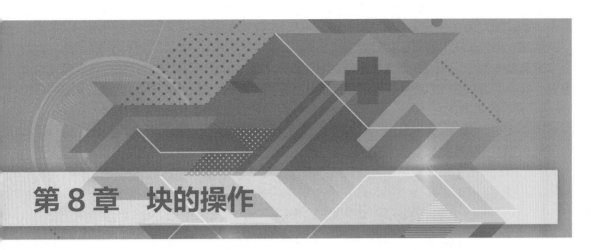

第8章 块的操作

本章导读

本章主要讲解 AutoCAD 块的概念、创建及插入块的操作方法与技巧，块属性的创建和使用方法，块的修改与编辑，利用设计中心和工具选项卡组织图形的方法及块编辑器的使用方法等内容。

学习目标

➤ 掌握内部块、外部块和动态块的创建方法。

➤ 掌握块属性的创建和使用方法。

➤ 掌握块的编辑命令及块编辑器的使用方法。

➤ 掌握设计中心和工具选项卡的使用方法。

块是由多个图形、文字等实体对象构成，在该图形单元中，各实体可以具有各自的图层、线型、颜色等。在图形中，AutoCAD 将块作为一个独立的、完整的对象来操作；用户可以根据需要按一定比例和角度将块插入到任一指定位置。这样避免了大量重复工作，可以快速地组织图形，提高绘图效率。

8.1 块 定 义

在绘制图形时，如果图形中有大量相同或相似的内容，我们可以把重复的内容创建成块，以便在绘图需要时把块插入到图形中。

8.1.1 创建内部块

创建块包括定义块名、选择一个或多个对象、指定用于插入块的基点及与其相关的属性数据。

执行方式

☆ 下拉菜单："绘图"→"块"→"创建（M）..."命令。

☆ 功能区:"默认"选项卡→"块"面板→⌐⌐ "创建块"命令。

☆ 命令行: BLOCK 或 B↙。

启动命令后,系统将弹出【块定义】对话框,如图 8-1 所示。在该对话框中可以设置块名称、构成块的几何图形对象、用于插入块时对齐块的基点位置、块单位及块定义方式等。

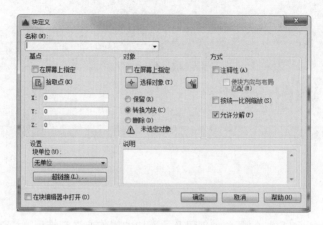

图 8-1 【块定义】对话框

选项说明

"名称(N)"列表框:输入要定义块的名称,在定义块名称时,应充分考虑对象的用途命名,以便于将来调用。单击右侧的下拉箭头,可以列出当前图形中的已有块的名称。

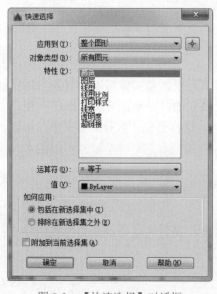

图 8-2 【快速选择】对话框

"基点"选项区:指定基点。可以输入基点的坐标,也可以单击 拾取点(K) 按钮,回到图形窗口,在图上拾取基点。创建块时的基点将成为以后插入块时的插入点,同时它也是块被插入时旋转或缩放的基点。一般情况下,应选用图形上的特征点作为基点。

"对象"选项区:定义新块中要包含的对象,以及创建块之后如何处理这些对象,是保留还是删除选定的对象,也可以将它们转换成块实例。

(1) 选择对象(T) 。点击后返回绘图屏幕,要求用户选择屏幕上的图形作为块中包含对象。

(2) 。点击后会弹出【快速选择】对话框,如图 8-2 所示。用户可以通过图元特性快速选择块包含的对象。

(3)保留。当创建块后保留源对象,即不改变定义块源对象的任何参数。

(4)转换为块。当创建块后,将源对象自动转换为块。

(5)删除。当创建块后,自动删除源对象。

"方式"选项区:指定块的行为。

(1)注释性。选择该项可以创建注释性块参照。注释性块参照和属性支持插入它们时的注释比例。

（2）使块方向与布局匹配。指定在图纸空间视口中的块参照的方向与布局的方向匹配。如果未选择"注释性"选项，则该选项不可用。

（3）按统一比例缩放。指定是否使块参照不按统一比例缩放。

（4）允许分解。用于确定是否可用"分解"命令来分解块。

"设置"选项区：指定块的设置。

（1）块单位。指定块参照插入单位，通常为毫米，也可以选择其他单位。

（2）超链接。单击该按键将打开【插入超链接】对话框，用于为定义的块设定一个超链接。

"说明"编辑框：用于给块添加说明信息。

"在块编辑器中打开"复选框：用于确定当创建块后，是否在块编辑中打开块进行编辑。

实例操作

创建"窗"块如图 8-3 所示。

操作步骤如下。

（1）利用"矩形"命令绘制边长为 100 的正方形，如图 8-3（a）所示。

（2）利用"等分"和"直线"命令绘制窗分格线，如图 8-3（b）所示。

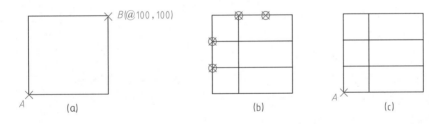

图 8-3　创建"窗"块

（3）单击"插入"选项卡→"块定义"命令中的 （创建块）命令，在弹出【块定义】对话框中，输入块的名称为"窗"；单击"对象"选项框中的 选择对象① 按钮 ，在绘图窗口中选择窗图形，按【Enter】键确认，返回【块定义】对话框，选择"转换为块"选项；单击"基点"选项组中的单击 拾取点⑩ 按钮，在绘图窗口中选择 A 点作为块的插入点，如图 8-3（c）所示；单击【确定】按钮，即完成"窗"块的创建。

操作技巧：

在实际设计中，根据各专业图的需要，为图形对象指定图层、颜色、线型、线宽等图元特性。AutoCAD 中块插入前后，其组成对象的图层、颜色、线型和线宽等常常会发生变化，为正确使用块，在定义块时，应注意以下几点。

1. 要使块插入后块各对象的图层、颜色、线型与线宽都不变，就在非 0 层上用显式颜色、显式线型和显式线宽制块。

2. 要使在块插入后块各对象的图层、颜色、线型与线宽都随当前层，就在 0 层上用 Bylayer 颜色、Bylayer 线型和 Bylayer 线宽制块。

图 8-4　【块 - 重定义块】对话框

8.1.2　重新定义块

【块定义】对话框中，如果给出块的名称在当前图形中已经存在，AutoCAD 弹出如图 8-4 所示对话框，询问是否重新定义块。如果重新定义块，则与该块重名的块将被重新定义，且图形中所有使用该名称的块都将被这个新定义的块替换。如果不重新定义块，那么 AutoCAD 将取消块重新定义。

8.1.3　写块（创建外部块）

用户使用"BLOCK"命令定义的块称为内部块，一般只在当前图形中使用。利用"WBLOCK"命令定义的块称为外部块，外部块是将块作为独立文件保存，可以自由插入到任何图形文件中。

执行方式

☆ 功能区："插入"选项卡→"块定义"命令中的 "创建块"下拉箭头 ▼ → "写块"命令。

☆ 命令行：WBLOCK 或 W↙。

"WBLOCK"命令可通过在命令行输入"WBLOCK"或"W"来调用，命令执行后，系统将弹出【写块】对话框，如图 8-5 所示。在该对话框中除了可以设置块名、块几何图形、用于插入块时对齐块的基点位置和所有关联的属性数据外，还可以指定存储块的路径。

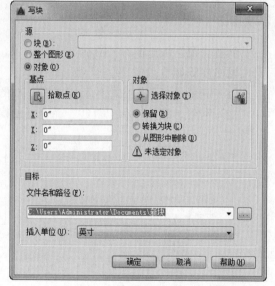

图 8-5　【写块】对话框

选项说明

"源"选项区：用户可选择写到图形文件内容中的【块】按钮，指明要存入图形文件的是块，此时用户可从列表中选择已定义的块的名称；选中【整个图形】按钮，将当前图形文件看作一个块存储；选中【对象】按钮，将选定对象存入文件，此时系统要求指定块的基点，并选择块所包含的对象。

"基点"与"对象"选项区：操作与"BLOCK"命令相同。

"目标"选项区：用来定义存储"外部块"的文件名、路径及插入块时所用的测量单位。用户可以在"文件名和路径"下拉列表中输入文件名和路径，也可以单击下拉列表右边的 按钮，使用打开的【浏览图形文件】对话框设置文件的路径。

在绘制工程图时，常将一些常用而又相对独立的图形元素预先定义成块（如机械图中的表面粗糙度符号，建筑图中的门、窗图例，标高符号，轴线编号等），存储为"外部块"，需要时插入到图形中，这样可以减少重复绘制同类图形，提高绘图效率。

实例操作

将图 8-3 所创建的"窗"块创建为外部块插入。

操作步骤如下。

（1）在命令行输入"WBLOCK"回车后，系统将弹出图 8-5 所示【写块】对话框。

（2）在【写块】对话框中，输入块的名称为"窗"；单击"对象"选项框中的 <kbd>选择对象(T)</kbd> 按钮 <kbd>图</kbd>，在绘图窗口中选择窗图形，按【Enter】键确认，返回【写块】对话框，选择"保留"选项；单击"基点"选项组中的单击 <kbd>拾取点(K)</kbd> 按钮，在绘图窗口中选择图 8-3（c）中 A 点作为块的插入点；在"文件名和路径（F）"编辑框中指定存储该块的路径；单击【确定】按钮，即完成"窗"块的创建。

操作技巧：

1. 外部块文件与 AutoCAD 的图形文件是一样的，两者在本质上并无区别。所以已有的 AutoCAD 的图形文件均可作为外部块插入到图纸中。

2. "BASE"命令通过改变系统变量 INSBASE 的值，改变当前图形的插入基点。在命令行输入该命令后回车，根据提示可以输入基点的坐标值或在屏幕上用鼠标指定基点。向其他图形插入当前图形或将当前图形作为其他图形的外部参照时，此基点将被用作插入基点。

8.2　插　入　块

块是作为一个实体插入图形中，由于 AutoCAD 只保存块的整体特征参数，而不需要保存块中每一个实体的特征参数，因此，使用块可以大大节省磁盘空间。修改或更新一个已定义的块，系统将自动更新当前图形中已插入的所有该块。如果需要对组成块的单个图形对象进行修改，可以利用"EXPLODE"命令把块分解成若干个对象。

8.2.1　单个插入内部块（INSERT）

执行方式

☆ 下拉菜单："插入"→"块（B）..."命令。

☆ 功能区："插入"选项卡→"块"命令中的 <kbd>图</kbd>（插入）命令。

☆ 命令行：INSERT 或 I↙。

命令执行后，系统将弹出【插入】对话框，如图 8-6 所示。通过对话框的设置即可将块插入到绘图区中。

选项说明

"名称"列表框：指定要插入块的名称，或指定要作为块插入的图形文件名。从下拉列表中可选用当前图形文件中已定义的块名；单击【浏览】按钮可选择作为"外部块"插入的图形文件名。

"插入点"选项区：用于指定插入点的位置。选中"在屏幕上指定"复选框，可直接在屏幕上用鼠标指定插入点；否则需

图 8-6　【插入】对话框

输入插入点坐标。

"比例"选项区：指定块在插入时 X、Y、Z 方向的缩放比例，可在屏幕上使用鼠标指定或直接输入缩放比例；勾选"统一比例"复选框，可等比缩放，即 X、Y、Z 三个方向上的比例因子相同。比例系数大于 1，放大插入；比例系数在 0 和 1 之间，缩小插入；比例系数为负值，镜像插入。

"旋转"选项区：可在屏幕上指定块的旋转角度或直接输入块的旋转角度。

"块单位"选项区：显示有关块单位的信息。"单位"文本框用于指定插入块的 INSUNITS 值（自动缩放所用的图形单位值）；"比例"文本框显示单位比例因子，该比例因子是根据块的 INSUNITS 值和图形单位计算的。

"分解"复选框：决定插入块时，是作为单个对象还是分成若干对象。如勾选该复选框，只能指定统一比例因子。

操作步骤

命令：_insert
指定插入点或【基点（B）/ 比例（S）X/Y/Z/ 旋转（R）】：B↙
指定基点：(将光标移至需要指定为基点的地方，点击鼠标左键)
指定插入点或【基点（B）/ 比例（S）/X/Y/Z 旋转（R）】：S↙
定 XYZ 轴的比例因子 <1>：2↙
定插入点或【基点（B）/ 比例（S）/X/Y/Z 旋转（R）】：R↙
定旋转角度 <0>：90↙
定插入点或【基点（B）/ 比例（S）/X/Y/Z 旋转（R）】
说明：

（1）选择基点（B）选项，可在插入块时指定不同的插入点，如图 8-7 所示。绘制"轴"块，如图 8-7（a）所示。创建块时定义基准点为 1，如图 8-7（b）所示。绘图过程中指定的临时基准点分别为 2、3、4，如图 8-7（c）所示。将"轴"块分别以 1、2、3、4 为基准点插入图形中，结果如图 8-7（d）所示。

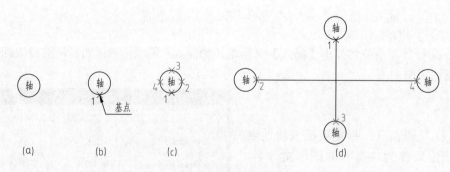

图 8-7　在插入块时指定不同的插入点

（2）比例（S）/X/Y/Z 选项中，可通过逐个输入 X、Y、Z 各参数后，分别设置不同的插入比例。与在图 8-6【插入】对话框中直接输入比例结果相同。

（3）旋转（R）选项可根据需要输入插入块时的旋转角度，与在图 8-6【插入】对话框中直接输入角度结果相同。

实例操作

如图 8-8 所示，将图 8-3 所创建的"窗"块以不同的缩放比例和旋转角度插入图形中。

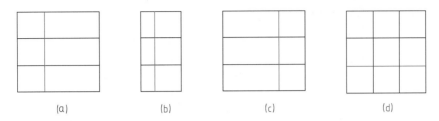

(a)　　　　　　(b)　　　　　　(c)　　　　　　(d)

图 8-8　以不同的缩放比例和旋转角度插入"窗"块

插入块时，参数设置如下：图 8-8（a），X 方向比例为 1，Y 方向比例为 1，旋转角度为 0°；图 8-8（b），X 方向比例为 0.5，Y 方向比例为 1，旋转角度为 0°；图 8-8（c），X 方向比例为 –1，Y 方向比例为 1，旋转角度为 0°；图 8-8（d），X 方向比例为 1，Y 方向比例为 1，旋转角度为 90°。

8.2.2　在当前图形文件中插入"外部块"

在 AutoCAD 中，可以用块的形式将一个图形插入到另外一个图形之中。

（1）用块的形式插入其他图形。调用命令的方式与插入内部块相同，命令执行后，在弹出的图 8-6【插入】对话框中，点击"名称（N）"列表框右边的【浏览】按钮，弹出【选择图形文件】对话框，如图 8-9 所示。

图 8-9　【选择图形文件】对话框

根据需要在【选择图形文件】对话框中选取要插入的图形文件后，单击【打开】按钮，系统弹出如图 8-10 所示的【插入】选择图形文件的对话框，该对话框与图 8-6 的区别在于需标明所插入文件的路径。在【插入】对话框内设置块的缩放比例、旋转角度等，单击【确定】按钮，在屏幕上指定插入点即可完成图形的调入。

指定要插入的块或图形的名称与位置。

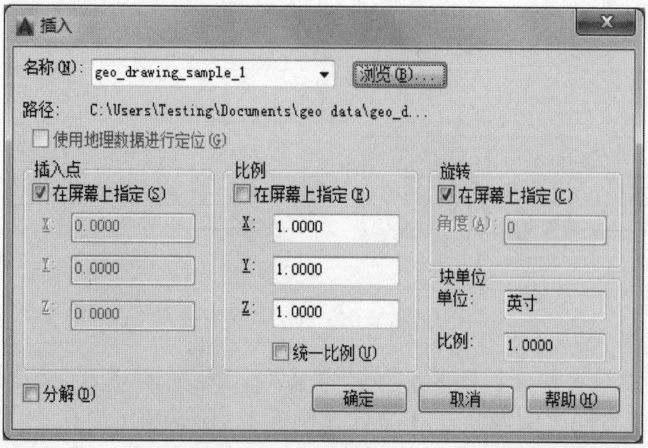

图 8-10　【插入】选择图形文件的对话框

（2）利用 Windows 剪切板插入的图形。利用剪切板"复制""粘贴"命令，另外一个图形中拷贝过来的图形都是独立的对象，插入图形中后，不能整体移动或删除，也不能作为一个块二次插入。若想使粘贴的时候将这些图形自动转换为块，可在粘贴时单击下拉菜单→编辑→"粘贴为块（K）"命令，然后在绘图区选择插入点就可以将插入的图形定义为块。

还可以在粘贴时采用快捷键方式【Ctrl+Shift+V】，也可以将插入的图形转换为块。

8.2.3　多重插入块（MINSERT）

在 AutoCAD 中，可以用"MINSERT"命令插入块，该命令类似于将阵列命令"ARRAY"和块插入命令"INSERT"组合起来，操作过程也类似这两个命令。但"ARRAY"命令产生的每个目标都是单一对象，而"MINSERT"命令产生的多个块则是一个整体。

执行方式

☆ 命令行：MINSERT↙。

实例操作

多重插入图 8-3 所创建的"窗"块。
命令行提示与操作如下。
输入块名或[？]<窗>：↙
单位：英寸　转换：　1.0000
指定插入点或[基点（B）/比例（S）/X/Y/Z/旋转（R）]：（在屏幕上指定点）
输入 X 比例因子，指定对角点，或[角点（C）/XYZ（XYZ）]<1>：↙
输入 Y 比例因子或<使用 X 比例因子>：↙
指定旋转角度<0>：↙
输入行数（–––）<1>：2↙
输入列数（|||）<1>：3↙

输入行间距或指定单位单元（– – –）：150↙

指定列间距（Ⅲ）：200↙

结果如图 8-11 所示。

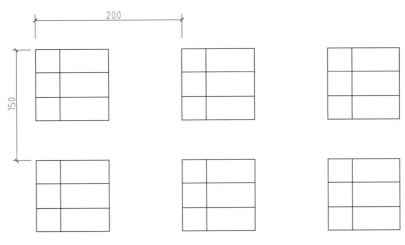

图 8-11　多重插入"窗"块

8.2.4　从设计中心插入块

通过【设计中心】对话框，用户可以访问其他图形的内容，可以将源图形中的图形、块、图案填充、图层、布局、文字样式及尺寸标注样式等拖拽到当前图形中，如图 8-12 所示。还将图形、块和填充拖动到工具选项板上。源图形可以位于用户的计算机上、网络位置或网站上。另外，如果打开了多个图形，则可以通过设计中心在图形之间复制和粘贴相关内容来简化绘图过程。

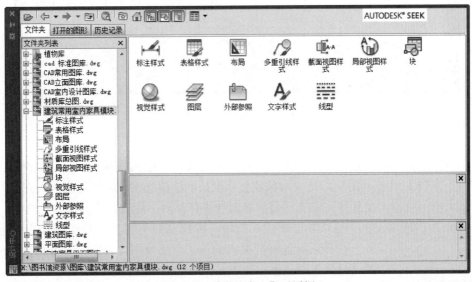

图 8-12　【设计中心】对话框

利用 AutoCAD 里的"设计中心"将其他图纸里的"块"图形插入到当前的图纸中，提供了两种插入块到图形中的方式：一种是按默认的缩放比例和旋转角度插入；另一种是按指定的坐标、缩放比例和旋转角度插入。

执行方式

☆ 下拉菜单："工具"→"选项板"→"设计中心（D）"命令。

☆ 功能区："视图"选项卡→"选项板"面板→▦（设计中心）命令，或"插入"选项卡→"内容"面板→▦（设计中心）命令。

☆ 命令行：ADCENTER 或 ADC✓。

命令执行后，系统将弹出【设计中心】对话框，如图 8-12 所示。第一次启动设计中心时，默认打开的选项卡为"文件夹"选项卡。对话框左侧文件夹列表显示系统的树形结构，右侧内容显示区显示所选项目的有关内容。

操作步骤

打开【设计中心】对话框后，在树形结构中，导航到包含要插入的块定义的图形文件，展开图形文件的下拉列表，然后单击块，在右侧显示区将显示图形中块定义的图像，如图 8-13 所示。

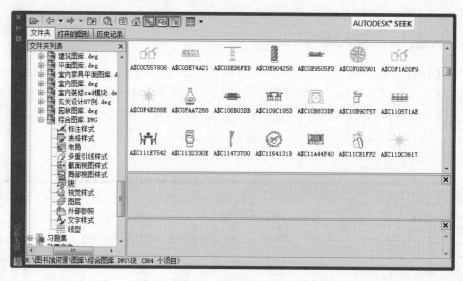

图 8-13　图形文件中的块

插入块的操作方法有三种。

（1）直接用鼠标拖拽。在显示区选择要插入的块，并把其拖放到打开的图形文件中。在指定的位置上松开拖动的块，此块对象就会以默认的缩放比例和旋转角度插入到当前图形文件中。插入后可继续对块进行移动、旋转、比例缩放等操作。

（2）双击要插入的块。按指定的位置、缩放比例和旋转角度插入。在显示区选择要插入的块，双击块图像，系统打开如图 8-6 所示的【插入】对话框，可以在该对话框中进行参数设置。

（3）单击鼠标右键。在显示区选择要插入的块，单击鼠标右键，系统弹出如图 8-14 所示设计中心"插入"块快捷菜单，在其中选择"复制"命令，将其复制到粘贴板上，然后在图形中粘贴，即可将块

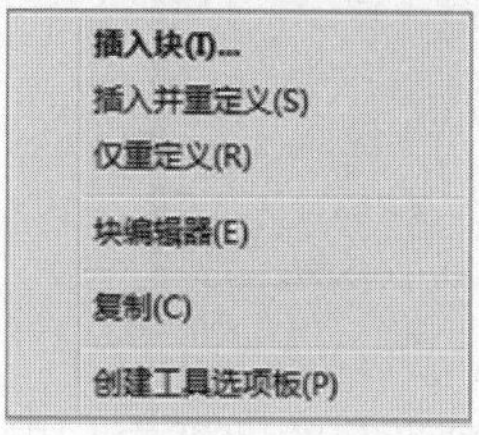

图 8-14　设计中心"插入"块快捷菜单

插入到图形中。

8.2.5 从工具选项板插入块

工具选项板中包含块、标记符号及填充图案等对象，如图 8-15 所示。这些对象被称为工具，用户可以从工具选项板中直接将某个工具拖入到当前图形中，也可以将用户定义的块放入工具选项板中。工具选项板提供了组织、共享和放置块的有效方法。

执行方式

☆ 下拉菜单："工具"→"选项板"→"工具选项板（T）"命令。

☆ 功能区："视图"选项卡→"选项板"面板→▥（工具选项板）命令。

☆ 命令行：TOOLPALETTES 或 TP↙。

命令执行后，系统自动打开工具选项板，如图 8-15 所示。工具选项板窗口包含一系列选项卡，这些选项卡按专业分类，图 8-15（a）为"注释"选项卡，图 8-15（b）为"建筑"选项卡，图 8-15（c）为"机械"选项卡，在 3 个选项卡上，提供系统中共享块的块图像，可根据需要选用。

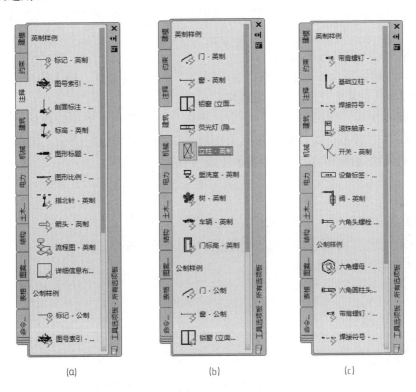

图 8-15 工具选项板

操作步骤

打开工具选项板后，按专业选择对应的选项卡，根据需要从工具选项板中直接将某个块插入到图形文件中。

插入块的方法有三种。

图 8-16 工具选项板 "插入" 块快捷菜单

（1）直接用鼠标拖拽。在工具选项板中选择要插入的块，并把它拖放到打开的图形文件中，在指定的位置上松开拖动的块，此块对象就会以默认的缩放比例和旋转角度插入到当前图形文件中。插入后可继续对块进行移动、旋转、比例缩放等操作。

（2）按指定参数插入块。单击启动该块，然后在绘图区指定插入位置，此时命令行提示：

指定插入点或 [基点（B）/ 比例（S）/X/Y/Z/ 旋转（R）]：

可按指定的位置、缩放比例和旋转角度插入该块。

（3）单击鼠标右键。在显示区选择要插入的块，单击鼠标右键，系统弹出如图 8-16 所示工具选项板 "插入" 块快捷菜单，在其中选择 "复制" 命令，将其复制到粘贴板上，然后在图形中粘贴，即可将块插入到图形中。

8.2.6 分解块

当在图形文件中使用块时，AutoCAD 将块作为单个对象处理，只能对整个块进行编辑。如果用户需要编辑组成这个块的某个对象时，需要将块的组成对象分解为若干个独立的个体。

将块分解有以下两种方法。

（1）插入块时，在【插入】对话框中，勾选 "分解" 复选框，插入的图形仍保持原来的形状，可以对其中某个对象进行单独编辑。

（2）在插入块后，使用 "分解" 命令，将块分解为多个对象，分解后的对象将还原为原始的图层属性状态。如果分解带有附加属性的块，属性值将丢失，并重新显示属性标记。关于块属性的操作，详见本章 8.3 所述内容。

执行方式

☆ 下拉菜单："修改" → "分解（X）" 命令。

☆ 功能区："默认" 选项卡→ "修改" 面板→ (分解) 命令。

☆ 命令行：EXPLODE 或 X↙。

操作步骤

命令：_explode

选择对象：↙。

8.3 块的属性及属性编辑

块属性是用来表示图形性质的包含在块定义中的可变文本，是块的一个组成部分，也是块的非图形的附加信息。在定义块的属性时，同构成块的图形对象一样必须先定义、后选择。属性在块插入的过程中可以赋予不同的属性值。

要建立带有属性的块，应先绘制作为块元素的图形，然后定义块的属性，最后同时选中图形及属性，将其统一定义为块或保存为块文件。

8.3.1　创建块属性

执行方式

☆ 下拉菜单："绘图"→"块"→"定义属性（D）…"命令。

☆ 功能区："插入"选项卡→"块定义"面板→✎（定义属性）命令。

☆ 命令行：ATTDEF 或 ATT✓。

该命令执行后，系统将弹出【属性定义】对话框，如图 8-17 所示。

图 8-17　【属性定义】对话框

选项说明

（1）"模式"选项区。

"不可见"复选框：确定在插入块时，属性值是否可见。

"固定"复选框：确定在插入块时是否提示并改变属性值。

"验证"复选框：确定插入块时检验输入的属性值（提供再次修改的机会）。

"预设"复选框：确定是否将定义属性时指定的默认值自动赋予该属性（相当于用"TEXT"命令注写文字）。

"锁定位置"复选框：确定属性是否可以相对于块的其余部分移动。

"多行"复选框：确定属性是单线属性还是多线属性。

（2）"属性"选项区。

"标记"编辑框：用于给出属性的标识符。

"提示"编辑框：用于在插入带有属性定义的块参照时显示的提示信息。

"默认"编辑框：用于给出属性缺省值，可置空，也可以单击🔁按钮，插入字段。

（3）"插入点"选项区。

"在屏幕上指定"复选框：勾选"在屏幕上指定"复选框，则可以在屏幕上指定属性插入点。

"X、Y、Z"坐标：不勾选"在屏幕上指定"复选框，则可在下方编辑框中直接输入坐标值确定属性的插入点。

（4）"文字设置"选项区。可分别用于设置属性文本的对正、文字样式、高度及旋转角度等。

（5）"在上一个属性定义下对齐"复选框。勾选该复选框，则允许将属性标识直接置于上一个属性的下面。

实例操作

实例 8-1：创建图 8-18 所示表面粗糙度符号属性块。

（1）绘制图形。打开极轴捕捉模式，设置极轴增量角为 30°。绘制图 8-18（a）所示表面粗糙度符号，尺寸如图 8-18（b）所示。

（2）定义属性。单击功能区"插入"选项卡→"块定义"面板→✎（定义属性）命令，

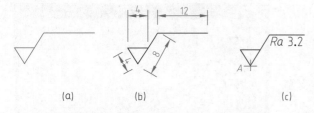

图 8-18　创建表面粗糙度符号属性块

打开图 8-17【属性定义】对话框。

在"属性"选项组中的"标记"编辑框中输入"粗糙度";"提示"编辑框中输入"粗糙度值";"默认"编辑框中输入"Ra3.2"。

在"文字设置"选项中,"对正"框中选择"左对齐";"文字样式"框中选择已设置好的文字样式"数字字母";"高度"框中输入文字高度为 3。

在"插入点"选项组中选择"在屏幕上指定"复选框;在屏幕上指定点 A 为插入点,回车返回绘图界面。

其他选项取默认值,单击【确定】按钮,完成属性定义如图 8-18(c)所示。

(3)创建属性块。单击功能区"默认"选项卡→"块"面板→（创建块）命令,打开图 8-1 所示【块定义】对话框,在"名称（N）"列表框中输入块名为"粗糙度",单击【选择对象】按钮,选取图 8-18(c)所示粗糙度图形及属性标记,指定 A 点为基点,完成属性块的创建。

(4)插入属性块。用"INSERT"命令插入带属性的块或图形文件时,其提示和插入一个不带属性的块完全相同,只是在指定插入点后,命令行增加了属性输入提示。用户可在提示下输入属性值或接受默认值。

注意:在插入带属性的块时,属性和块不能分解。若选中【插入】对话框中的"分解"选项,则在插入块时,将不再提示输入属性值。此时的属性值将被属性标记所代替。

实例 8-2:完成图 8-19(a)所示图形中表面粗糙度符号的标注,结果如图 8-19(b)所示。

操作过程如下:单击功能区"插入"选项卡→"块"命令中的（插入）命令,打开图 8-6 所示【插入】对话框,在"名称（N）"列表框中选择"粗糙度",然后单击【确定】按钮。

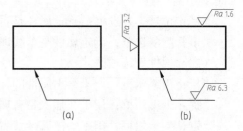

图 8-19　在图形中插入表面粗糙度符号

命令行提示与操作如下。

指定插入点或 [基点（B）/ 比例（S）/X/Y/Z/ 旋转（R）]:(选取矩形线框上边线上的一点)

属性值 <Ra3.2>: Ra1.6✓（输入属性值,完成矩形框上部表面粗糙度符号的绘制）

指定插入点或 [基点（B）/ 比例（S）/X/Y/Z/ 旋转（R）]: R✓

指定旋转角度 <0>: 90✓

指定插入点或 [基点（B）/ 比例（S）/X/Y/Z/ 旋转（R）]:(选取矩形线框左边线上的一点)

属性值 <Ra3.2>: Ra3.2✓（输入属性值,完成矩形框上部表面粗糙度符号的绘制）

指定插入点或 [基点（B）/ 比例（S）/X/Y/Z/ 旋转（R）]:(选取多重引线基线上的一点)

属性值 <Ra3.2>: Ra6.3✓（输入属性值,完成矩形框上部表面粗糙度符号的绘制）

实例 8-3:创建如图 8-20 所示具有多个属性的标高块。

(1)绘制图形。打开极轴捕捉模式,设置极轴增量角为 45°。绘制如图 8-20(a)所示标高符号,尺寸如图 8-20(b)所示。

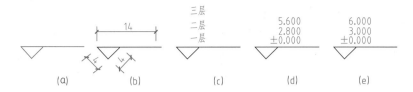

图 8-20　创建具有多个属性的标高块

（2）定义属性。

建立属性一：在"属性"选项组中的"标记"编辑框中输入"三层"；"提示"编辑框中输入"三层标高"；"默认"编辑框中输入"5.600"。

在"文字设置"选项组中，"对正"编辑框中选择"左"；"文字样式"编辑框中选择已设置好的文字样式"数字字母"；"高度"编辑框中输入文字高度为 3。

在"插入点"选项组中，选择【在屏幕上指定】复选框；在屏幕上指定某点为插入点，返回绘图界面。

其他选项取默认值。对话框中单击【确定】按钮。

建立属性二：在"属性"选项组中，"标记"编辑框中输入"二层"；"提示"编辑框中输入"二层标高"；"默认"编辑框中输入"2.800"；勾选"在上一个属性定义下对齐"复选框，单击【确定】按钮。

建立属性三：在"属性"选项组中，"标记"编辑框中输入"一层"；"提示"编辑框中输入"一层标高"；"默认"编辑框中输入"±0.000"；勾选"在上一个属性定义下对齐"复选框，单击【确定】按钮。

结果如图 8-20（c）所示。

（3）创建属性块。单击功能区"默认"选项卡→"块"面板→（创建块）命令，打开图 8-1 所示【块定义】对话框，在"名称（N）"列表框中输入块名为"标高符号"，单击【选择对象】按钮，选取图 8-20（c）所示标高符号及三个属性标记，指定标高符号下面交点作为块的插入点，系统打开【编辑属性】对话框，采用默认值，单击【确定】按钮即完成属性块的创建，结果如图 8-20（d）所示。

（4）插入属性块。单击功能区"插入"选项卡→"块"命令中的（插入）命令，打开【插入】对话框，在"名称（N）"列表框中选择"标高符号"，然后单击【确定】按钮。

命令行提示与操作步骤如下。

指定插入点或 [基点（B）/ 比例（S）/X/Y/Z/ 旋转（R）]:（在屏幕上指定一点）

输入属性值

三层地面标高 <5.600>: 6.000✓

二层地面标高 <2.800>: 3.000✓

一层地面标高 <±0.000>: ✓

完成图形如图 8-20（e）所示。

8.3.2　属性的编辑

8.3.2.1　"单个"属性编辑命令

执行方式

☆ 下拉菜单："修改"→"对象"→"属性"→"单个（S）..."命令。

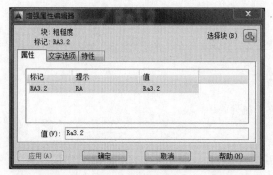

图 8-21 【增强属性编辑器】对话框

☆ 功能区: "默认"选项卡→"块"面板→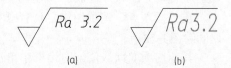（编辑属性）命令下拉箭头→"单个"命令，或"插入"选项卡→"块"面板→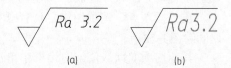（编辑属性）命令下拉箭头→"单个"命令。

☆ 命令行: EATTEDIT✓。

该命令执行后，系统将弹出【增强属性编辑器】对话框，如图 8-21 所示。通过该对话框可以修改块的属性值、文字选项、属性所在图层及属性的颜色、线型和线宽等特性。

实例操作

修改图 8-22（a）所示"表面粗糙度"属性值的文字字型、高度和颜色。

操作步骤如下。

（1）单击功能区"默认"选项卡→"块"面板→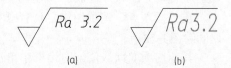（编辑属性）命令下拉箭头→"单个"命令，系统将弹出如图 8-21 所示【增强属性编辑器】对话框。

（2）单击"文字选项"选项卡，对话框显示修改前的参数设置，如图 8-23（a）所示，在该对话框的文字样式编辑栏中选择"文字样式"为"数字字母"，修改文字"高度"为 4.8，其他参数采用默认值，如图 8-23（b）所示。

（3）单击"特性"选项卡，原设计中"颜色（C）"为"ByLayer"，如图 8-23（c）所示。将"颜色（C）"修改为"红色"，如图 8-23（d）所示。

（4）单击【确定】按钮完成对属性块的修改，结果如图 8-22（b）所示。

图 8-22 利用"EATTEDIT"命令修改"表面粗糙度"属性值的文字字型、高度和颜色

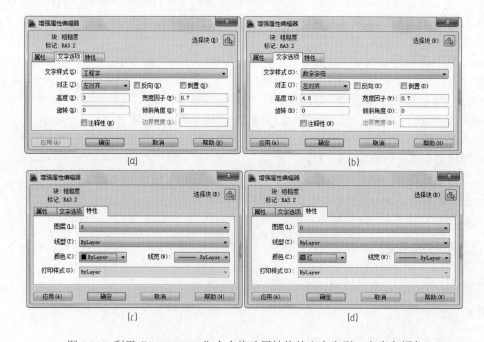

图 8-23 利用"EATTEDIT"命令修改属性值的文字字型、高度和颜色

操作技巧：

在属性块上双击鼠标即可打开【增强属性编辑器】对话框。

8.3.2.2 "多个"属性编辑命令

执行方式

☆ 下拉菜单："修改"→"对象"→"属性"→"全局（G）"命令。

☆ 功能区："默认"选项卡→"块"面板→ ☜（编辑属性）命令下拉箭头→"多个"命令，或"插入"选项卡→"块"面板→ ☜（编辑属性）命令下拉箭头→"多个"命令。

☆ 命令行：ATTEDIT↙。

操作步骤

命令：_attedit

是否一次编辑一个属性？［是（Y）/否（N）］<Y>：

输入块名定义 <*>：

输入属性标记定义 <*>：

输入属性值定义 <*>：

选择属性：

用鼠标选取要编辑的属性块后回车，命令行提示：

输入选项［值（V）/位置（P）/高度（H）/角度（A）/样式（S）/图层（L）/颜色（C）/下一个（N）］< 下一个 >：

"ATTEDIT（单个）"命令与"EATTEDIT（多个）"命令比较，除了能够修改块的属性值、文字选项、属性所在图层及属性的颜色、线型和线宽等特性外，还可以改变属性在块中的位置及旋转角度。

图 8-24　利用"ATTEDIT"命令修改"表面粗糙度"属性值的位置、高度和颜色

实例操作

修改图 8-24（a）所示"表面粗糙度"属性值的位置、高度和颜色。

命令行显示和操作步骤如下。

命令：_attedit

是否一次编辑一个属性？［是（Y）/否（N）］<Y>：↙

输入块名定义 <*>：↙

输入属性标记定义 <*>：↙

输入属性值定义 <*>：↙

选择属性：找到 1 个

选择属性：↙

已选择 1 个属性

输入选项［值（V）/位置（P）/高度（H）/角度（A）/样式（S）/图层（L）/颜色（C）/下一个（N）］< 下一个 >：p↙

指定新的文字插入点 < 不修改 >：(将属性值移动至横线上方)

输入选项 [值（V）/ 位置（P）/ 高度（H）/ 角度（A）/ 样式（S）/ 图层（L）/ 颜色（C）/ 下一个（N）]< 下一个 >：H↙

指定新高度 <3.0>：4.8↙

输入选项 [值（V）/ 位置（P）/ 高度（H）/ 角度（A）/ 样式（S）/ 图层（L）/ 颜色（C）/ 下一个（N）]< 下一个 >：C↙

输入新颜色 [真彩色（T）/ 配色系统（CO）]<BYLAYER>：1↙

输入选项 [值（V）/ 位置（P）/ 高度（H）/ 角度（A）/ 样式（S）/ 图层（L）/ 颜色（C）/ 下一个（N）]< 下一个 >：↙

修改后图形变化如图 8-24（b）所示。

8.3.3 "块属性管理器"命令

执行方式

☆ 下拉菜单："修改"→"对象"→"属性"→"块属性管理器（B）..."。

☆ 功能区："插入"选项卡→"块定义"面板→ (属性管理)命令。

☆ 命令行：BATTMAN↙。

该命令执行后，系统将弹出【块属性管理器】对话框，如图 8-25 所示。块属性管理器用于管理当前图形中块的属性定义。可以在块中编辑属性定义、从块中删除属性，以及更改插入块时系统提示用户输入属性值的顺序。

选项说明

选择块（L）：单击 选择块(L) 按钮，返回绘图界面，用光标拾取要编辑的属性块。

块（B）：利用【块】下拉列表可以选择要编辑的块。

【同步】按钮：更新具有当前定义的属性特性的选定块的全部实例。此操作不会影响每个块中赋给属性的值。

【上移】或【下移】按钮：在属性列表中选择属性后，单击【上移】或【下移】按钮，可以移动属性在列表中的位置。

【编辑】按钮：单击后，打开【编辑属性】对话框，如图 8-26 所示。该对话框的内容与图 8-21【增强属性编辑器】对话框的内容及操作基本相同。

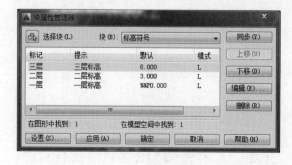

图 8-25 【块属性管理器】对话框

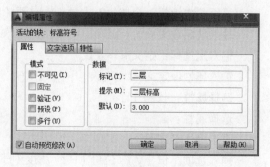

图 8-26 【编辑属性】对话框

【删除】按钮：从块定义中删除选定的属性。对于仅具有一个属性的块，【删除】按钮不可使用。

【设置】按钮：单击打开【块属性设置】对话框，如图 8-27 所示。从中可以自定义【块属性管理器】中属性信息的列出方式。

【应用】按钮：应用所做的更改，但不关闭对话框。

【确定】按钮：关闭对话框，确定所做的修改。

实例操作

修改图 8-28（a）所示"标高符号"属性值的内容。

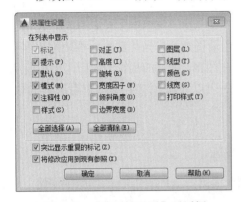

图 8-27　【块属性设置】对话框

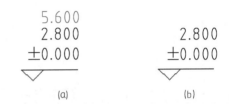

图 8-28　利用"BATTMAN"命令修改"标高符号"
属性值内容

操作步骤如下。

（1）单击功能区"插入"选项卡→"块定义"面板→ （属性管理）命令，打开图 8-25 所示【块属性管理器】对话框，在"块（B）"列表框中选取"标高符号"属性块，如图 8-29(a) 所示。在属性列表中选择"三层"，然后单击【删除】按钮，如图 8-29(b) 所示。

（2）修改后如图 8-28（b）所示。

图 8-29　利用"BATTMAN"命令修改属性值内容

8.4　块 编 辑 器

可以使用块编辑器定义块定义的动态行为，可以在块编辑器中为块添加参数、动作、可见性、查询列表等，添加后的块被选中时会出现一些夹点，通过这些夹点可以改变块的状态，同一个块可以根据需要调整不同的尺寸和样式。

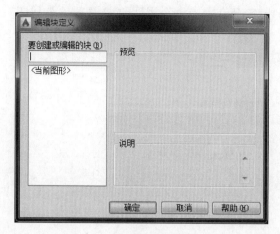

图 8-30 【编辑块定义】对话框

执行方式

☆ 下拉菜单:"工具"→"块编辑器(B)"命令。

☆ 功能区:"默认"选项卡→"块"面板→🖉(编辑)命令,或"插入"选项卡→"块定义"面板→🖉(块编辑器)命令。

☆ 命令行:BEDIT✓。

该命令执行后,系统将弹出图 8-30 所示【编辑块定义】对话框。在"要创建或编辑的块(B)"列表框中选择已定义的块,也可以选择<当前图形>,当前图形将在块编辑器中打开,在图形中添加动作元素后,可以保存图形并将其作为动态块插入到另一个图形文件中,同时可以在【预览】窗口查看选择的块,在【说明】窗口将显示关于该块的一些信息。

单击【编辑块定义】对话框的【确定】按钮,即可进入【块编辑器】界面,如图 8-31 所示。块编辑器由工具栏、选项板和编写区域 3 部分组成。

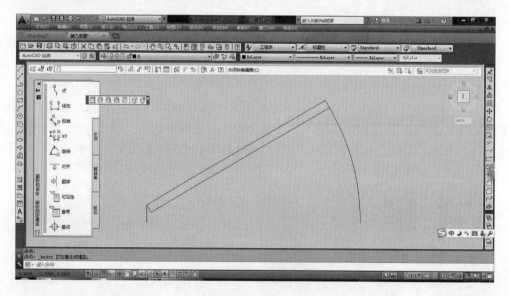

图 8-31 【块编辑器】界面

8.4.1 【块编辑器】工具栏

【块编辑器】工具栏位于整个编辑区的正上方,提供了用于创建动态块以及设置可见性状态的工具,如图 8-32 所示。

其实从【块编辑器】的面板和选项板,我们基本可以将动态块的参数分为 3 部分:参数、动作和约束。参数就是确定哪些图形要动,常用的参数包括点、线型、极轴、旋转、翻转、对齐、阵列,比较特殊的参数有基点、可见性、查询列表。可见性上面已经提到过,基点可以用于修改块的插入基点,查询列表可以设置与图形的一个或多个参数关联,对这些参

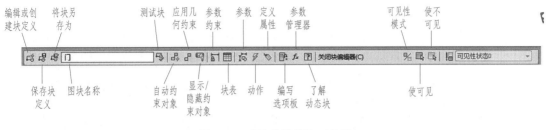

图 8-32　【块编辑器】工具栏

数进行参数化控制。动作基本是跟参数对应的，如移动、缩放、拉伸、阵列、翻转、查询等。参数集就是参数和动作的组合，可以直接调用，设置起来更加简单。约束和参数化就是调用参数化相关功能，可以对块内图形添加垂直、相切、相等的约束条件，或者利用参数化控制图形尺寸。

8.4.2 【块编辑器】选项板

【块编辑器】中的选项板专门用于创建动态块，包括"参数""动作""参数集"和"约束" 4 个选项板，如图 8-33 所示。

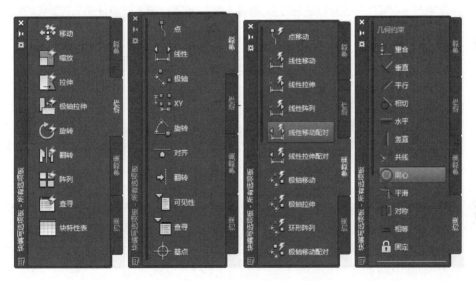

图 8-33　【块编辑器】中的选项板

8.4.3 【块编辑器】编写区域

【块编辑器】包含一个特殊的编写区域，在该区域中，可以像在绘图区域中一样绘制和编辑几何图形。在编写区域所编辑的块，此时显示为各个组成块的单独对象，可以更改块图元对象的形状，还可以更改颜色、线型、线宽等图元特性，可以添加或删除注释信息，可以重新定义块的插入点。

实例操作

创建图 8-34 所示"标高"动态块。

操作步骤如下。

图 8-34　创建"标高"动态块

（1）建立单属性的"标高"动态块，如图 8-34 所示。

（2）"默认"选项卡→"块"面板→🖼️（编辑）命令，打开【编辑块定义】对话框，选择第一步中创建"标高"块后，单击【确定】按钮，进入【块编辑器】界面，如图 8-35 所示。

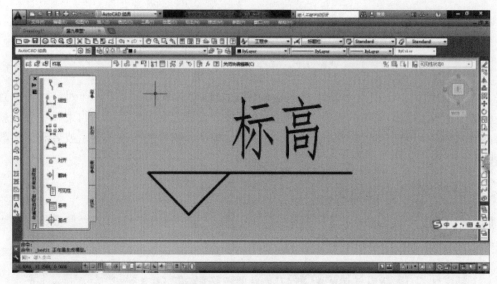

图 8-35　【块编辑器】界面

（3）在【块编辑器】界面中，选择"参数"选项卡上的【翻转】参数，在编写区域选择三角形下顶点并拉出一条水平线为投影线，如图 8-36 所示。

命令行提示与操作步骤如下。

命令：_BParameter 翻转

指定投影线的基点或［名称（N）/标签（L）/说明（D）/选项板（P）］：设置投影线的基点

指定投影线的端点：设置另一端点

指定标签位置：设置夹点位置

（4）选择"动作"选项卡上的【翻转】动作，然后选择"翻转状态 1"，在"选择对象"提示下选取全部对象和翻转夹点，再确定标签位置在三角形下顶点，如图 8-37 所示。

命令行提示与操作步骤如下。

命令 _BActionTool 翻转

选择参数：选择翻转状态 1

指定动作的选择集

选择对象：指定对角点：找到 6 个选择翻转对象

选择对象：↙。

（5）同样方法，可以竖直线为翻转基准线设置【翻转】参数和【翻转】动作，如图 8-38 所示。

图 8-36　添加【翻转】参数

图 8-37　添加【翻转】动作

图 8-38　以竖直线为翻转基准线设置参数和动作

（6）单击 📇 按钮，保存当前块定义。然后单击 关闭块编辑器(C) 按钮，关闭【块编辑器】回到绘图区域。

（7）单击 🔳（插入块）按钮，系统弹出【插入】对话框，在"名称"下拉列表中选择"标高"块，单击【确定】按钮，在水平线上插入"标高"动态块，并设置其属性值为5.600，如图 8-39 所示。

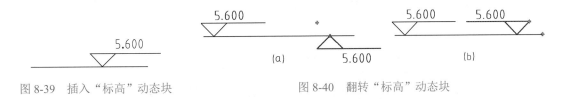

图 8-39　插入"标高"动态块

图 8-40　翻转"标高"动态块

（8）翻转"标高"动态块。在命令行没有输入任何命令的状态下，选择激活"标高"动态块，点击"标高"三角形下顶点处的翻转夹点，得到图 8-40（a）的上下翻转效果。单击"标高"三角形左顶点处的翻转夹点，得到图 8-40（b）的左右翻转效果。

> 操作技巧：
> 双击要编辑的块即可打开【块编辑器】。

上机操作练习

1. 扫描附录 3 二维码→"素材文件"→"第 8 章"→8-41.dwg。如图 8-41（a）所示，分别创建螺栓、螺母和垫圈 3 个块，并将其组装且修改成图 8-41（b）所示螺栓连接图。

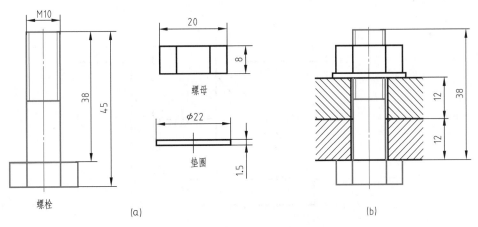

图 8-41　螺栓连接图练习

2. 扫描附录 3 二维码→"素材文件"→"第 8 章"→8-42.dwg。按图 8-42（a）、（b）、（c）所示尺寸，分别创建窗、门、轴线编号块，并在图 8-42（d）中插入块，完成图形。

3. 扫描附录 3 二维码→"素材文件"→"第 8 章"→8-43.dwg。按图 8-43（a）所示尺寸，创建水利工程图"标高符号"，其中三角形符号为直角等腰三角形。按图 8-43（b）所示图形，完成标高标注。

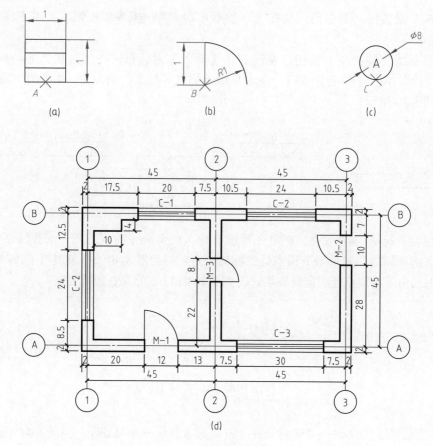

图 8-42　建筑图练习

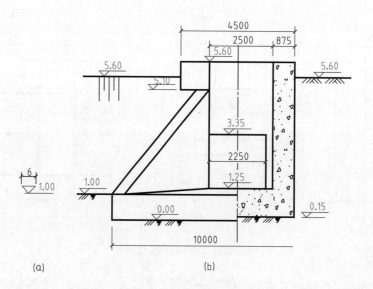

图 8-43　水利工程图练习

4. 扫描附录 3 二维码→"素材文件"→"第 8 章"→ 8-44.dwg。按图 8-44（a）（电阻）、（b）（电阻）、（c）（放大器）、（d）（二极管）所示尺寸，创建电路图中常用电路符号属性块，并将所做块插入到晶体管放大电路图中，完成图形的绘制。

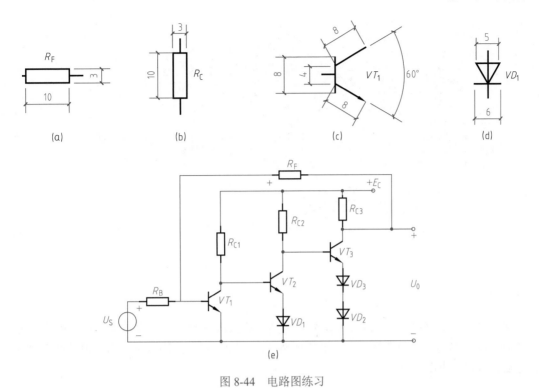

图 8-44 电路图练习

第 9 章　三维建模

本章导读

本章主要讲解 AutoCAD 的三维功能，包括三维绘图基础、设置视觉样式；绘制三维基本体；将二维图形创建三维实体；布尔运算实体；三维操作模型。通过本章的学习掌握三维模型的绘制、编辑方法及控制。

学习目标

➢ 掌握三维绘图基础、设置视觉样式。

➢ 绘制三维基本体的基本方法。

➢ 将二维图形创建三维实体的操作方法。

➢ 布尔运算创建实体的方法。

➢ 三维对象的操作方法。

9.1　三维绘图基础

在 AutoCAD 中绘制三维模型时，首先将工作空间切换为"三维建模"工作空间。

执行方式

☆ 下拉菜单："工具（T）"→"工作空间（O）"子菜单→"三维建模"选项，如图 9-1 所示（提示：默认设置下，"菜单栏"是隐藏的，当变量 MENUBAR 为 1 时，显示菜单栏；为 0 时，隐藏菜单栏）。

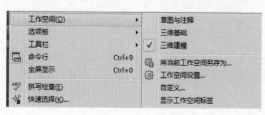

图 9-1　"工具"下拉菜单

☆ 快速访问工具栏："快速访问工具栏"最右侧下拉按钮→"工作空间"→"三维建模"选项，如图 9-2 所示。

☆ 状态栏："切换工作空间 🔧 "→"三维建模"选项，如图 9-3 所示。

图 9-2 快速访问工具栏

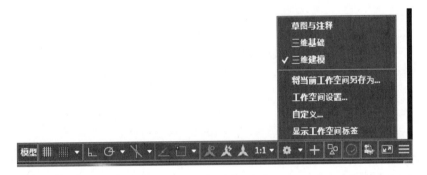

图 9-3 状态栏

9.1.1 设置三维视图

在默认状态下，三维绘图命令绘制的三维图形都是俯视的平面图，用户可以根据系统提供的俯视、仰视、前视、后视、左视和右视 6 个正交视图和西南、西北、东南、东北 4 个等轴测视图分别从不同方位进行观察，三维状态常选用"西南等轴测"方式。

视图的切换方式主要有以下几种。

执行方式

☆ 下拉菜单："视图（V）"→"三维视图（D）"→"西南等轴测（S）"命令，如图 9-4 所示。

☆ 功能区："常用"选项卡→"视图"面板→"三维导航"下拉按钮→"西南等轴测"选项，如图 9-5 所示（默认设置下，"视图"面板是隐藏的，在功能区，单击鼠标右键，"视图面板"菜单下勾选"视图"选项即可）。

☆ 视图控件：绘图区左上角的"视图控件"→"西南等轴测"，如图 9-6 所示。

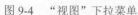

图 9-4　"视图"下拉菜单　　　　图 9-5　"视图"面板　　　图 9-6　"视图控件"快捷菜单

9.1.2　三维坐标系

三维坐标系分为世界坐标系和用户坐标系两种。世界坐标系即 WCS，又称为通用坐标系，在未指定用户坐标系 UCS 之前，系统将以世界坐标系为默认的坐标系。

执行方式

☆ 菜单栏："工具（T）"→" 新建 UCS（W）"。

☆ 功能区："常用"选项卡→"坐标"面板→ ![按钮]（管理用户坐标系）按钮。

☆ 命令行：UCS↙。

选项说明

指定 UCS 的原点：允许用户使用一点、两点和三点定义一个新的 UCS。如果指定单个点，当前 UCS 的原点将会移动而不会更改 X、Y 和 Z 轴的方向；如果指定第二个点，则 UCS 旋转以使 X 轴通过该点；如果指定第三个点，则 UCS 绕新的 X 轴旋转来定义 Y 轴。

面（F）：用于将 UCS 与三维对象的选定面对齐。UCS 的 X 轴将与找到的第一个面上的最近的边对齐。

命名（NA）：此选项用于保存或恢复通常使用的 UCS 坐标系。

对象（OB）：此选项用于将 UCS 与选定三维对象对齐。新 UCS 的拉伸方向为选定对象的方向。此选项不能用于三维多段线、三维网格和构造线。

上一个（P）：此选项表示恢复到上一个 UCS。

视图（V）：此选项以平行于屏幕的平面为 XY 平面，建立新的坐标系，原点保持不变，但 X 轴和 Y 轴分别为水平和垂直。

世界（W）：该选项可将当前用户坐标系设置为世界坐标系。

X/Y/Z：此选项可将当前 UCS 绕指定轴旋转。可任意输入角度，正值表示绕正方向旋转，负值表示绕负方向旋转，遵循右手原则。

Z 轴（ZA）：此选项可用 Z 轴正半轴来定义 UCS。

说明：可利用"UCSICON"命令中"on"和"off"选项控制坐标系的开关。

常用三种坐标系形式如图 9-7 所示。

(a)"俯视"方向为 *XY* 坐标面

(b)"主视"方向为 *XY* 坐标面

(c)"左视"方向为 *XY* 坐标面

图 9-7　常用三种坐标系形式

实例操作

将如图 9-7（a）所示原始坐标系转换成图 9-7（b）、（c）形式。

方法一：三点坐标转换法（该方法具有通用性）

操作步骤如下。

（1）绘制如图 9-8（a）所示参照立方体。

（2）输入命令 UCS 回车，指定 1 点为指定 UCS 的原点，2 点为指定 *X* 轴上的点，3 点为指定 *XY* 平面上的点，结果如图 9-8（b）所示。

（3）同理，依次分别选择图 9-8（c）中 1、2、3 点，则坐标如图 9-8（d）所示。

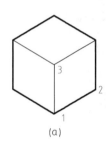
(a)

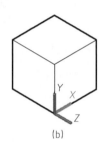
(b)

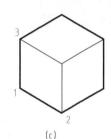
(c)

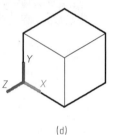
(d)

图 9-8　三点坐标转换法

方法二：坐标系转换法（该方法可切换至常用坐标系）

操作方法如下："常用"选项卡→"坐标"面板→"命名 UCS 组合框控制"右侧下拉箭头，如图 9-9（a）、（b）形式，通过切换为"前视""左视"转换成所需坐标系。

(a)"坐标"面板

(b)"命名UCS组合框控制"下拉菜单

图 9-9　坐标系转换法

9.1.3　设置视觉样式

在等轴测视图中绘制三维模型时，默认状态下是以线框方式进行显示的，为了获得直观的视觉效果，可以更改视觉样式来改善显示效果。

执行方式

☆ 功能区："视图"选项卡→"视觉样式"面板中选择相应视觉样式，如图 9-10 所示。

☆ 视觉样式控件：单击绘图区左上角的"视觉样式控件"，在打开的菜单中勾选相应样式，如图 9-11 所示。

☆ 命令行：VS↙，选择相应样式，如图 9-12 所示。

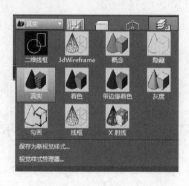

图 9-10　"视觉样式"面板　　　　　　　图 9-11　"视觉样式控件"菜单

图 9-12　"视觉样式"快捷键

选项说明

二维线框：通过使用直线和曲线表示边界的方式显示对象，如图 9-13 所示。

隐藏：使用线框表示对象，而隐藏表示后面被遮挡的图线，如图 9-14 所示。

真实：着色多边形平面间的对象，并使对象的边平滑化，将显示对象的材质，如图 9-15 所示。

概念：着色多边形平面间的对象，并使对象的边平滑化。着色使用冷色和暖色之间的过渡。效果缺乏真实感，但是可以更方便地查看模型的细节，如图 9-16 所示。

提示：采用线框样式，有利于捕捉到需要的特征点；隐藏、真实或概念样式可获得直观的视觉效果。

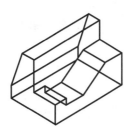

图 9-13　二维线框样式

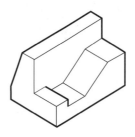

图 9-14　隐藏样式

图 9-15　真实样式

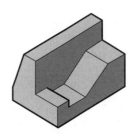

图 9-16　概念样式

9.2　绘制基本三维实体

通过 AutoCAD 提供的建模命令，可以直接绘制的基本体包括长方体、圆柱体、圆锥体、球体、棱锥体、楔体等。

提示：以下基本三维实体的绘制都是在"三维建模"空间，"西南等轴测"状态；始终将基本三维实体的底面绘制为与当前 UCS 的 XY 平面平行；在 Z 轴方向上指定长方体的高度，可以为高度输入正值和负值。

9.2.1　长方体

"长方体"命令用于创建三维实心长方体。

执行方式

☆ 菜单栏："绘图（D）"→"建模（M）"→"长方体（B）"。

☆ 功能区："常用"选项卡→"建模"面板→"长方体"按钮🔲。

☆ 命令行：BOX↙。

执行命令后，系统提示"指定第一个角点或 [中心（C）]："。

确定长方体底面角点位置或底面中心后，命令行将提示"指定其他角点或 [立方体（C）/长度（L）]："。

选项说明

中心（C）：该项根据长方体的正中心点位置创建长方体，即首先定位长方体的中心点位置。

立方体（C）：该项用于创建长、宽、高都相等的正立方体。

长度（L）：该项直接输入长方体的长度、宽度和高度，长、宽、高分别对应 X 轴、Y 轴和 Z 轴。

实例操作

绘制如图 9-17 所示长方体，已知长、宽、高分别为 200、150、100。

操作步骤如下。

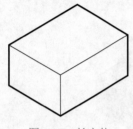

图 9-17   长方体

（1）新建空白文档。

（2）单击"视图（V）"下拉菜单→"三维视图（D）"级联子菜单→"西南等轴测（S）"命令。

（3）输入快捷命令：BOX ✓。

指定第一角点后，输入 L 选项，分别输入 200、150、100，完成长方体的绘制。

（4）"视图（V）"下拉菜单→"视觉样式（S）"级联子菜单→"消隐（H）"命令。

结果如图 9-17 所示。

提示：打开正交模式绘制；指定长方体的高度时可输入 2P 选项，通过两点方式确定长方体高度。

9.2.2   圆柱体

"圆柱体"命令用于创建三维实心圆柱体或椭圆柱体。

执行方式

☆ 菜单栏："绘图（D）"→"建模（M）"→"圆柱体（C）"命令。

☆ 功能区："常用"选项卡→"建模"面板→"圆柱体"按钮 。

☆ 命令行：CYLINDER ✓。

选项说明

椭圆（E）：通过指定圆柱体的椭圆底面绘制椭圆柱体。

其他选项含义同"圆""椭圆"各选项。

实例操作

绘制如图 9-18 所示圆柱体，已知直径 200、高 150 的圆柱体。

操作步骤如下。

（1）输入快捷命令 CYLINDER ✓。

（2）指定底面圆心位置、输入底圆半径 100、高度 150，完成圆柱体的绘制。结果如图 9-18（a）所示。

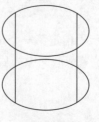

(a) 默认线框样式

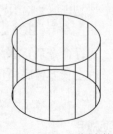

(b) ISOLINES=10 的线框样式

图 9-18   圆柱体

提示：圆柱体素线数目由系统变量 ISOLINES 设置，如图 9-18（b）所示。

9.2.3　圆锥体

"圆锥体"命令用于创建实心圆锥体或椭圆锥体。

执行方式

☆ 菜单栏："绘图（D）"→"建模（M）"→"圆锥体（O）"命令。

☆ 功能区："常用"选项卡→"建模"面板→"圆锥体"按钮△。

☆ 命令行：CONE✓。

选项说明

启动"圆锥体"命令后，命令行出现提示同圆柱体类似，不同点如下。

轴端点（A）：指定圆锥体轴的端点位置，该端点是圆锥体的顶点。轴端点可以位于三维空间的任意位置，定义了圆锥体的高度和方向。

顶面半径（T）：通过指定圆锥体顶面圆半径，绘制圆台。

实例操作

绘制底圆直径为 200、高为 150 的圆锥体，如图 9-19 所示。

操作步骤如下。

（1）输入快捷命令 CONE ✓。

（2）指定底面圆心位置，输入底圆半径 100，高度 150，完成圆锥体的绘制，结果如图 9-19(a) 所示。

(a) 圆锥　　　　　(b) 圆台

图 9-19　圆锥体

提示：指定圆锥高度时，可以通过设定顶面半径（T），绘制圆台，如图 9-19（b）所示。

9.2.4　球体

"球体"命令用于创建三维实心球体。

执行方式

☆ 菜单栏："绘图（D）"→"建模（M）"→"球体（S）"命令。

☆ 功能区："常用"选项卡→"建模"面板→"球体"按钮●。

☆ 命令行：SPHERE✓。

启动"球体"命令后，命令行出现提示选项含义同圆柱。

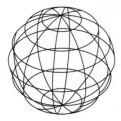

图 9-20　球体

实例操作

绘制如图 9-20 所示球体，已知球体半径为 100。

操作步骤如下。

（1）输入快捷命令 SPHERE。

（2）指定球心、半径，完成球体的绘制，结果如图 9-20 所示。

提示：球体素线数目由系统变量 ISOLINES 设置，图示球体

ISOLINES=10。

9.2.5 棱锥体

"棱锥体"命令用于创建三维实心棱锥体。

执行方式

☆ 菜单栏："绘图（D）"→"建模（M）"→"棱锥体（Y）"命令。

☆ 功能区："常用"选项卡→"建模"面板→"棱锥体"按钮◁。

☆ 命令行：PYRAMID↙。

选项说明

启动"棱锥体"命令后，命令行出现提示同多边形类似，不同点如下。

侧面（S）：指定棱锥体的侧面数。系统默认棱锥体侧面数为4，侧面数可以输入3~32之间的数值。

两点（2P）：指定棱锥体的高度为两个指定点之间的距离。

轴端点（A）：指定棱锥体轴的端点位置，该端点是棱锥体的顶点。轴端点可以位于三维空间的任意位置，定义了棱锥体的高度和方向。

顶面半径（T）：指定创建棱台时的顶面半径。

实例操作

绘制内切圆半径100、高200的六棱锥，如图9-21所示。

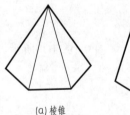
(a) 棱锥

(b) 棱台

图 9-21　棱锥体

操作步骤如下。

（1）输入快捷命令 PYRAMID↙。

（2）输入 S 选项，指定侧面数 6。

（3）指定底面中心点、半径及棱锥高度，完成六棱锥的绘制。

结果如图 9-21（a）所示。

提示：指定棱锥高度时，可以通过设定顶面半径（T），绘制棱台，如图 9-21（b）所示。图示为隐藏视觉样式。

9.2.6 楔体

执行"楔体"命令，可以创建倾斜面在 X 轴方向的三维实体。

执行方式

☆ 菜单栏："绘图（D）"→"建模（M）"→"楔体（Y）"命令。

☆ 功能区："常用"选项卡→"建模"面板→"楔体"按钮◁。

☆ 命令行：WEDGE↙。

实例操作

绘制长 200、宽 100、高 100 的楔体，如图 9-22 所示。

操作步骤如下。

（1）输入快捷命令 WEDGE ↙。

（2）指定第一角点后，输入另一角点坐标（200，100）。

（3）指定高度 100，结果如图 9-22 所示。

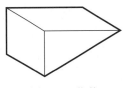

图 9-22 楔体

提示：楔体的倾斜方向为 X 轴的正方向。三维建模数据的输入方式与二维类似，平面（x，y）形式，三维（x，y，z）形式。

9.3 通过二维图形创建实体

在 AutoCAD 中，除了使用系统提供的实体命令直接绘制三维模 型后，也可以将二维图形，通过一定的操作，如拉伸、按住并拖动、旋转、扫掠、放样等，生成沿一定方向或具有一定规则的实体模型。

9.3.1 拉伸实体

"拉伸"命令可以按指定方向或沿指定路径拉伸对象，或按指定高度和倾斜角度将二维图形对象拉伸成三维实体。"拉伸"命令将封闭二维图形对象创建三维实体，或从具有开口的对象创建三维曲面。

执行方式

☆ 菜单栏："绘图（D）"→"建模（M）"→"拉伸（X）"命令。

☆ 功能区："常用"选项卡→"建模"面板→"拉伸"按钮 。

☆ 命令行：EXTRUDE（EXT）↙。

选项说明

指定拉伸的高度：默认情况下，沿对象的法线方向拉伸平面对象。输入正值，向 Z 轴正方向拉伸，输入负值，则向 Z 轴负方向拉伸。

模式（MO）：控制拉伸对象是实体还是曲面。

方向（D）：通过指定的两点指定拉伸的长度和方向。

路径（P）：指定基于选定对象的拉伸路径，路径将移动到轮廓的质心，然后沿选定路径拉伸选定对象的轮廓以创建实体。

倾斜角（T）：指定拉伸的倾斜角。

实例操作

实例 9-1：拉伸如图 9-23（a）所示的图形，形成立体。

操作步骤如下。

（1）利用"PLINE"命令一次性绘出如图所示 L 形。

（2）利用"EXTRUDE"命令拉伸该 L 形，形成 L 形棱柱。

（3）利用绘图区域左上角"视觉样式控件"中"线框"样式。

结果如图 9-23（b）所示。

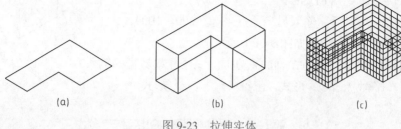

(a)　　　　　　　(b)　　　　　　　(c)

图 9-23　拉伸实体

提示：如果 L 形是利用"LINE"命令绘制，或 PLINE 非一次性绘制，需先利用绘图工具栏中"面域"命令将 L 形转化成面域，才能拉伸成实体。否则拉伸成 L 形面，如图 9-23（c）所示。

面域操作：依次单击"常用"选项卡→"绘图"面板→"面域" 📷 命令；选择各自形成闭合区域的对象以创建面域；按【Enter】键，则命令提示下的消息将指出创建了多少个面域。

可拉伸的对象必须是闭合的区域，包括闭合的多段线、多边形、圆、椭圆、闭合的样条曲线或面域，不能是块中的对象、具有相交或自交线段的多段线或者非闭合多段线。

使用"拉伸"命令，用户可以绘制圆柱体、楔体、长方体等柱体，使用十分灵活，所以在实际绘图中使用较多。

9.3.2　按住并拖动实体

通过拉伸和偏移动态修改对象。选择二维对象以及由闭合边界或三维实体面形成的区域后，在移动鼠标指针时可获取视觉反馈。

执行方式

☆ 功能区："实体"选项卡→"实体"面板→"按住并拖动"按钮 🏠。
☆ 功能区："常用"选项卡→"建模"面板→"按住并拖动"按钮 🏠。
☆ 命令行：PRESSPULL ✓。

选项说明

选择对象或边界区域：鼠标移动到要生成实体的轮廓区域内，该区域边界加量显示，输入拉伸高度即可创建实体。

多个（M）：输入 M 选项，可同时拉伸多个闭合区域。

实例操作

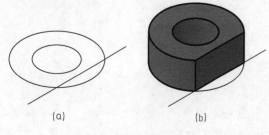

(a)　　　　　　　(b)

图 9-24　按住并拖动实体

利用"按住并拖动"绘制如图 9-24 所示立体。

操作步骤如下。

（1）绘制如图 9-24（a）所示同心圆及直线。

（2）输入"PRESSPULL"命令，鼠标放入拉伸区域，边界亮显后指定拉伸高度，完成操作（绘制二维线框结束后，立即执行"按住并拖动"命令，否则影响拉伸边界的选择）。

（3）绘图区域左上角"视觉样式控件"中，选择"概念"样式。

结果如图 9-24（b）所示（显示的颜色与当前实体所在图层有关）。

提示："拉伸"命令拉伸之前需要对非整体二维轮廓创建"面域"，对面域拉伸才能创建实体；而特殊的拉伸方式，即"按住并拖动"，不必面域，适合复杂图形多区域，可拖动多个区域。

使用"按住并拖动"命令生成实体的原轮廓线保留，而使用"拉伸"命令，原面域或原多段线变成实体的一部分。

9.3.3　旋转实体

"旋转"命令可以绕轴旋转开放的或闭合的二维图形而形成曲面或三维实体，可以同时旋转多个对象。

执行方式

☆ 菜单栏："绘图（D）"→"建模（M）"→"旋转（R）"命令。

☆ 功能区："常用"选项卡→"建模"面板→"旋转"按钮🝙 。

☆ 命令行：REVOLVE↙。

选项说明

选择要旋转的对象：指定要绕某个轴旋转的对象。

根据以下选项之一定义轴［对象（O）/X/Y/Z］：该选项用于选择确定旋转轴的方式。可以指定的对象作为旋转轴或将当前 UCS 的 X 轴、Y 轴、Z 轴正向设定为轴的正方向。

旋转角度：指定选定对象绕轴旋转的角度。

起点角度：该选项用于设置起始旋转的角度。即从旋转对象所在平面开始的旋转指定偏移。

反转（R）：该选项用于更改旋转方向。

实例操作

实例 9-2：旋转如图 9-25（a）所示的 L 形，形成立体。

操作步骤如下。

（1）"常用"选项卡 ↗"坐标"面板→"前视"方式。

（2）绘制如图 9-25（a）所示 L 形（直线方式绘制后需面域处理）及旋转轴（旋转轴也可不画，通过两点方式指定）。

（3）输入命令：REVOLVE ↙，选择 L 形为旋转的对象，捕捉直线两端点定为旋转轴，旋转 360°。

结果如图 9-25（b）所示。

提示：利用"直线"命令绘制的 L 形，如果不面域，绘制的是由一些面围成的封闭区域。

用于旋转生成实体的二维对象必须是封闭的。使用"旋转"命令可以绘制圆柱体、球体、圆锥体

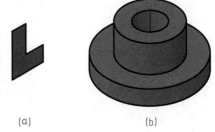

(a)　　　　　　(b)

图 9-25　旋转实体

等回转体，在实际绘图中应用较多。旋转轴可以虚指。

9.3.4 扫掠实体

"扫掠"命令可以沿指定路径延伸轮廓形状来创建实体或曲面。沿路径扫描轮廓时，轮廓将被移动并与路径垂直对齐。闭合轮廓扫掠的是实体，开放轮廓扫掠的是曲面。

执行方式

☆ 菜单栏："绘图（D）"→"建模（M）"→"扫掠（P）"命令。

☆ 功能区："常用"选项卡→"建模"面板→"扫掠"按钮 。

☆ 命令行：SWEEP↙。

选项说明

要扫掠的对象：指定要用作扫掠截面轮廓的对象。

扫掠路径：基于选择的对象指定扫掠路径。

对齐（A）：设置截面与路径的对齐，默认情况下，系统将截面调整到与路径垂直的方向，再进行扫掠。

基点（B）：在截面上指定一点作为基点，扫掠时系统将该点与路径的起点对齐。

比例（S）：输入结束截面相对于初始截面的比例，扫掠将生成截面连续缩小或放大的实体。

扭曲（T）：设置终点处截面相对于起始截面的旋转角度，生成扭曲的扫掠效果。

实例操作

实例 9-3：利用"扫掠"绘制如图 9-26 所示形体。

操作步骤如下。

（1）"常用"选项 →"坐标"面板→"左视"方式。

（2）利用直线方式绘制轮廓线及路径，如图 9-26（a）所示，绘制后需面域处理封闭轮廓，并将路径合并成整体，如图 9-26（b）所示。

（3）输入命令：SWEEP↙，选择多边形为扫掠的对象，折线为扫掠路径，结果如图 9-26（c）所示。

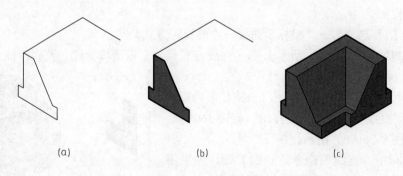

图 9-26 扫掠实体

提示：扫掠只能使用一个截面。扫掠曲面体时注意曲率半径，避免干涉。

9.3.5　放样实体

"放样"命令可以通过对包含两条或两条以上横截面进行放样来创建三维实体。横截面可以是开放的直线或线，也可以是闭合的图形，如圆、矩形、多边形等。

执行方式

☆ 菜单栏："绘图（D）"→"建模（M）"→"放样（L）"命令。

☆ 功能区："常用"选项卡→"建模"面板→"放样"按钮 。

☆ 命令行：LOFT↙。

选项说明

按放样次序选择横截面：按曲面或实体将通过曲线的次序指定开放或闭合曲线。

导向（G）：使用导向线控制放样的变化，导向线控制截面大小的变化。

路径（P）：使用路径曲线控制放样的变化，路径控制截面位置的变化。

仅横截面（C）：仅使用横截面，不使用导向或路径情况下创建放样对象。

实例操作

利用"放样"绘制如图 9-27 所示立体。

操作步骤如下。

（1）"常用"选项 → "坐标"面板→"左视"方式。

（2）绘制如图 9-27（a）所示矩形 100×150，圆形直径 100。

（3）利用"MOVE"命令，将圆形沿 Z 轴方向向右移动 200，如图 9-27（b）所示。

（4）分别过矩形顶点及圆的 4 个象限点，绘制 8 条导向线，如图 9-27（c）所示。

（5）激活"LOFT"命令，选择矩形和圆形截面后，输入导向（G）/ 路径（P），依次选择 8 条导向线，结果如图 9-27（d）所示，即由 4 个三角形平面及 4 个斜置椭圆锥面组合而成的方圆渐变面。

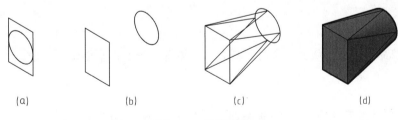

图 9-27　放样实体

提示：利用"放样"命令建模的横截面不能是面域，只能是多段线。"放样"命令特别适用于不规则形体的绘制，如扭面翼墙、八字翼墙。

9.4　布尔运算

对实体通过布尔运算，可以将多个实体合并在一起（并集运算），或从 某个实体中减去另一个实体（差集运算），还可以只保留相交的实体（交集运算），从而得到新的实体。

9.4.1 并集

并集运算是将两个或两个以上的三维实体合并形成一个复合三维实体。

执行方式

☆ 菜单栏:"修改(M)"→"实体编辑(N)"→"并集(U)"命令。

☆ 功能区:"常用"选项卡→"实体编辑"面板→"并集"按钮◎。

☆ 命令行:UNION ↙。

实例操作

使用"并集"命令合并如图 9-28 所示两个长方体。

操作步骤如下。

(1)首先绘制两个长方体,如图 9-28(a)所示。

(2)利用移动命令,使两个长方体前表面相应中点对齐,如图 9-28(b)所示。

(3)激活"UNION"命令,选择需要并集的两个长方体,结果如图 9-28(c)所示。

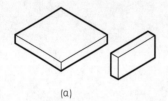
(a)
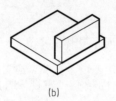
(b)
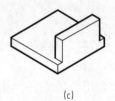
(c)

图 9-28 利用并集运算合并长方体

提示:激活命令后,可依次选择并集实体,或一次性框选所有并集实体。并集后,共面的两个形体表面没有分界线。

在实际绘图中,"并集"命令应用较多,主要是将几个步骤绘制出来的三维实体组合成一个整体,主要用于绘制叠加型的形体。

9.4.2 布尔差

差集运算命令,通过从另一个对象减去一个重叠三维实体来创建新对象。

执行方式

☆ 菜单栏:"修改(M)"→"实体编辑(N)"→"差集(S)"命令。

☆ 功能区:"常用"选项卡→"实体编辑"面板→"差集"按钮◎。

☆ 命令行:SUBTRACT ↙。

实例操作

利用差集运算绘制如图 9-29 所示立体。

操作步骤如下。

(1)首先利用"矩形"及"圆"命令绘制 1 个长方体及 4 个圆,如图 9-29(a)所示。

(2)利用"拉伸"命令,使矩形及圆同时拉伸成体,如图 9-29(b)所示。

（3）激活"SUBTRACT"命令，选择长方体，按【Enter】键后，选择 4 个圆柱，结果如图 9-29（c）所示。

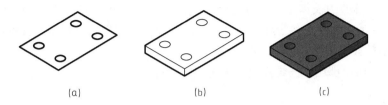

(a)   (b)   (c)

图 9-29　利用差集运算绘制立体

提示：

（1）激活命令后，首先选择被差集实体，回车后再选择减掉实体。

（2）从第一个选择集中的对象减去第二个选择集中的对象，减去部分是两者交集部分。第二个形体交集部分准确画出，其余部分不用精确画出。

（3）在三维建模中，用户常常绘制出目标图形的外形轮廓，然后利用"差集"命令挖去一部分以绘制出细部。"差集"命令主要用于绘制切割型的形体。

9.4.3　布尔交集

交集运算用于从两个或两个以上三维实体的交集中创建三维实体，并删除交集外的区域。

执行方式

☆ 菜单栏："修改（M）"→"实体编辑（N）"→"并集（I）"命令。

☆ 功能区："常用"选项卡→"实体编辑"面板→"交集"按钮◍。

☆ 命令行：INTERSECT↙。

实例操作

利用交集运算得到如图 9-30 所示半圆柱。

操作步骤如下。

（1）首先利用"长方体"及"圆柱"命令绘制，如图 9-30（a）所示。

（2）利用"移动"命令，使圆柱前表面圆心与长方体上表面前棱线中点对齐，如图 9-30（b）所示。

（3）激活"INTERSECT"命令，选择长方体及圆柱，按【Enter】键后，结果如图 9-30（c）所示。

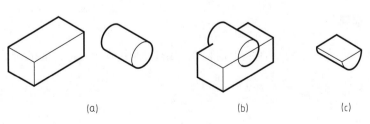

(a)   (b)   (c)

图 9-30　利用交集运算得到半圆柱

9.5 对象的三维操作

在创建三维模型的操作中，可以对选取的对象进行三维转换操作，如三维移动、三维旋转、三维对齐、三维镜像和三维阵列等，从而创建更多更复杂的模型。该操作对三维对象直接操控，不受 UCS 坐标系统的影响。

提示：以下操作都在"三维建模"工作空间进行。

9.5.1 三维移动

"三维移动"命令可以将选定的实体对象按指定方向和距离在三维空间中移动，从而改变对象的位置。

执行方式

☆ 菜单栏："修改（M）"→"三维操作（3）"→"三维移动（M）"命令。

☆ 功能区："常用"选项卡→"修改"面板→"三维移动"按钮❻。

☆ 命令行：3DMOVE 或 MOVE3D ↙。

实例操作

将如图 9-31（a）所示小圆柱体移动至长方体中心。

操作步骤如下。

（1）利用"建模"命令绘制如图所示长方体及圆柱，如图 9-31（a）所示 。

（2）激活"3DMOVE"命令，在"二维线框"样式下，使圆柱下表面圆心与长方体下表面中心对齐，如图 9-31（b）所示。

结果如图 9-31（c）所示。

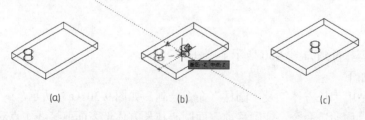

(a)　　　　　　　　　(b)　　　　　　　　　(c)

图 9-31　三维移动

提示："三维移动"命令与"二维移动"命令用法相同。三维建模位置不易确定时，可先画出，然后多次移动到合适位置。在线框样式下选择基点、目标点，便于捕捉特征点。

9.5.2 三维旋转

"三维旋转"命令可以将实体绕指定轴在三维空间中进行一定方向的旋转，以改变实体对象的方向。

执行方式

☆ 菜单栏："修改（M）"→"三维操作（3）"→"三维旋转（R）"命令。

☆ 功能区："常用"选项卡→"修改"面板→"三维旋转"按钮⊕。

☆ 命令行：ROTATE3D 或 3DROTATE↙。

选项说明

拾取旋转轴：指定基点后，旋转的对象上出现三维旋转小控件，如图 9-32 所示。三维旋转小控件用来指定旋转轴。移动鼠标直至要选择的轴轨迹变为黄色，然后单击以选择此轨迹轴线为旋转轴。

图 9-32　三维旋转小控件

指定角的起点或键入角度：设定旋转的相对起点，也可以输入角度值。

实例操作

将如图 9-33（a）所示的主视图旋转 90°。

操作步骤如下。

（1）绘制如图 9-33（a）所示两视图 。

（2）激活"3DROTATE"命令，选择主视图，回车，选择主视图的左下角点为旋转基点，在侧向圆上移动，出现轴线标记后点击鼠标，选择 X 轴方向的轴，如图 9-33（b）所示。

（3）输入旋转角度 90°，结果如图 9-33（c）所示。

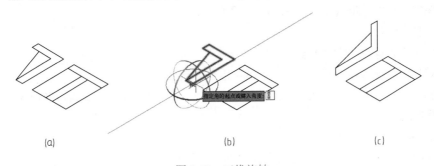

（a）　　　　　　　　　（b）　　　　　　　　　（c）

图 9-33　三维旋转

提示："三维旋转"命令可以在三维操作空间对平面图形进行旋转，构成多面投影体系，分析特征面创建实体。

9.5.3　三维对齐

"三维对齐"命令是在要对齐的对象上指定最多三个点，然后在目标对象上指定最多三个相应的点一一对齐，产生定位的移动效果。

执行方法

☆ 菜单栏："修改（M）"→"三维操作（3）"→"三维对齐（A）"命令。

☆ 功能区："常用"选项卡→"修改"面板→"三维对齐"按钮。

☆ 命令行：3DALIGN 或 ALIGN3D↙。

选项说明

指定源平面和方向：移动和旋转选定的对象，使三维空间中的源和目标的基点、X 轴和

Y轴对齐。也可以动态地拖动选定对象，并使其与实体对象的面对齐。

指定基点：源对象的基点将被移动到目标的基点。

指定第二个点：第二个点在平行于当前 UCS 的 XY 平面的平面内指定新的 X 轴方向。如果直接按确定键而没有指定第二个点，将假设 X 轴和 Y 轴平行于当前 UCS 的 X 轴和 Y 轴。

指定第三个点：第三个点将完全指定源对象的 X 轴和 Y 轴的方向，这两个方向将与目标面对齐。

实例操作

将如图 9-34（a）所示的两个图形进行三维对齐操作。

操作步骤如下。

（1）绘制如图 9-34（a）所示两形体。

命令：3DALIGN ↙

选择对象：选定前面舌形板↙

选择对象：↙

指定源平面和方向 ...

指定基点或 [复制（C）]：点击 A 点↙

指定第二个点或 [继续（C）] <C>：点击 B 点↙

指定第三个点或 [继续（C）] <C>：点击 C 点↙

指定目标平面和方向 ...

指定第一个目标点：指定 1 点↙

指定第二个目标点或 [退出（X）] <X>：指定 2 点↙

指定第三个目标点或 [退出（X）] <X>：指定 3 点↙（2、3 点距离为舌形板厚度，也可直接输入数据定点）

结果如图 9-34（b）所示。

（2）采用"并集"命令，结果如图 9-34（c）所示。

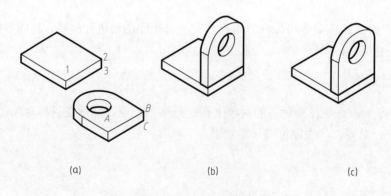

（a）　　　　　　　（b）　　　　　　　（c）

图 9-34　三维对齐

提示："三维对齐"命令兼有三维移动和三维旋转的功效，在装配体或复杂工程形体组合时非常有效。

三维对齐中"复制"选项主要用于在对齐两对象时，将用于对齐的原对象复制一份，而原对象保持不变。

9.5.4 三维镜像

"三维镜像"命令可以将三维实体按指定的三维平面做对称性复制，用于生成具有对称结构的模型。

执行方式

☆ 菜单栏："修改（M）"下拉菜单→"三维操作（3）"级联子菜单→"三维镜像（D）"命令。
☆ 功能区："常用"选项卡→"修改"面板→"三维镜像"按钮 %。
☆ 命令行：MIRROR3D ↙。

选项说明

对象（O）：以圆、圆弧、椭圆和 2D 多段线等二维对象所在平面作为镜像平面。
最近的（L）：使用上一次"三维镜像"命令使用的镜像平面作为当前的镜像平面。
Z 轴（Z）：在三维空间中指定两个点，镜像平面垂直于两点的连线，并通过第一个选取点。
视图（V）：镜像平面平行于当前视图，并通过拾取点。
XY 平面（XY）：镜像平面平行于 *XY* 平面，并通过拾取点确定镜像平面位置。
YZ 平面（YZ）：镜像平面平行于 *YZ* 平面，并通过拾取点。
ZX 平面（ZX）：镜像平面平行于 *ZX* 平面，并通过拾取点。
三点（3）：用三个点确定一个平面作为镜像平面。

实例操作

将如图 9-35（a）所示的圆柱体在长方体中镜像。
操作步骤如下。
（1）绘制如图 9-35（a）所示长方体及圆柱。
（2）激活"MIRROR3D"命令，选择圆柱体回车，输入 ZX 指定镜像平面，指定长方体短边上的中心点作为镜像平面上的点，不删除源对象，结果如图 9-35（b）所示。
（3）重复"MIRROR3D"命令，选择图 9-35（b）中两个圆柱体回车，输入 YZ 指定镜像平面，指定长方体长边上的中心点作为镜像平面上的点，不删除源对象，结果如图 9-35（c）所示。

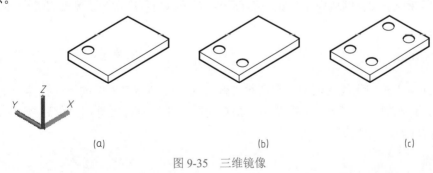

| (a) | (b) | (c) |

图 9-35 三维镜像

提示：三维镜像是以某个面作为镜像平面来创建对象的镜像复制，不再使用二维中直线的概念。镜像平面的确定与当前坐标系有关，通过观察左下角坐标系确定。当镜像平面不规则时用三点方式确定。镜像平面是无限延伸的面，第三点在对应方向上任取一点，不用准确定位。注意镜像平面 *XYZ* 的输入顺序，例如 *YZ* 镜像平面，输入 *ZY* 则错误，要根据命令区的提示输入。

9.5.5　三维阵列

"三维阵列"命令与二维图形中的阵列比较相似，可以进行矩形阵列，也可以进行环形阵列。但在"三维阵列"命令中，进行阵列复制操作时多了层数的设置。在进行环形阵列时，其阵列中心并非由一个阵列中心点控制，而是由阵列中心的旋转轴确定的。

执行方式

☆ 菜单栏："修改（M）"→"三维操作（3）"→"三维阵列（3）"命令。

☆ 功能区："常用"选项卡→"修改"面板→"三维阵列"按钮 📱。

☆ 命令行：3DARRAY 或 ARRAY3D ↙。

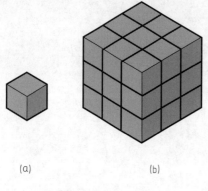

(a)　　　　(b)

图 9-36　三维阵列

实例操作

阵列如图 9-36（a）所示长方体。

操作步骤如下。

（1）绘制如图 9-36（a）所示 30×30×30 长方体。

（2）激活"3DARRAY"命令，选择长方体并回车，输入阵列类型矩形阵列并回车，输入行数、列数、层数均为 3，指定行间距、列间距均为 30，结果如图 9-36(b) 所示。

提示：三维阵列中行数、列数、层数是行列完成后实体的层数，结构依次迭代。

9.6　实体面编辑

实体面编辑是对实体的体、面、边进行修改操作，可以拉伸、移动、旋转、偏移、倾斜、复制、剖切、删除面、为面指定颜色以及添加材质，还可以复制边以及为其指定颜色，但是，如果选择了闭合网格对象，系统会提示将其转换为三维实体。本节只介绍几种常用的编辑方式。

9.6.1　拉伸面

拉伸面用于拉伸实体的表面，有两种拉伸方式：一是沿着表面的法线拉伸指定的距离，也可指定拉伸倾斜的角度；二是沿着某一指定的拉伸路径进行拉伸，拉伸路径可以是直线、圆弧、多段线和样条曲线等。

执行方式

☆ 菜单栏："修改（M）"→"实体编辑（N）"→"拉伸面（E）"。

☆ 功能区："常用"选项卡→"实体编辑"面板→"拉伸面"按钮 📓。

☆ 命令行：SOLIDEDIT↙——F↙——E↙。

实例操作

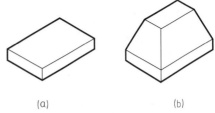

图 9-37 拉伸面

将如图 9-37（a）所示的图形进行拉伸。

操作步骤如下。

（1）绘制如图 9-37（a）所示长方体。

（2）激活"拉伸面"命令后，根据命令行提示，选择要拉伸的长方体上表面并按回车键，然后指定拉伸高度 100，拉伸的倾斜角度 20°，完成对实体面的拉伸，结果如图 9-37（b）所示。

提示："拉伸面"常用于对尺寸绘制有误的形体进行加长或缩短操作。

9.6.2 复制面

复制面是通过面的原始方向和轮廓创建面域和实体，可将结果用作创建新三维实体的参照或表面模型。

执行方式

☆ 菜单栏："修改（M）"→"实体编辑（N）"→"复制面（F）"。

☆ 功能区："常用"选项卡→"实体编辑"面板→"复制面"按钮🗂。

☆ 命令行：SOLIDEDIT↙——F↙——C↙。

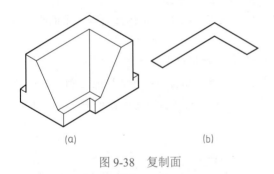

图 9-38 复制面

实例操作

复制如图 9-38（a）所示形体的上表面。

操作步骤如下。

（1）按照实例 9-3 绘制如图 9-38（a）所示长方体。

（2）激活"复制面"命令后，根据命令行提示，选择要复制的实体上表面并按回车键，然后依次指定基点及位移的第二点，完成对实体面的复制，结果如图 9-38（b）所示。

提示：二维图形"面域"创建实体后，二维图形变成体的一部分，"复制面"可帮助我们快速得到所需的特征面。

9.6.3 剖切实体

剖切是指用平面或曲面剖切实体。可以用"剖切"命令切开现有实体并移去指定部分，从而创建新的实体。可根据设计需要通过指定点、选择曲面或平面对象来定义剖切平面。

执行方法

☆ 菜单栏："修改（M）"→"三维操作（3）"→"剖切（S）"。

☆ 功能区："常用"选项卡→"实体编辑"面板→"剖切"按钮▨。

☆ 命令行：SLICE↙。

选项说明

平面对象（O）：将剪切面与圆、圆弧、椭圆、椭圆弧、样条曲线和多段线对齐。

曲面（S）：将剪切平面与曲面对齐。

Z 轴（Z）：通过在平面上指定一点和在平面的 Z 轴上指定另一点来定义剪切平面。

视图（V）：将剪切平面与当前视口的视图平面对齐。

XY（XY）：将剪切平面与当前用户坐标系的 XY 平面对齐。

YZ（YZ）：将剪切平面与当前用户坐标系的 YZ 平面对齐。

ZX（ZX）：将剪切平面与当前用户坐标系的 ZX 平面对齐。

三点（3）：用三点定义剪切平面。

实例操作

将如图 9-39（a）所示的组合体进行全剖。

操作步骤如下。

（1）绘制或调用如图 9-39（a）所示组合体。

（2）激活"剖切"命令。

命令：slice ↙

选择要剖切的对象：找到 1 个（选择组合体）

选择要剖切的对象：↙

指定切面的起点或 [平面对象（O）/ 曲面（S）/Z 轴（Z）/ 视图

（V）/XY（XY）/YZ（YZ）/ZX（ZX）/ 三点（3）] < 三点 >：ZX ↙（选择与剖切平面平行的

坐标面

指定 ZX 平面上的点：（选择组合体前后对称面上的任一特征点）

在所需的侧面上指定点或 [保留两个侧面（B）] < 保留两个侧面 >：在对称面后侧任取一点

结果如图 9-39（b）所示，利用"三维旋转"命令可旋转角度，使内部结构清晰，如图

9-39（c）所示。

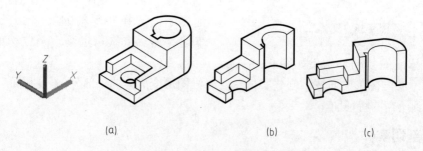

(a)　　　　(b)　　　　(c)

图 9-39　剖切三维模型

提示：对于半剖形体，可两次利用"剖切"命令，然后把需要的部分用"并集"命令

组合。对于不规则的切割形体，可利用"三点"方式确定特殊位置的切割平面。

上机操作练习

1. 根据图 9-40 所示轴测图，绘制该组合体三维立体图。

解析：该形体是一个叠加型组合体，可看作由两部分组成，前面一个凹形柱，后面一个五棱柱，左、右两侧面及下表面与第一部分共面。

操作步骤如下。

（1）转换坐标系："常用"选项卡→"坐标"面板→"前视"方式。

（2）利用"多段线"命令，按照先直线、后斜线的顺序，一次性绘出 U 形柱前表面特征面，如图 9-41 所示。

（3）利用"拉伸"命令，沿 Z 方向向后拉伸 20，如图 9-42 所示。

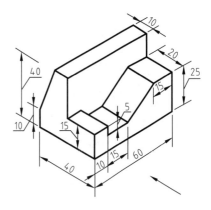

图 9-40　组合体（一）

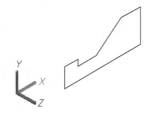

图 9-41　多段线绘制特征面

图 9-42　拉伸成体

（4）转换坐标系："常用"选项卡→"坐标"面板→"左视"方式。

（5）利用"多段线"命令，按照先直线、后斜线的顺序，一次性绘出五棱柱左表面特征面，并利用"拉伸"命令，向右拉伸 60，如图 9-43 所示。

（6）利用"移动"命令，如图 9-44 所示，使两部分角点 1、2 重合，结果如图 9-45 所示。

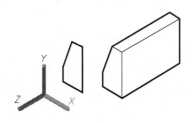

图 9-43　五棱柱

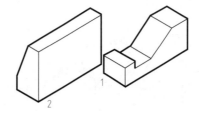

图 9-44　移动的基点、目标点

（7）利用"并集"运算，使两部分合体，保证共面处没有分界线，结果如图 9-46 所示。

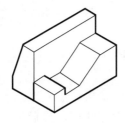

图 9-45　移动结果

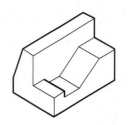

图 9-46　利用"并集"运算合体

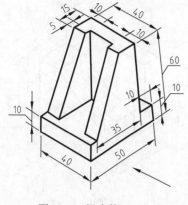

图 9-47　组合体（二）

2. 根据图 9-47 所示轴测图，绘制该组合体三维立体图。

解析：该形体是一个切割型组合体，可看作由两部分组成，下面一个四棱柱底板，上面一个带凹槽的梯形柱，前、后两侧与底板共面，左右错开。

操作步骤如下。

（1）利用"长方体"命令，绘制 50×40×10 的长方体，如图 9-48 所示。

（2）转换坐标系："常用"选项卡→"坐标"面板→"前视"方式。利用"多段线"命令绘制特征多边形，利用"拉伸"命令拉伸成体，如图 9-49 所示。

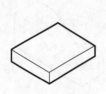

图 9-48　四棱柱

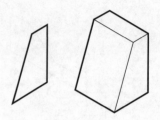

图 9-49　梯形柱

（3）分析凹槽尺寸，利用"长方体"命令绘制 25×20×50 的长方体，如图 9-50 所示（长度可大于 25，高度可大于 50，多余部分"差集"运算后会消除）。

（4）利用"移动"命令使长方体右侧上表面中点与梯形柱上表面左侧中点对齐，如图 9-51 所示。

（5）利用"移动"命令使长方体沿轴向向右移动 5，如图 9-52 所示。

（6）利用"差集"运算，首先选择梯形柱，回车后，再选择四棱柱，结果如图 9-53 所示。

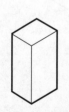

图 9-50　长方体　　图 9-51　初步定位　　图 9-52　准确定位　　图 9-53 "差集"运算

（7）利用"移动"命令，先使两部分角点对齐，如图 9-54（a）所示，然后沿轴向向右移动 7.5，完成两部分间定位，如图 9-54（b）所示。

（8）利用"并集"运算，选择两部分合并，结果如图 9-55 所示。

3. 绘制如图 9-56 所示轴承座的立体图。

解析：轴承座是叠加型组合体，由底板、圆筒、连接板、肋板、凸台组成。依据形体分析法，按照底板、圆筒、连接板、肋板、凸台的顺序建模，最后按照各自的相对位置组合。

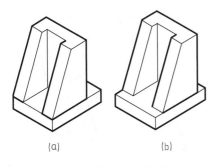

图 9-54　底板、梯形柱定位

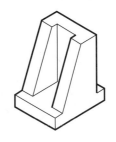

图 9-55　"并集"运算

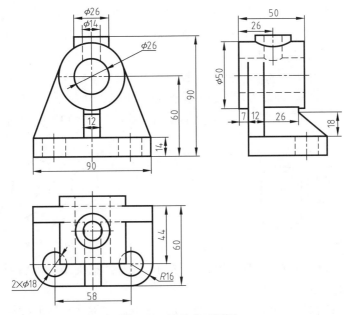

图 9-56　轴承座三视图

操作步骤如下。

（1）底板建模：绘制底板的外轮廓及两圆（底板外轮廓一定先"面域"处理），如图 9-57（a）所示，利用"拉伸"命令对 3 个面域同时拉伸高度 14，如图 9-57（b）所示，利用"差集"运算切掉通孔，如图 9-57（c）所示。

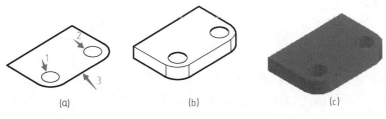

图 9-57　底板建模

（2）圆筒建模：转换坐标系（"常用"选项卡→"坐标"面板→"前视"方式），绘制同心圆，利用"拉伸"命令对两圆同时拉伸长度 50，如图 9-58 所示。由于圆筒与凸台相贯，相贯线不易定位，圆筒内通孔建议最后处理。

（3）连接板建模：绘制连接板的特征面，利用"面域"命令处理，拉伸厚度 12，如图 9-59 所示。

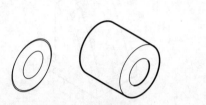

图 9-58　圆筒建模

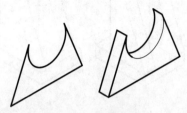

图 9-59　连接板建模

（4）凸台建模：转换坐标系（"常用"选项卡→"坐标"面板→"俯视"方式），绘制凸台的特征面同心圆，利用"拉伸"命令，拉伸高度 30（由于相贯线不能标注尺寸，可画至圆筒中心，最后"差集"运算处理），如图 9-60 所示。由于圆筒与凸台相贯，相贯线不易定位，凸台内通孔建议最后处理。

（5）肋板建模：转换坐标系（"常用"选项卡→"坐标"面板→"左视"方式），绘制肋板的特征面，利用"面域"命令处理，拉伸厚度 12，如图 9-61 所示。肋板上表面位置不易确定，绘制时，可绘至圆筒内表面最低点，即肋板高 =60（总高）−14（底板高）−13（圆筒内圆半径）。

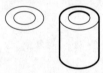

图 9-60　凸台建模

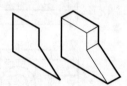

图 9-61　肋板建模

（6）连接板定位：根据三视图，利用"移动"命令，捕捉连接板后侧角点与底板特征点对齐，如图 9-62 所示。

（7）肋板定位：根据三视图，利用"移动"命令，捕捉肋板前面棱线中点与底板相应轮廓中点对齐，如图 9-63 所示。

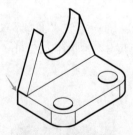

图 9-62　连接板定位

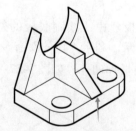

图 9-63　肋板定位

（8）圆筒初定位：利用"移动"命令，捕捉圆筒后端面外圆下象限点与连接板弧面后侧圆弧象限点对齐，使圆筒初步定位，如图 9-64 所示。采用"二维线框"样式便于捕捉所需的特征点。

（9）圆筒终定位：利用"移动"命令，使圆筒沿轴向向后移 7，实现最终定位，如图 9-65 所示。

（10）凸台定位线：转换坐标系（"常用"选项卡→"坐标"面板→"左视"方式），利用"直线"命令，在圆筒表面绘制长分别为 26、5（90−60−50/2）的定位线，如图 9-66 所示。

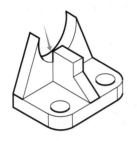

图 9-64　圆筒初定位

图 9-65　圆筒终定位

图 9-66　凸台定位线

（11）凸台定位：利用"移动"命令，使凸台上表面圆心与定位端点重合，实现凸台定位，如图 9-67 所示。

（12）"并集"运算：利用"并集"命令，使底板、连接板、肋板、凸台、圆筒合并，如图 9-68 所示。注意不要选择圆筒与凸台的内部圆柱。

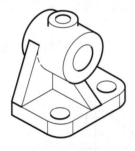

图 9-67　凸台定位

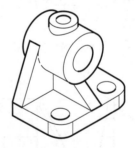

图 9-68　"并集"运算

（13）"差集"运算：利用"差集"命令，选中合并体，回车后依次选中圆筒与凸台的内部圆柱，结果如图 9-69、图 9-70 所示。

图 9-69　概念样式

图 9-70　真实样式

提示：视觉样式只是在视觉上产生了变化，实际模型并没有变化。如图 9-69 中底板圆角过渡处及连接板与圆筒相切处没有分界线。

4. 根据图 9-71 涵洞三视图绘制三维模型。

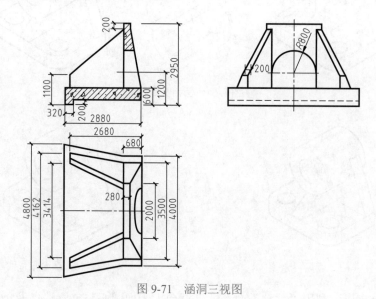

图 9-71　涵洞三视图

解析：利用形体分析法可知涵洞由底板、带门洞通孔的面墙、八字翼墙三部分组成。绘制时按照底板、面墙、翼墙的顺序分别建模，然后按各部分相对位置组合。

操作步骤如下。

（1）利用"图层特性管理器"，关闭图 9-71 涵洞二维图形尺寸、填充所在图层，如图 9-72 所示。

（2）利用"旋转"命令，将左视图顺时针旋转 90°，并移动使其与俯视图对齐，如图 9-73 所示。

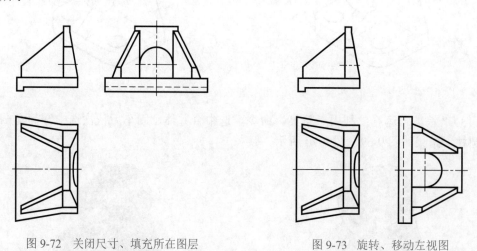

图 9-72　关闭尺寸、填充所在图层　　　　图 9-73　旋转、移动左视图

（3）点击"菜单栏"→"视图"→"三维视图"→"西南等轴测"，进入三维建模环境。利用"三维旋转"功能，使主视图以底板底端特征点为基点，绕 X 轴旋转 90°，如图 9-74（a）所示。同理，使左视图以底板底端特征点为基点，绕 Y 轴旋转 90°，构成立体三面投影体系，

如图 9-74（b）所示。

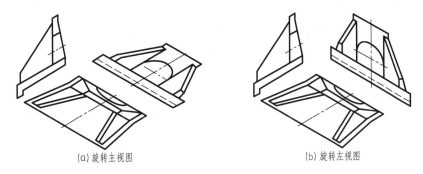

(a) 旋转主视图　　　　　　　　　(b) 旋转左视图

图 9-74　三维旋转主、左视图

（4）底板建模。

① 新建"立体"图层，并将"立体"图层置为当前，在俯视图中找出底板轮廓线，利用"面域"命令，使其成为一个面，如图 9-75（a）所示。

② 将面域后的底板轮廓复制到主视图中，按投影定位，如图 9-75（b）所示。

③ 利用"拉伸"命令拉伸底板，底板高度在主视图中直接捕捉，如图 9-75（c）所示。

④ 利用"长方体"命令，捕捉底板切角处角点，向右、向后、向下绘制切角长方体，向右、向后、向下拖动时，超出底板轮廓即可，多余部分可利用"差集"运算，如图 9-75（d）、（e）所示。

⑤ 利用"差集"命令，减去长方体，完成底板的建模，如图 9-75（f）所示。

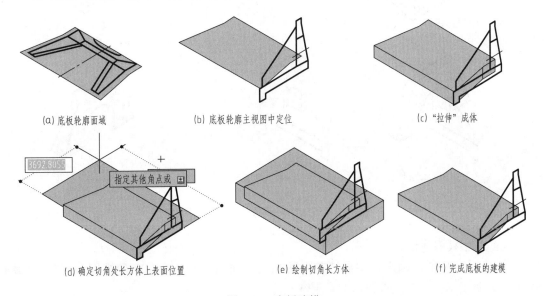

(a) 底板轮廓面域　　　　(b) 底板轮廓主视图中定位　　　　(c) "拉伸"成体

(d) 确定切角处长方体上表面位置　　(e) 绘制切角长方体　　(f) 完成底板的建模

图 9-75　底板建模

（5）面墙建模。通过图形分析可知，面墙由 1/2 棱台及四棱柱组成，棱台内挖去一个"门洞"形通孔。

① 由于 1/2 棱台轮廓线与其余图线重合，不易直接面域。利用"矩形"分别绘制棱台的上、下特征面，如图 9-76（a）所示。

② 将棱台的上、下特征面移动到主视图中，按投影关系定位，如图 9-76（b）所示。

③ 利用"放样"命令，依次选择上、下特征面，完成建模，如图 9-76（c）所示。

④ 在左视图中，分离出"门洞"孔轮廓，面域处理，如图 9-76（d）所示。

⑤ 棱台及"门洞"面域移到俯视图中定位，如图 9-76（e）所示。

⑥ 利用"拉伸"命令，完成"门洞"建模，如图 9-76（f）所示。

⑦ 利用"差集"命令，完成棱台孔的剪切，如图 9-76（g）所示。

⑧ 将面墙移到主视图中，如图 9-76（h）所示。

⑨ 利用"拉伸面"命令，完成面墙上方四棱台的建模，如图 9-76（i）所示。最终结果如图 9-76（j）所示。

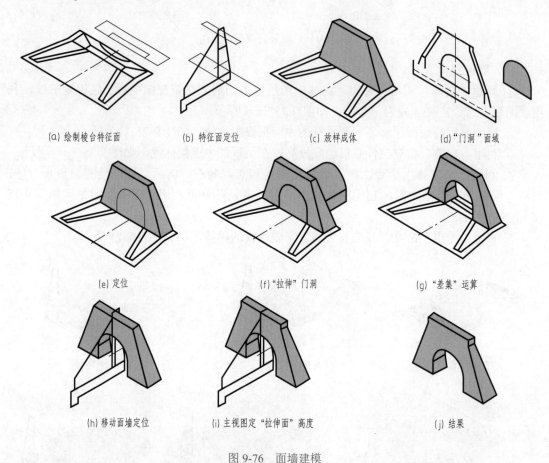

| (a) 绘制棱台特征面 | (b) 特征面定位 | (c) 放样成体 | (d)"门洞"面域 |

| (e) 定位 | (f)"拉伸"门洞 | (g)"差集"运算 |

| (h) 移动面墙定位 | (i) 主视图定"拉伸面"高度 | (j) 结果 |

图 9-76　面墙建模

（6）八字翼墙建模。

① 分析三视图，确定八字翼墙左右两端控制面的形状，并且在俯视图中定位，如图 9-77（a）所示（关闭线宽按钮，便于观察）。

② 利用"多段线"命令，使左、右端面变成整体，如图 9-77（b）所示（放样成形的控制断面不能是面域）。

③ 利用"放样"命令建模，如图 9-77（c）所示。

④ 利用"三维镜像"命令，完成另一侧翼墙的建模，如图 9-77（d）所示。

⑤ 也可在"俯视"状态下，利用"二维镜像"命令完成翼墙的镜像，如图 9-77(e)、(f)所示。

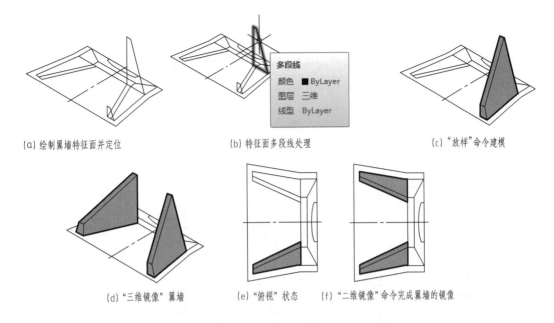

(a) 绘制翼墙特征面并定位　　　　(b) 特征面多段线处理　　　　(c) "放样"命令建模

(d) "三维镜像"翼墙　　　(e) "俯视"状态　　(f) "二维镜像"命令完成翼墙的镜像

图 9-77　八字翼墙建模

（7）组合。

① 分析八字翼墙、面墙的相对位置，利用"移动"命令在俯视图中确定面墙的位置，如图 9-78（a）所示。

② 分析八字翼墙、底板的相对位置，利用"移动"命令在俯视图中确定底板的位置，如图 9-78（b）所示。

③ 利用"并集"命令合并各部分，结果如图 9-78（c）所示。

④ 利用"剖切"命令，用与对称面平行的平面切割，结果如图 9-78（d）所示。

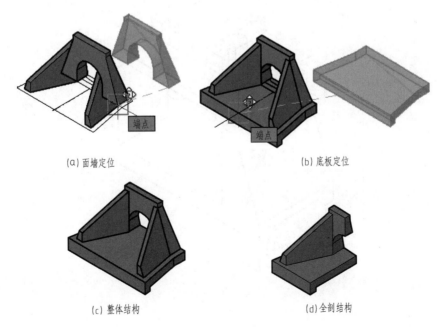

(a) 面墙定位　　　　　　　　(b) 底板定位

(c) 整体结构　　　　　　　　(d) 全剖结构

图 9-78　组合

5. 根据图 9-79 两视图，使用"面域""拉伸""UCS""差集""并集"等命令，绘制形体三维立体图。

6. 根据图 9-80 三视图，使用"面域""棱柱""圆柱""UCS""拉伸""差集""三维镜像""并集"等命令，绘制形体三维立体图。

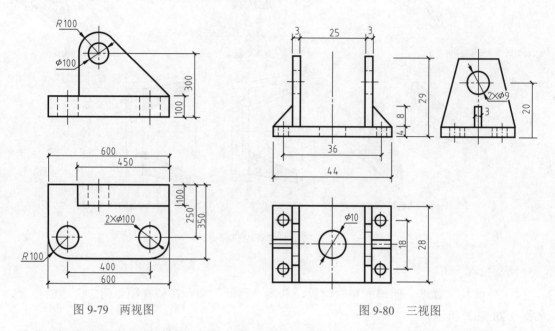

图 9-79　两视图　　　　　　　　　图 9-80　三视图

7. 根据图 9-81 轴测图，使用"面域""棱柱""圆柱""UCS""拉伸""差集""三维镜像""并集"等命令，绘制闸室三维立体图。

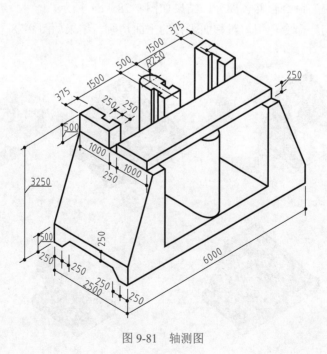

图 9-81　轴测图

第10章 专业图工程实例

本章导读

通过前几章的学习，我们掌握了 AutoCAD 的基础操作、图形绘制和编辑、图形文字注释和尺寸标注、三维模型的创建及编辑等内容。本章通过实例操作，综合运用前面所学知识解决工程实际问题，使我们所学 AutoCAD 知识系统化，实用化，增加软件操作的熟练运用程度，掌握 AutoCAD 在实际工程中的应用。

学习目标

➢ 创建各专业样板图文件。
➢ 机械图的绘图步骤及技巧。
➢ 建筑图的绘图步骤及技巧。
➢ 水工图的绘图步骤及技巧。

10.1 创建样板图文件

为了提高绘图效率和绘图质量，减少对作图环境的重复设置，保证图形设置的一致性，绘制各专业图时，应首先创建样板图文件。本节以 A3 图幅 1：1 比例绘图为例，介绍机械、建筑、水工各专业样板图文件的建立步骤。

10.1.1 设置绘图环境

（1）设置绘图单位和精度（详见本书第 2 章）。
（2）设置图形界限，A3 图幅尺寸为 297mm×420mm。

10.1.2 创建并设置图层

根据机械、建筑、水工各专业图要求，可参照图 10-1 所示设置图层。

10.1.3 设置文字样式

文本样式设置见表 10-1。

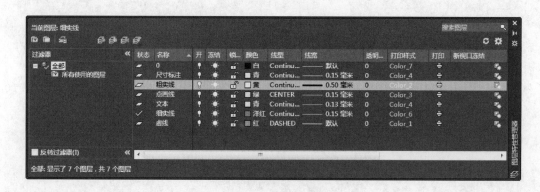

图 10-1 图层的设置

表 10-1 文本样式设置

样式名	字体名	字高	宽度系数	倾斜角度	备注
数字字母	Romans.shx	0	0.7	0	标注数字及字母
汉字	仿宋（仿宋_GB2312）	0	0.8	0	注写汉字

10.1.4 设置尺寸标注样式

不同专业对尺寸标注有不同要求，应严格按照相关国家标准，建立符合机械、建筑、水工各专业图要求的尺寸标注样式。

（1）机械图尺寸标注样式可参照表 10-2。

表 10-2 机械图尺寸标注样式设置

样式	线	符号和箭头	文字	调整	主单位	公差	说明
线性	"基线间距"：7；"超出尺寸线"：2；"起点偏移量"：0	"箭头"：实心闭合；"箭头大小"：4	"文字样式"：数字、字母；"文字高度"：3.5；"文字对齐"：与尺寸线对齐	"调整"选项：文字或箭头	"精度"：0 "比例因子"：1；"小数分隔"：.（句点）	"方式"：无	无公差标注的线性尺寸
角度与圆	"文字"选项对齐方式：水平，其余同线性						标注在圆弧之外水平标注
尺寸公差	"主单位"选项前缀：%%C；"公差"选项方式：极限偏差；高度比例：0.5，其余同线性						
圆线性	"主单位"选项前缀：%%C，其余同线性						非圆投影上直径标注
圆	"调整"选项：选择"文字和箭头"，其余同线性						标注在圆弧之内

（2）建筑图尺寸标注样式可参照表 10-3。

表 10-3　建筑图尺寸标注样式设置

样式	线	符号和箭头	文字	调整	主单位
线性	"基线间距": 7; "超出尺寸线": 2; "起点偏移量": 2	"箭头": 建筑标记; "箭头大小": 1.5	"文字样式": 数字、字母; "文字字高": 2.5; "文字对齐": 与尺寸线对齐	"调整"选项: 文字或箭头	精度: 0 "比例因子": 根据出图比例进行换算
圆弧	"箭头": 实心闭合; "调整"选项: 选择"文字和箭头", 其余同线性				
角度	"箭头": 实心闭合; "文字对齐": 水平, 其余同线性				

（3）水工图尺寸标注样式可参照表 10-4。

表 10-4　水工图尺寸标注样式设置

样式	线	符号和箭头	文字	调整	主单位
线性	"基线间距": 7; "超出尺寸线": 2; "起点偏移量": 2	"箭头": 倾斜; "箭头大小": 2	"文字样式": 数字、字母; "文字字高": 2.5; "文字对齐": 与尺寸线对齐	"调整"选项: 文字或箭头	精度: 0 "比例因子": 根据出图比例进行换算
圆弧	"箭头": 实心闭合; "调整"选项: 选择"文字和箭头", 其余同线性				
角度	"箭头": 实心闭合; "文字对齐": 水平, 其余同线性				

10.1.5　绘制 A3 图框及标题栏

各专业标题栏的样式及内容有所不同，可参照各专业国家标准的相关内容进行绘制，本节以装配图标题栏为例，如图 10-2 所示，图中所注尺寸，为创建标题栏的尺寸，绘图时不必画出。利用表格绘制标题栏的方法和步骤详见本书第 7 章。

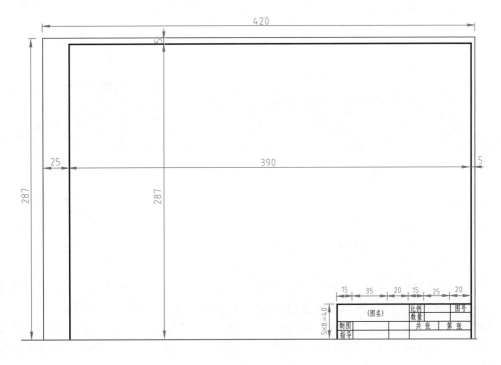

图 10-2　A3 图框和标题栏

10.1.6 保存为样板图文件

选择下拉菜单【文件】/【保存】，弹出【图形另存为】对话框，在【文件类型】下拉列表中选择"AutoCAD 图形样板（*.dwt）"格式，将该文件命名为"A3 横放 .dwt"存入个人工作目录。

用同样方法创建 A0、A1、A2、A4 样板图文件，并存入个人工作目录。

10.2 机械专业图的绘制

机械图主要包括零件图和装配图。机械图的特点是图形较复杂，除需熟练运用 AutoCAD 二维绘图及编辑命令完成基本图形的绘制外，还应掌握图块及属性块、表格等命令的操作，同时尺寸标注的内容比较多，需要多个标注样式来完成标注。

本节以千斤顶的零件图和装配图为例，介绍绘制零件图和装配图的步骤和技巧。

10.2.1 创建机械图样图

（1）新建图形文件。在打开的【选择样板】对话框中，选择前面所创建的样图文件。

（2）创建机械图常用图块。将"表面粗糙度符号""基准符号"和"剖切符号"均定义为属性块，定义方法详见第 8 章图块中的相关内容，并另存为"A3 机械图 .dwt"样图文件，如图 10-3 所示。

（3）实例分析。千斤顶是一种手动起重、支撑装置。扳动绞杠而转动螺杆，则由于螺杆、螺套间的螺纹作用，可使顶垫上升或下降，起到起重、支撑的作用。千斤顶装配示意图如图 10-4 所示。

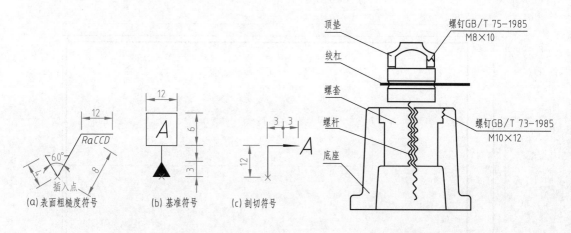

图 10-3　常用的机械图图块　　　　图 10-4　千斤顶装配示意图

千斤顶由 7 个零件组成，其中底座、螺套、螺杆、绞杠及顶垫为非标准件，给出零件图为图 10-5 ～图 10-9，两个螺钉为标准件，按国家标准规定，可不绘制零件图，相关尺寸均可查表获得。本例中，根据图 10-4 所示螺钉规定标记：螺钉 GB/T 75—1985 M8×10 和螺钉 GB/T 73—1985 M10×12 查阅国家标准《开槽平端紧定螺钉》和《开槽长圆柱端紧定螺钉》，螺钉各部分尺寸如图 10-10（a）、（b）所示。

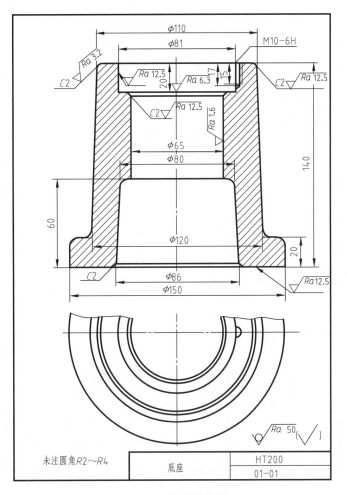

图 10-5　底座零件图

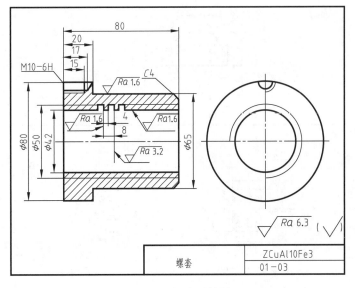

图 10-6　螺套零件图

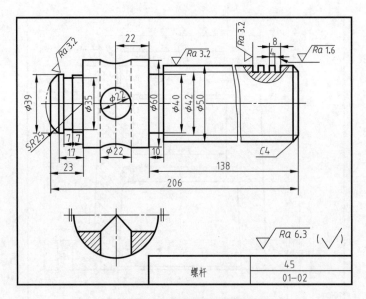

图 10-7　螺杆零件图

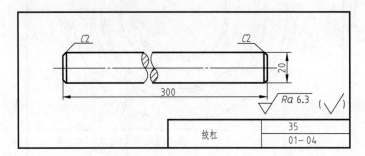

图 10-8　绞杠零件图

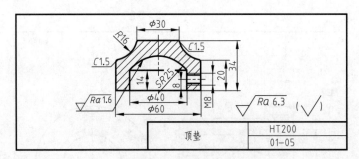

图 10-9　顶垫零件图

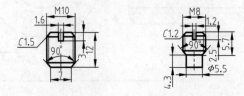

(a) 开槽平端紧定螺钉　　(b) 开槽长圆柱端紧定螺钉

图 10-10　螺钉尺寸

10.2.2　用 AutoCAD 绘制零件图

10.2.2.1　绘制底座

（1）单击【标准】工具栏中的 按钮，在【选择样板】对话框【名称】列表中选择"A3 机械图 .dwt"样板文件，建立一个文件名为"底座零件图"的图形文件。

（2）分别在点画线和粗实线图层绘制作图基准线，如图 10-11（a）所示。

（3）在粗实线图层绘制图形左侧轮廓线，如图 10-11（b）所示。

（4）画铸造圆角。绘图时，为了便于标注尺寸，画圆角时应采用不修剪模式，然后利用"打断"命令打断对象，并将图 10-11（c）所示的放大图中的两条细实线转换到"标注"层。

（5）使用"镜像"命令生成右侧轮廓线。

（6）画剖面线，剖面线类型选择"用户定义"，并设角度为 45°，间距为 3，结果如图 10-11（d）所示。

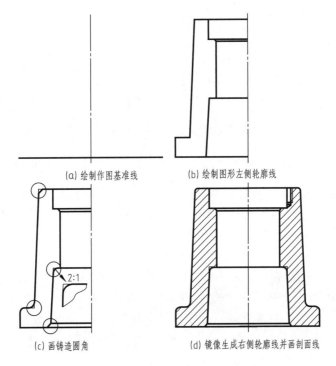

(a) 绘制作图基准线　　　(b) 绘制图形左侧轮廓线

(c) 画铸造圆角　　　(d) 镜像生成右侧轮廓线并画剖面线

图 10-11　画底座零件图步骤

（7）标注尺寸。标注样式的设置见表 10-2。

① 底座尺寸 60、20、15、140 等采用线性标注样式。

② $\phi 150$、$\phi 114$、$\phi 86$、$\phi 120$、$\phi 80$、$\phi 100$ 等采用表 10-2 中定义的"圆线性"标注样式，且标注在理论交线处。

③ $\phi 60^{+0.046}_{0}$ 采用尺寸公差标注样式，操作步骤如下：下拉菜单 /【格式】/【标注样式】，打开【标注样式管理器】对话框，在该对话框左侧【样式】列表窗口点"尺寸公差"样式，并点击【修改】按钮，在弹出的【修改标注样式】对话框中，点选"公差"选项卡，在其上设置公差数值，如图 10-12 所示。对于不同的尺寸公差值可以使用特性编辑方式修改。

④ 倒角 C2 采用"多重引线"命令标注。可参照第 6 章多重引线标注的相关内容，此处不再赘述。

⑤ 表面粗糙度的标注。插入图 10-3 所示"表面粗糙度符号"属性图块。

10.2.2.2 绘制螺杆

（1）单击【标准】工具栏中的 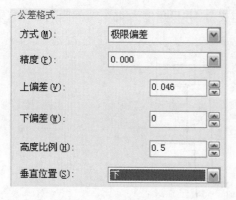 按钮，在【选择样板】对话框【名称】列表中选择"A3 机械图 .dwt"样板文件，建立一个文件名为"螺杆零件图"的图形文件。

（2）绘制图形。螺杆零件图的绘图方法和步骤同底座，不再赘述。这里重点介绍螺杆上 A、B 两点间相贯线的绘制方法如下：分别以 A、B 为圆心，R = 30（螺杆相贯处圆柱体半径）为半径画圆，得交点 O，再以 O 为圆心，R=30 为半径在 A、B 间画弧，如图 10-13 所示。

图 10-12　公差的设置　　　　　　　图 10-13　相贯线的简化画法

（3）尺寸标注。螺杆中尺寸标注基本与底座相同，不再赘述，有两点特殊说明如下。

① 螺杆上尺寸数字与图线交叉的编辑。图 10-14 所示螺杆零件图（只画出了相关部分）中，各段轴径尺寸数字与轴线相交，可利用"打断"命令打断轴线，也可利用"编辑标注"命令改变尺寸数字的位置。

② 尺寸起止符号的编辑。如图 10-14（a）所示，箭头标注不正确，应将箭头形式修改为点方式，如图 10-14（b）所示。修改方法如下：选中标注 7，点击右键，在下拉列表中选择【特性】，出现【特性】对话框，修改【直线和箭头】项，如左侧尺寸 7 的【箭头 2】在下拉列表中选"点"，如图 10-15 所示。同理修改右侧尺寸 7【箭头 1】为"小点"形式。如果此类尺寸较多，也可为该类尺寸单独建立尺寸标注样式。

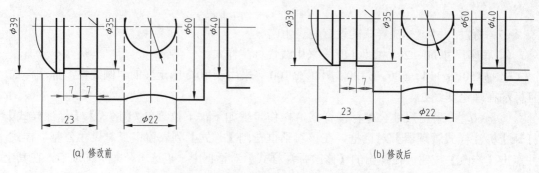

(a) 修改前　　　　　　　　　　　　　　　　(b) 修改后

图 10-14　螺杆零件图尺寸标注的编辑

10.2.2.3　绘制螺套、绞杠、顶垫

螺套、绞杠、顶垫 3 个零件的绘图方法及尺寸标注同上，不再赘述。

10.2.3　用 AutoCAD 绘制装配图

利用 AutoCAD 绘制装配图有很多种方法，本节主要介绍由零件图块拼装绘制装配图的方法。

10.2.3.1　绘图要求

（1）图幅 A3。

（2）比例 1∶1。

（3）拼画全剖的主视图。

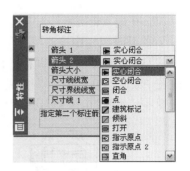

图 10-15　修改箭头

（4）主视图中用局部剖视图表明螺纹连接结构。

（5）标注必要的尺寸，如性能尺寸（矩形螺纹的外径、内径）、总体尺寸（千斤顶的总长、总宽、总高）、配合尺寸。

（6）注写技术要求和零件序号，填写标题栏和明细表。

10.2.3.2　绘图步骤

（1）单击【标准】工具栏中的 □ 按钮，在【选择样板】对话框【名称】列表中选择"A3 机械图 .dwt"样板文件，建立文件名为"千斤顶装配图"的图形文件。

（2）分别将"底座""螺杆""螺套""绞杠""顶垫"零件图作为外部图块插入到当前图形文件中，并将其分解。

（3）通过【图层特性管理器】关闭零件图中的文字和标注图层，删除多余的图线，结果如图 10-16 所示。

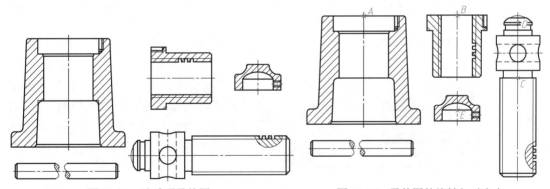

图 10-16　千斤顶零件图　　　　　图 10-17　零件图的旋转与对齐点

（4）以底座为基础像搭积木一样将各零件组装在一起。

① 将螺套、螺杆主视图旋转 90°，并在各零件上标记基准点 A、B、C、D、E，结果如图 10-17 所示。

② 使用"移动"命令将螺套移至底座之内，注意应将螺套上点 B 与底座上点 A 重合。

③ "移动"螺杆至螺套之内，移动时，可使螺杆上点 C 与螺套上点 B 重合，由于螺杆在螺套内可上下移动，因此也可使点 C 在点 B 的正上方。螺杆与螺套之间为旋合连接，旋合部分应按外螺纹的规定画法绘制。

④ "移动"顶垫至螺杆上方，且使顶垫上点 E 与螺杆上点 D 重合。

⑤ "移动"绞杠至螺杆 φ22 圆柱孔内，应使绞杠 φ20 圆柱面最下轮廓素线与"螺杆"

上 ϕ22 孔最下轮廓素线对齐，且左右位置不限制。

⑥ 整理视图中被遮挡的图线，完成图形如图 10-18 所示。

（5）在装配图中绘制标准件。螺钉为标准件，可按照图 10-10 所标注的尺寸，直接在装配图中绘制螺钉。也可以按规定标记查阅相关《机械制图》图库，直接将已有的图块插入装配图中，如图 10-19 所示。

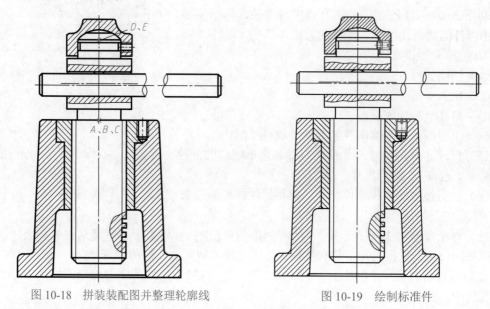

图 10-18　拼装装配图并整理轮廓线　　　　　图 10-19　绘制标准件

（6）标注尺寸、编写零件序号。

① 标注尺寸。按照装配图中尺寸标注的要求，在装配图中标注必要的尺寸。标注方法可详见第 6 章。

② 编写零件序号。零件编号采用"多重引线"命令标注，单击功能区"默认"选项卡→"注释"面板下方下拉箭头→ （多重引线样式 ...）命令，打开【多重引线样式管理器】对话框，设置新的引线样式"零件序号"，并分别在"引线格式""引线结构""内容"3 个选项卡中设置参数。

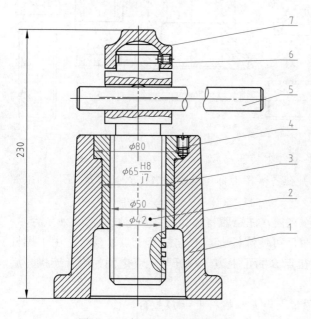

图 10-20　标注尺寸及零件序号

"引线格式"选项卡：箭头"符号"选"点"，"大小"设置为"1"，其他采用默认值。

"引线结构"选项卡：基线设置勾选"自动包含基线"复选框，设置"基线距离"为 1，其他采用默认值。

"内容"选项卡："多重引线类型"为"多行文字"，"文字高度"设为 5，引线连接位置选左右均选择"最后一行加下划线"，其他采用默认值。

标注方法可详见第 6 章，结果如图 10-20 所示。

（7）填写标题栏和明细表。要填写标题栏、明细表。绘制标题栏、明细表可采用创建表格的方法，详见本书第 7 章，结果如图 10-21 所示。

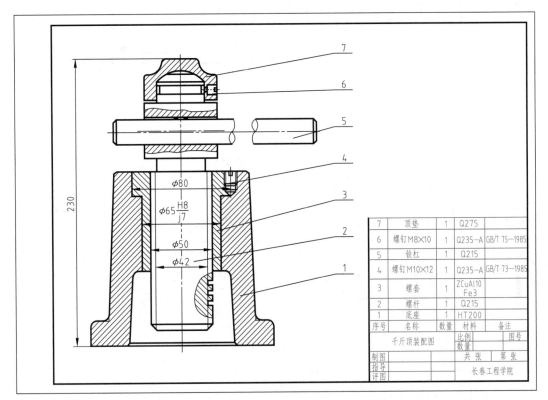

图 10-21　绘制标题栏和明细表

（8）检查存盘。

操作技巧：
为了避免拼画装配图时的图层、线型、线框及颜色等出错，各个零件图的绘图环境必须一致，这样更有利于各图形文件的数据共享，提高绘图效率。

10.3　建筑专业图的绘制

建筑专业图的绘图比例常用 1∶20、1∶50、1∶100、1∶200 等，在计算机上如果像手工绘图一样按比例计算尺寸绘图，相当麻烦，计算起来也容易出错。因此，通常将设定图幅按比例放大，按形体的实际尺寸输入数据，当整个图形绘制完毕后再按比例输出打印。下面以图 10-22 所示收发室平面图为例，介绍建筑专业图的绘制。

10.3.1　创建建筑图样板图

10.3.1.1　新建文件
新建图形文件，在打开的【选择样板】对话框中，选择本章 10.1 所创建的 A3 图幅样图文件。

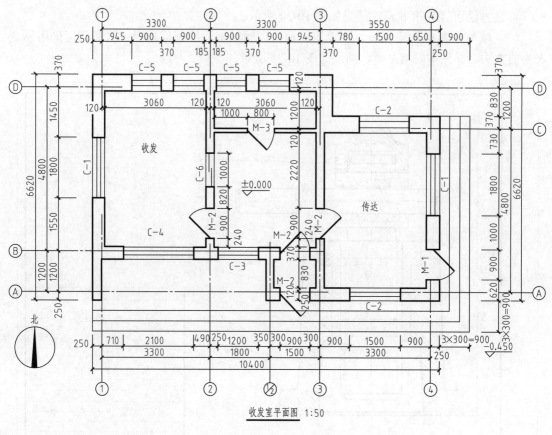

收发室平面图 1:50

图 10-22　收发室平面图

10.3.1.2　创建常用图块

建筑专业常用图块包括"轴号""标高符号""窗""门"等，创建块时，将图 10-23
（a）、（b）轴线编号和标高符号定义为属性块。图 10-23（c）、（d）为窗、门图块，教材中为
了便于布图，将其缩小绘制。

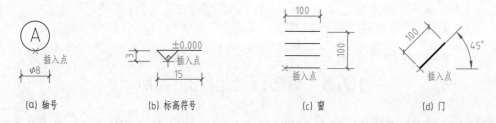

(a) 轴号　　　　　　　(b) 标高符号　　　　　　　(c) 窗　　　　　　　(d) 门

图 10-23　建筑图常用图块

10.3.1.3　缩放图幅

根据图样的要求，选定绘图比例 1：50，因此，在绘图之前，首先利用"缩放"命令
将整张图幅包括标题栏放大 50 倍。

10.3.1.4　存储文件

（1）将所创建的图形文件另存为"A3 建筑图 .dwt"样图文件。

（2）为新的图形文件命名，文件名为"收发室平面图"。

10.3.2　绘制图形

10.3.2.1　绘制轴网

（1）将"点画线"层置为当前层，设置线型比例为20，设置线型比例的操作详见第3章相关内容，使点画线的显示适合1∶50的绘图比例。

（2）根据图10-22所给出的尺寸，初步计算出轴线的长度尺寸，打开"正交"模式，用画"直线"命令画出最左边的竖直轴线和最下边的水平轴线，再用"复制"或"偏移"命令按轴线间的距离在竖直和水平方向复制形成其他所有轴线，最后用夹点编辑或"打断"命令将轴线编辑到所需长度，结果如图10-24所示。

图 10-24　绘制轴网

10.3.2.2　多线设置

（1）将"粗实线"层置为当前层。

（2）设置多线样式。单击下拉菜单→格式→"多线样式"命令打开【多线样式】对话框，单击【新建】按钮，在新样式名称编辑框中键入新样式名称。单击【继续】按钮弹出【新建多线样式】对话框，每种样式在【封口】区勾选【直线】的【起点】和【端点】项，这样设定可使墙线端部闭合。490墙的设置如图10-25所示。370墙偏移值的设置分别为250、−120、240墙偏移值的设置分别为120、−120；120墙偏移值的设置分别为120、0。

（3）绘制墙线。利用下拉菜单"绘图"→"多线（U）"命令，分别采用相应的多线样式绘制墙线，结果如图10-26所示。

注意：应顺时针绘制多线，绘制490、370、240墙时，设置"对正（J）"方式为"无（Z）"，"比例（S）"为1；绘制120墙时，设置"对正（J）"方式为"上（T）"，"比例（S）"为1。

图 10-25　多线设置

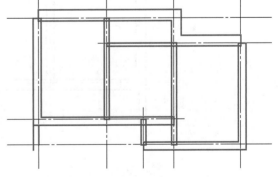

图 10-26　绘制墙线

（4）编辑墙线。使用"多线"命令打开【多线编辑工具】对话框，如图10-27所示。编辑墙线的交接处，其中Ⅰ处用 ⌐ （角点结合）方式，Ⅱ处用 ⊥ （T形打开）方式编辑，Ⅲ处用 ‖ （单个剪切）方式，Ⅳ处用"直线"命令直接绘制，结果如图10-28所示。

操作技巧：
对于较简单的平面图，也可用"分解"命令将多线分解，用"圆角""修剪"等命令进行编辑。

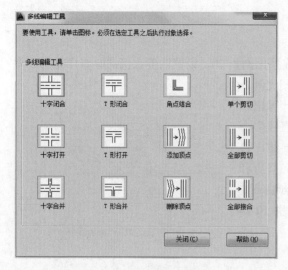

图 10-27 【多线编辑工具】对话框

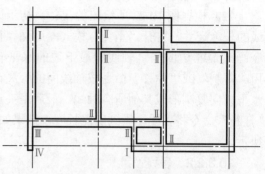

图 10-28 编辑完成后的墙线

10.3.2.3 插入门、窗

（1）绘制门窗洞口线。例如，绘制 C-4 的洞口，用"直线"命令过 *A* 点向右追踪距离 710 得到 *B* 点，过 *B* 点绘制一侧洞口线 *BC*，再用"偏移"命令向右偏移洞口尺寸 2100，得到另一侧洞口线 *DE*。用同样的方法绘制出其他门洞和窗洞线，如图 10-29 所示。

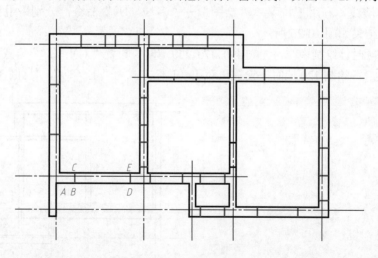

图 10-29 绘制门窗洞口线

（2）修剪墙线，形成门窗洞。利用图 10-27 所示"多线编辑工具"，单击 ▓ （全部剪切），分别捕捉相应的交点，如 *B*、*D* 两点，将墙线修剪掉，绘制出门窗洞，最终结果如图 10-30 所示。

（3）插入窗图块。将"细实线"层或新建"门窗"图层置为当前层。通过多次调用"插入"命令，插入窗图块，插入时，应注意插入点的位置，*X*、*Y* 方向的比例因子及旋转角度。例如，插入 C-1 时，插入点选择 *F* 点，*X* 方向比例因子为 18，*Y* 方向比例因子为 3.7，旋转角度为 90°；插入 C-4 时，插入基点选择 *B* 点，*X* 方向比例因子为 18，*Y* 方向比例因

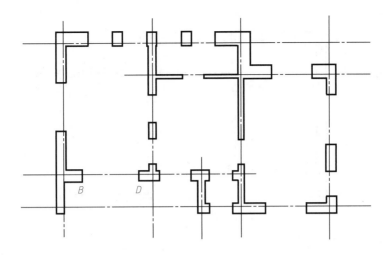

图 10-30　修剪墙线

子为 3.7，旋转角度为 0°。结果如图 10-31 所示。

　　（4）插入门图块。通过"插入"命令插入门图块。插入时，根据门开启方向的不同，在给定 X、Y 方向的缩放比例前加负号，得到相应方向的门。例如，插入 M-3 时，插入点选择中点 G，X 方向比例因子为 8，Y 方向比例因子为 –8，旋转角度为 0°。门、窗图块插入完成后，最终结果如图 10-31 所示。

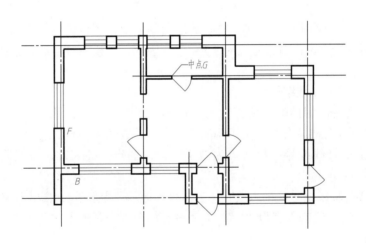

图 10-31　插入门、窗图块

操作技巧：
　　图形较简单时，也可用绘直线命令绘制门，设置【极轴追踪】为 45°，用"直线"和"圆弧"命令分别绘制。

10.3.2.4　绘制台阶

利用"直线""偏移"和"圆角"等命令，绘制台阶，结果如图 10-32 所示。

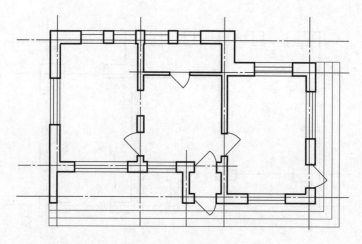

图 10-32　绘制台阶

10.3.3　注写文字、插入轴线编号及标注尺寸

10.3.3.1　注写文字

将"文字"层置为当前层，用 **A**（单行文字）命令注写文字。使用样图文件中的"汉字"文字样式注写图样名称"收发室平面图"及房间名称"收发""传达"等，使用"数字字母"文字样式注写门窗编号 C-1、M-1 及绘图比例 1 ： 50 等。结果如图 10-33 所示。

注意：因出图比例为 1 ： 50，要求输出的图形中，图样名称应为 7 号字，绘图比例及房间名称应为 5 号字，门窗编号应为 3.5 号字。因此，在绘图时字高应分别设置为 350、250 和 175。

10.3.3.2　插入轴线编号

在轴的末端插入图 10-23 所创建的"轴号"属性块。插入块时，设定比例为 1 ： 50，根据图 10-22 所示位置，分别定义不同的插入点，完成轴线编号的绘制。

图形上方的轴线编号：插入点为做块时设定的点，插入时，按图输入不同的属性值即可。

图形下方的轴线编号：插入块时，当命令行提示"指定插入点或 [基点（B）/ 比例（S）/ 旋转（R）]："时，需输入字母"B"，重新设定插入点为圆形上方象限点，其他同上方的轴线编号的画法。

竖直方向轴线编号：插入块时，同样，需重新设定插入点分别为圆形的左、右象限点，其他同上方的轴线编号的画法。结果如图 10-33 所示。

10.3.3.3　注写标高及标注尺寸

（1）在标注尺寸之前，应参考图 10-34 所示尺寸，利用"拉伸""打断"等命令调整轴线的长度。

（2）将"标注"层置为当前层。采用表 10-3 中建立的"建筑线性"尺寸标注样式。注意，此时须将该标注样式中"调整"→"使用全局比例"设置为 50，然后利用"线性""基线""连续""编辑标注"等命令分别标注外部尺寸、内部尺寸及标高尺寸，标注完成后结果如图 10-22 所示。

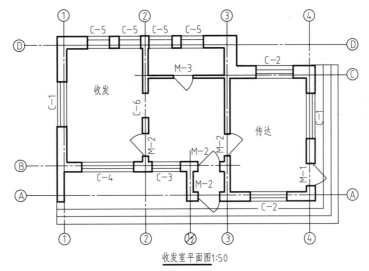

收发室平面图1:50

图 10-33　注写文字及轴线编号

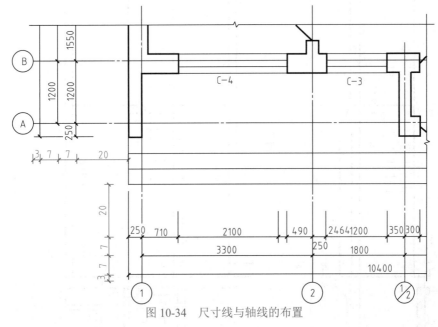

图 10-34　尺寸线与轴线的布置

10.3.4　保存图形

检查保存。注意打印时按 1 ：50 比例打印。

10.4　水工专业图的绘制

水工专业图的绘图比例常用 1 ：50、1 ：100，绘图时按形体的实际尺寸绘出图样的全部内容，打印图形时，采用缩小比例输出。另外还有一种方法：首先按照形体的实际尺寸绘制出整个图形（不包括注写文字、图案填充和尺寸标注），然后将图形缩放成要求的比例，再注写文字、填充图案和标注尺寸，注意在标注尺寸时，应将测量长度比例因子按出图比例进行放大，最后 1 ：1 打印图形。本节以图 10-35 所示水闸结构图为例介绍水工专业图的绘制。

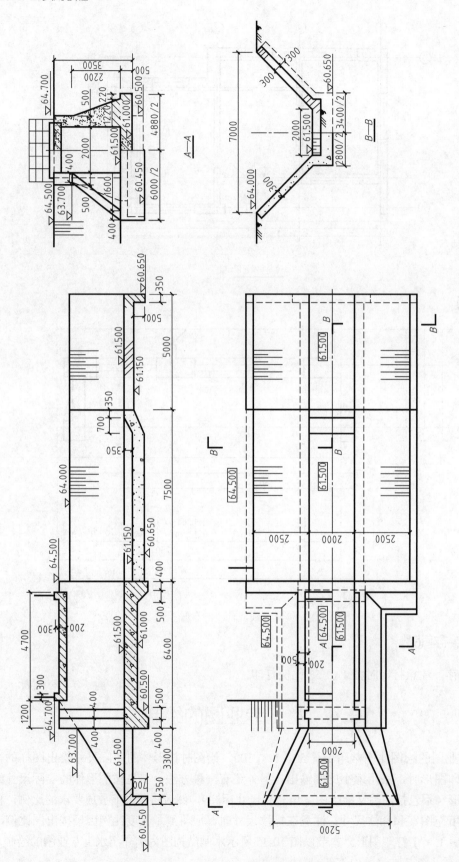

图 10-35 水闸结构图

10.4.1　创建水工图样板图

（1）新建文件。新建图形文件，在打开的【选择样板】对话框中，选择本章 10.1 所创建的 A3 图幅样图文件。

（2）创建常用图块。水工专业常用图块包括"高程符号""剖切符号""土壤符号"三大类，如图 10-36（a）～（f）所示。

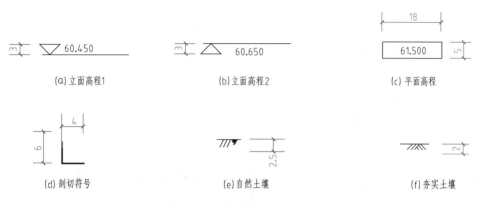

图 10-36　常用的水工图图块

（3）缩放图幅。根据图样的要求，选定绘图比例 1∶50，因此，在绘图之前，首先利用"缩放"命令将整张图幅包括标题栏放大 50 倍。

（4）存储文件。将所创建的图形文件另存为"A3 水工图 .dwt"样图文件。为新的图形文件命名，文件名为"水闸结构图"。

10.4.2　绘制图形

按照实际尺寸，采用 1∶1 比例先绘制水闸结构图，要确保视图间的投影规律，整体或局部对称的均可只画一半，另一半用镜像获得。

（1）先画主体结构定位线，一般不考虑线型，都以细实线表示，如图 10-37 所示。

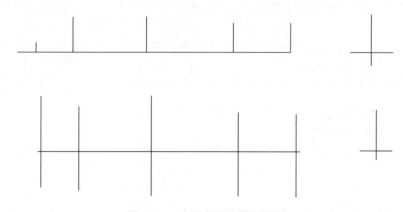

图 10-37　布置水闸结构图图面

（2）画主体结构线。由形体分析法可知该水闸分为闸室、消力池、上游连接段、下游连接段四部分。应先绘制水闸设计图中闸室段的纵剖视图和平面图，绘图过程中可利用【对象追踪】功能，保证主、俯视图长对正的投影关系，如图 10-38 所示。

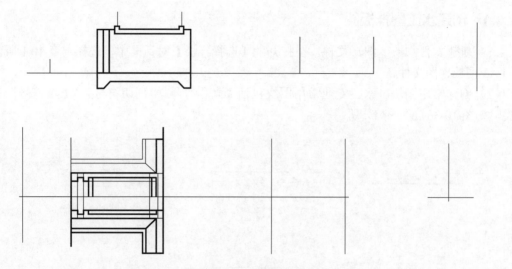

图 10-38　水闸闸室的绘制

注意：绘制虚线、点画线时，图形显示为连续线型，不用更改，缩放后自动显示为虚线、点画线。

（3）绘制水闸设计图中上游连接段的纵剖视图和平面图。

（4）绘制消力池和下游连接段的纵剖视图和平面图。

（5）绘制 $A—A$、$B—B$ 断面图，绘图时注意留出标注尺寸的位置。

（6）用"缩放"命令，基点定在（0，0）处，输入比例系数 0.02，将整张图包括标题栏缩小 50 倍，部分结果如图 10-39 所示。此时，点画线和虚线显示为非连续线型，个别比例不合适的，用"LTSCALE"命令调整。

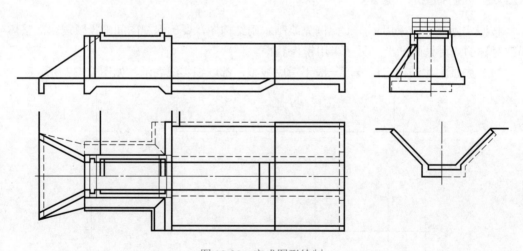

图 10-39　完成图形绘制

10.4.3　标注尺寸、标高及注写文字说明

（1）将"标注"图层置为当前层。采用表 10-4 中建立的"水工线性"尺寸标注样式。注意，此时须将该标注样式中【主单位】/【测量单位比例】中的【比例因子】设置为 50，然后利用"线性""基线""连续""编辑标注"等命令分别标注外部尺寸、内部尺寸及标高尺

寸，部分结果如图 10-40 所示。

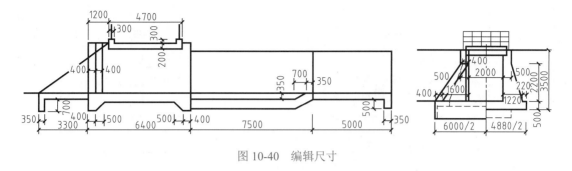

图 10-40 编辑尺寸

操作技巧：

标注尺寸 400 时，利用【对象追踪】功能，与尺寸为 350 的尺寸线对齐，如图 10-41（a）所示。

标注尺寸 500 时，尺寸界线起点利用【对象追踪】功能，使尺寸界线起点对齐，如图 10-41（b）所示。

图 10-41 尺寸标注追踪

（2）插入图 10-36 中创建的平、立面高程符号及剖切符号。

（3）注写文字。将"文字"层置为当前层，按实际字高用"单行文字"或"多行文字"命令注写文字。

10.4.4 填充剖面线

可添加"剖面线"图层，并设置为当前层。为保证剖面线与标注不交叉，应先标注后填充剖面线。钢筋混凝土分两次填充，采用【ANSI】中"ANSI31"图案与【其他预定义】中"AR-CONC"图案（比例在 3 左右）复合填充；浆砌石可使用"直线""样条曲线"等命令绘制不规则多边形，然后采用【其他预定义】中"SOLID"图案填充多边形空隙，或从网络下载浆砌石图案。

注意：闸底板及交通桥剖面线缩放比例以及金属材料间距不同，应分别填充。这样，各处剖面线是独立的，也便于绘图中的修改。

10.4.5 保存图形

检查存盘。注意打印时按 1 ∶ 1 比例、A3 幅面出图。

上机操作练习

1. 根据图 10-42 给出的钻模装配图，拆画零件图。

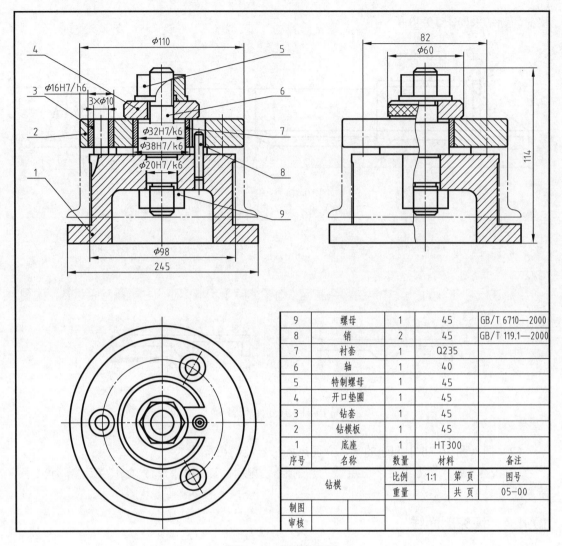

图 10-42 钻模装配图

操作步骤如下。

（1）扫描附录 3 二维码→"素材文件"→"第 10 章"→钻模装配图 .dwg 文件。

（2）根据明细表可知，该装配体由 9 个零件组成，其中除螺母和销为标准件，不需要绘制零件图外，画出其他 7 个非标准件的零件图。要求表达方案正确，尺寸标注齐全，并注写必要的技术要求。

（3）在个人工作目录下建立"钻模"文件夹，逐个存入所绘制的 7 个零件图，并把给出的装配图转存到该目录下。

说明：装配图中未给出的尺寸，可由装配图直接测量。

2. 根据给出的居室平面图，完成下列内容。

（1）添加门窗图例，并按房间用途布置家具与设备。

（2）按国家标注的相关规定，标注尺寸、轴线编号、门窗编号。

结果如图 10-43 所示。

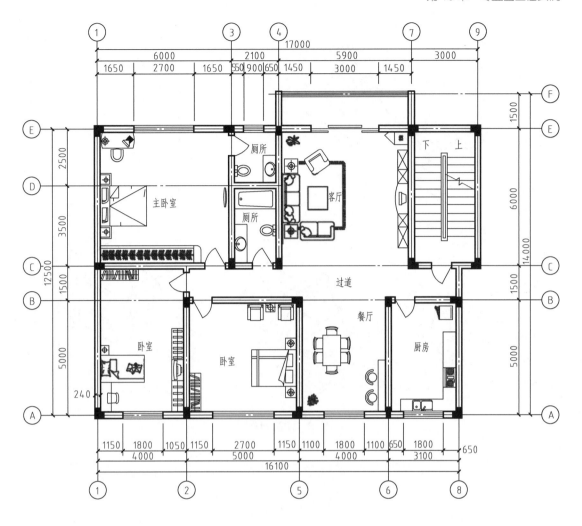

图 10-43　家具布置图

操作步骤如下。

（1）扫描附录 3 二维码→"素材文件"→"第 10 章"→居室平面图 .dwg 文件。

（2）创建"轴线编号""窗""门"等图块，操作步骤详见教材第 10 章。

（3）在按图 10-43 所示位置，在图中插入"轴线编号""窗""门"块。

（4）扫描附录 3 二维码→"素材文件"→"第 10 章"→"图块"中的家具与设备 .dwg 文件，按图 10-43 所示位置插入图中。

3. 根据给出的涵洞轴测图，如图 10-44 所示，绘制涵洞施工图。

绘图要求如下。

（1）用 A3 图幅，1 ∶ 50 比例，选择合适的表达方法完成涵洞表达，并完成尺寸标注，缺少的尺寸按照专业自定。

（2）拱圈、帽石材料为钢筋混凝土，其他为浆砌石。

（3）图中标注单位除高程为 m 外，其他均为 cm。

（4）需要绘制标题栏。

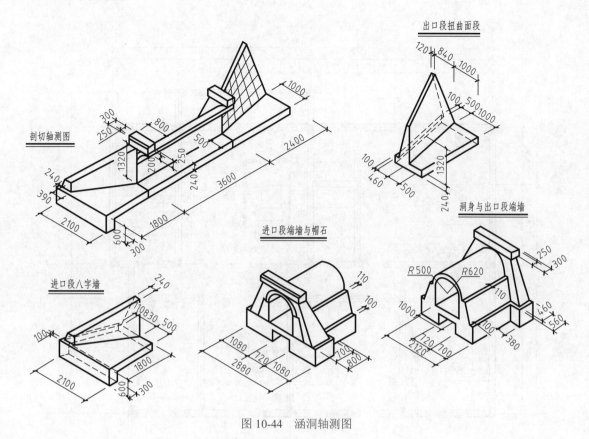

图 10-44 涵洞轴测图

第 11 章　图形的打印输出

本章导读

　　图形输出在计算机绘图中是一个非常重要的环节。本章主要介绍从模型空间打印图形的方法，以及将多张图纸布置在一起打印的技巧。

学习目标

➤ 了解模型空间与图纸空间的概念。
➤ 学习布局与视口的创建与编辑方法。
➤ 模型空间打印图形的方法。
➤ 图纸空间打印图形的方法。

　　在 AutoCAD 中提供了图形输入与输出接口。不仅可以将其他应用程序中处理好的数据传输给 AutoCAD，显示其图形，而且还可将图纸信息传递给其他应用程序。在打印图形时，可根据不同设计需要，设置打印对象在图纸上的布局。

11.1　创 建 布 局

11.1.1　模型空间与图纸空间

　　AutoCAD 可以在两个环境中进行绘图，即"模型空间"和"图纸空间"。通常在模型空间 1：1 进行设计绘图，在图纸空间布局图面，打印出图。

　　（1）模型空间。模型空间是我们通常绘制图形的环境，可以按照物体的实际尺寸绘制、编辑二维或三维图形，也可以进行三维实体造型。并且可以根据需求用多个二维或三维视图来表示物体，同时可以标注必要的尺寸和注释等。

　　当在绘图过程中只涉及一个视图时，在模型空间即可完成图形的绘制、打印等操作。

　　（2）图纸空间。图纸空间的"图纸"与真实的图纸相对应，图纸空间是设置、管理视图的 AutoCAD 环境。在图纸空间中，用户可以创建称为"浮动视口"的区域，以不同视图显示所绘图形。用户可以在图纸空间中调整浮动视口并决定所包含视图的缩放比例，可打印多个视图，也可以打印任意布局的视图。

为了按照用户所希望的方式打印输出图纸，可以采用两种方法：第一种是在模型空间利用 AutoCAD 的绘图、编辑、尺寸标注和文字标注等功能直接获得要打印的图形；第二种是利用 AutoCAD 提供的图纸空间，根据打印输出的需要先布置图纸，然后再打印图形。

（3）空间管理。在绘图区的底部，有"模型"选项卡及一个或多个"布局"选项卡，如图 11-1 所示。

单击"模型"或"布局"选项卡，可以在模型空间和图纸空间进行切换。点击绘图窗口下"模型"或者"布局"选项卡，在弹出的快捷菜单中选择相应的命令，可以对布局进行删除、新建、重命令、移动、复制、页面设置等操作，如图 11-2 所示。

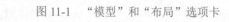

图 11-1　"模型"和"布局"选项卡　　　　图 11-2　"布局"选项卡快捷菜单

11.1.2　创建布局的方法和步骤

图纸空间是图纸布局环境，可以在这里指定图纸大小、添加标题栏、显示模型的多个视图及创建图形标注和注释等。布局是一种图纸空间环境，它模拟图纸页面，提供直观的打印设置。在布局中可以创建并放置视口对象，还可以添加标题栏或其他几何图形。可以在图形中创建多个布局以显示不同视图，每个布局可以包含不同的打印比例和图纸尺寸。

首先扫描附录 3 二维码→"素材文件"→"第 11 章"→"A3 横放 .dwg"文件，将其另存为图形文件"A3 横放 .dwg"，并保存在 AutoCAD 安装目录下的 AutoCAD 2016 \ R20.1\chs\Template 文件夹中。

扫描附录 3 二维码→"素材文件"→"第 11 章"→"螺套零件图 .dwg"文件，如图 11-3 所示。下面我们通过在 A3 图幅上创建"零件图"布局的实例，说明创建布局的方法和步骤。

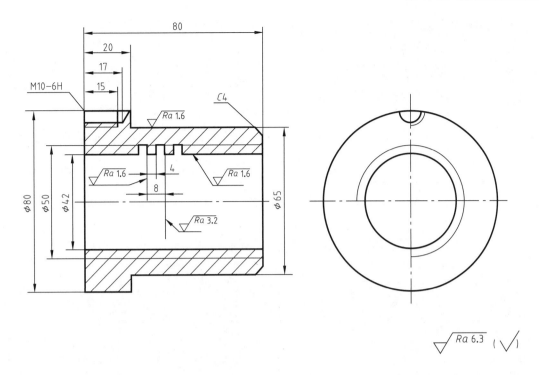

图 11-3　螺套零件图

执行方式

☆ 下拉菜单："插入"→"布局"→"创建布局向导（W）"命令。

☆ 命令行：LAYOUTWIZARD↙。

操作步骤

启动该命令，系统弹出【创建布局 - 开始】对话框，如图 11-4 所示。在对话框的左侧有"开始""打印机""图纸尺寸""方向""标题栏""定义视口""拾取位置""完成"等选项，连续单击【下一步】按钮，即可对其分别设置。

（1）在"开始"选项卡中，在"输入新布局的名称（M）"文本框中输入新布局的名称"零件图"，如图 11-4 所示。

（2）单击【下一步】按钮，打开如图 11-5 所示的【创建布局 - 打印机】对话框，在该对话框中选择配置新布局"零件图"的绘图仪。

（3）单击【下一步】按钮，打开如图 11-6 所示的【创建布局 - 图纸尺寸】对话框，在"选择布局使用的图纸尺寸"下拉列表中，选择 A3 图幅。

（4）单击【下一步】按钮，打开如图 11-7 所示的【创建布局 - 方向】对话框，在"选择图形在图纸上的方向"区中，勾选"横向（L）"选项框。

（5）单击【下一步】按钮，打开如图 11-8 所示的【创建布局 - 标题栏】对话框，在"选择用于此布局的标题栏"下拉列表中，选择前面存放在该目录下的"A3 横放 .dwg"标题栏。

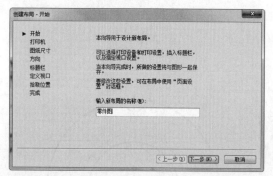

图 11-4　【创建布局 - 开始】对话框

图 11-5　【创建布局 - 打印机】对话框

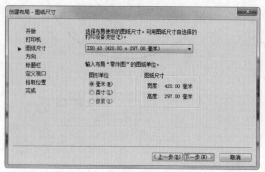

图 11-6　【创建布局 - 图纸尺寸】对话框

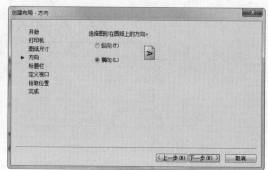

图 11-7　【创建布局 - 方向】对话框

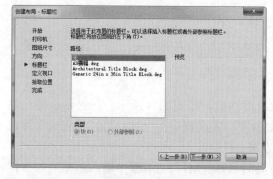

图 11-8　【创建布局 - 标题栏】对话框

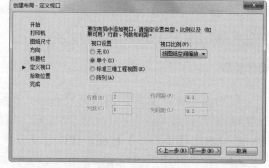

图 11-9　【创建布局 - 定义视口】对话框

（6）单击【下一步】按钮，打开如图 11-9 所示的【创建布局 - 定义视口】对话框，在"视口设置"区，勾选"单个（S）"选项框；在"视图比例（V）"下拉列表中，选择"按图纸空间缩放"。

（7）单击【下一步】按钮，打开如图 11-10 所示的【创建布局 - 拾取位置】对话框，单击【选择位置（L）】按钮，进入新布局界面。

命令行提示与操作如下。

命令：_layoutwizard 正在重生成布局

正在重生成布局

指定第一个角点：指定对角点：

用光标在屏幕上指定两个角点后，打开如图 11-11 所示的【创建布局 - 完成】对话框。

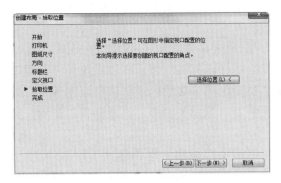

图 11-10　【创建布局 - 拾取位置】对话框

图 11-11　【创建布局 - 完成】对话框

（8）单击【完成】按钮，完成新布局"零件图"的创建。系统自动返回到布局空间，显示新创建的布局"零件图"。且在绘图区的底部生成新的"布局"选项卡，如图 11-12 所示。

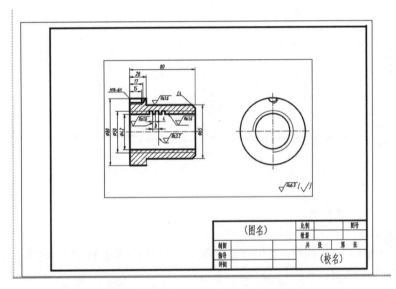

图 11-12　新布局"零件图"的创建

11.2　布局中视口的创建与编辑

可以创建布满整个布局的单一布局视口，也可以在布局中创建多个布局视口。创建视口后，可以根据需要更改其大小、特性、比例以及对其进行移动。

扫描附录 3 二维码→"素材文件"→"第 11 章"→"三视图 .dwg"文件，如图 11-13 所示。下面以三视图为例，说明创建中视口的创建方法和步骤。

11.2.1　创建单一布局视口

操作步骤如下。

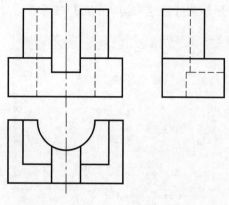

图 11-13　三视图

（1）在绘图区的底部，单击"布局 1"选项卡。进入图纸空间"布局 1"初始界面中，如图 11-14 所示。

（2）图 11-14 是未进行页面设置的打印效果，图中的虚线框是打印范围，显示在边界线外面的矩形框是浮动视口。单击功能区"默认"选项卡→"修改"面板中 ✎（删除）命令，将浮动窗口删除，如图 11-15 所示。

（3）单击下拉菜单"视图"→"视口（V）"→"一个视口（1）"命令，将单个视口布满打印区域，如图 11-16 所示。

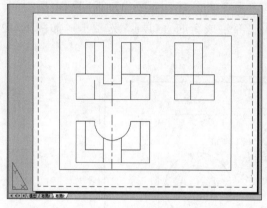

图 11-14　"布局 1"初始界面

图 11-15　删除浮动窗口

命令行提示与操作如下。

命令：_-vports

指定视口的角点或 [开 (ON)/ 关 (OFF)/ 布满 (F)/ 着色打印 (S)/ 锁定 (L)/ 对象 (O)/ 多边形 (P)/ 恢复 (R)/ 图层 (LA)/2/3/4]< 布满 >：↙

直接回车，采用默认选项"布满（F）"。

11.2.2　创建多个布局视口

在每个布局中，可以根据需要创建多个布局视口。每个布局视口类似于模型空间中的相框，包含按用户指定的比例和方向显示模型的视图。创建视口后，可以更改其大小、特性和比例，还可按需要对其进行移动。用户也可以指定在每个布局视口中可见的图层。

操作步骤如下。

（1）在绘图区的底部，单击"布局 2"选项卡。进入图纸空间"布局 2"中，将浮动窗口删除（操作见上例）。

（2）单击下拉菜单"视图"→"视口（V）"→"三个视口（3）"命令，将多个视口布满打印区域，如图 11-17 所示。

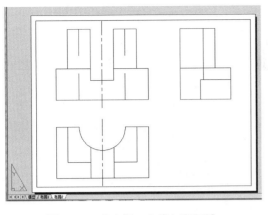

图 11-16　单个视口布满打印区域

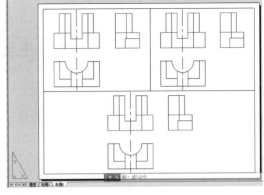

图 11-17　多个视口布满打印区域

（3）单击各视口边框线，鼠标拖拽修改其大小，使各视口框内只保留一个图形。然后利用功能区"默认"选项卡→"修改"面板中 ✛（移动）命令，移动其位置，结果如图11-18 所示。

（4）鼠标单击下方视口的边界，然后单击鼠标右键，选择"特性"，在【特性】选项板中"自定义比例"字段中输入比例，选定的缩放比例将应用到视口中。

注意：修改比例后，需重新调整视口框的大小，如图 11-19 所示，下方图形在布局中被放大。

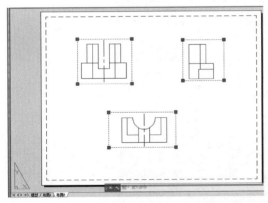

图 11-18　修改各视口的大小和位置

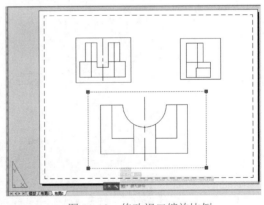

图 11-19　修改视口缩放比例

注意：此次修改不影响原图。

11.3　从模型空间打印输出

从模型空间输出图形时，需要在打印时指定图纸尺寸，即在【打印 - 模型】对话框中选择要使用的图纸尺寸。该对话框列出的图纸尺寸取决于在【打印 - 模型】或【页面设置】对话框中选定的打印机或绘图仪的类型。

本节以"阀杆零件图"为例，说明在模型空间打印出图的操作方法。

扫描附录 3 二维码→"素材文件"→"第 11 章"→"阀杆零件图 .dwg"文件，如图 11-20 所示。

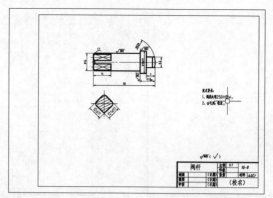

图 11-20　阀杆零件图

执行方式

☆ 下拉菜单："文件"→"打印（P）..."命令。

☆ 快速访问工具栏：🖶（打印）命令。

☆ 功能区："输出"选项卡→"打印"面板→🖶（打印）命令。

☆ 命令行：PLOT↙。

启动命令后，弹出如图 11-21 所示【打印 - 模型】对话框。若要显示该对话框中所有选项，需单击对话框底部【帮助】按钮右侧⊙（更多选项）按钮。

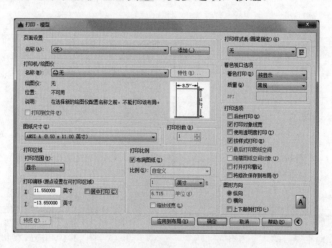

图 11-21　【打印 - 模型】对话框

选项说明

（1）"页面设置"选项组。页面设置选项区域保存了打印时的具体设置，可以将设置好的打印方式保存在页面设置的文件中，供打印时调用。在此对话框中做好设置后，单击【添加】按钮，在弹出的【添加页面】对话框中，输入新页面名为"零件图"，就可以将当前的打印设置保存到命名页面设置中。

（2）"打印机 / 绘图仪"选项组。在"名称（N）"下拉列表中选择使用的打印设备。

（3）"图纸尺寸"选项组。在"图纸尺寸"下拉列表中选择打印图纸大小，本例选择"ISO full bieed A4（297.00×210.00 毫米）"（A4）。

（4）"打印区域"选项组。在"打印区域"选项组的"打印范围（W）"的下拉列表中，有 4 个选项。

"窗口"：可指定模型空间中的某个矩形区域为打印区域进行打印，本例可框选零件图的边框线。

"范围"：是打印当前图纸中的所有对象。

"图形界限"：可对指定图纸界限内的所有图纸进行打印。

"显示"：可设置打印模型空间的当前视口中的视图。

（5）"打印偏移"选项组。指定打印区域偏移图样左下角的 X 方向和 Y 方向的偏移值，默认情况下，都要求出图填充整个图样。所以 X 和 Y 的偏移值均为 0，通过设置偏移量可以精确地确定打印位置。

本例选中"居中打印（C）"复选框，则图形居中打印。

提示：如果不能确定打印机然后确定原点，可预览打印结果，然后根据图形的移动距离推测原点位置。

（6）"打印比例"选项组。选择出图比例。

"布满图纸（I）"：系统将缩放图形以充满所选定的图纸。

"比例（S）"：在其下拉列表中选择比例。如果在其中选择"自定义"选项，则可在其下方的编辑框中直接输入缩放比例值。

本例采用的比例为 1 ∶ 1。

（7）"打印样式表"选项组。打印样式表为当前布局指定打印样式和打印样式表。

（8）"着色视口选项"选项组。指定着色和渲染视口的打印方式，并确定它们的分辨率大小。

"着色打印（D）"：下拉菜单中可指定视图的打印方式。

"质量（Q）"：下拉菜单中指定着色和渲染视口的打印分辨率。

（9）"打印选项"选项组。

"打印对象线宽"：可打印对象和图层线宽。

"按样式打印"：可打印应用于对象和图层的打印样式。

"最后打印图纸空间"：可先打印模型空间几何图形。

"隐藏图纸空间对象"：可指定消隐操作应用于图纸空间视口中的对象，该选项仅在"布局"选项卡中可用。

其他选项不常用，此处略。

（10）"图形方向"选项组。

"纵向"：图形在图纸中水平放置。

"横向"：图形在图纸中竖直放置。

"上下颠倒打印（-）"：指图形在图纸页上旋转 180°打印。

（11）【预览】按钮。可以在打印之前预览图形。预览显示图形在打印时的确切外观，包括线宽、填充图案和其他打印样式选项。预览图形时，将隐藏活动工具栏和工具选项板。临时的"预览"工具栏将提供打印、平移和缩放图形的按钮。

预览效果如图 11-22 所示。

（12）【应用到布局】按钮。AutoCAD 将打印设置页面设置成布局的图形。此复选框将确保打印窗口中所做的更改将被自动应用到布局，使当前的打印设置存储为默认值，用于下一次的打印。

（13）【确定】按钮。单击确定按钮，完成零件图的打印。

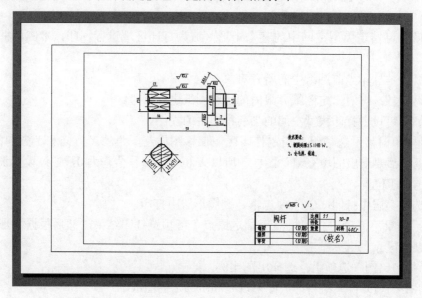

图 11-22　预览效果

11.4　在图纸空间打印输出

在本章第一节和第二节，分别介绍了布局和视口的创建及编辑，从图纸空间输出图形，首先要创建布局，然后根据打印的需要，进行相关参数的设置。

本节以"涵洞水工图"为例，说明在模型空间打印出图的操作方法。

操作步骤如下。

（1）扫描附录 3 二维码→"素材文件"→"第 11 章"→涵洞水工图 .dwg，将视图空间切换到"布局 1"选项卡，如图 11-23 所示。

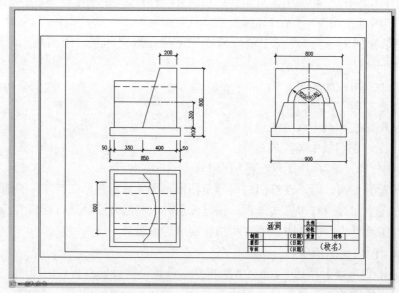

图 11-23　涵洞水工图

（2）在"布局 1"选项卡上单击鼠标右键，在打开的快捷菜单中选择"页面设置管理器（G）..."命令。打开【页面设置管理器】对话框，如图 11-24 所示。单击【新建】按钮，打开【新建页面设置】对话框，如图 11-25 所示。

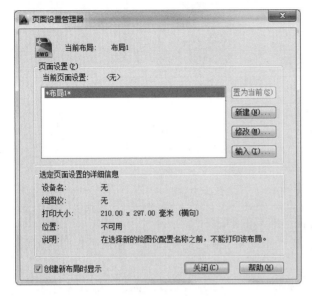

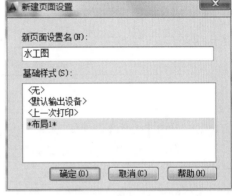

图 11-24　【页面设置管理器】对话框　　　　图 11-25　【新建页面设置】对话框

（3）在【新建页面设置】对话框的"新页面设置名（N）"文本框中输入"水工图"，如图 11-25 所示。

（4）单击【确定】按钮，打开【页面设置 - 布局 1】对话框，其中参数的类型及设置方法与图 11-21【打印 - 模型】对话框基本相同。根据打印的需要进行相关参数的设置，结果如图 11-26 所示。

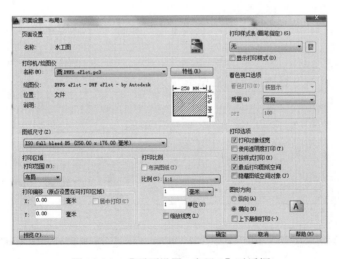

图 11-26　【页面设置 - 布局 1】对话框

（5）设置完成后，单击【确定】按钮，返回到【页面设置管理器】对话框，在"页面设置"列表框中选择"水工图"选项，单击【置为当前】按钮，如图 11-27 所示。

图 11-27 将"水工图"页面设置为当前

（6）单击【关闭】按钮，完成"水工图"布局的创建。

（7）为使图纸中不打印视口的框线，在"布局 1"中，将视口框线移至不打印的图层，如"Defpoints"（尺寸标注标记图层）。

（8）单击功能区"输出"选项卡→"打印"面板→🖨（打印）命令，打开【打印 - 布局 1】对话框，不需要重新设置参数，单击下方的【预览】按钮，打印预览效果如图 11-28 所示。

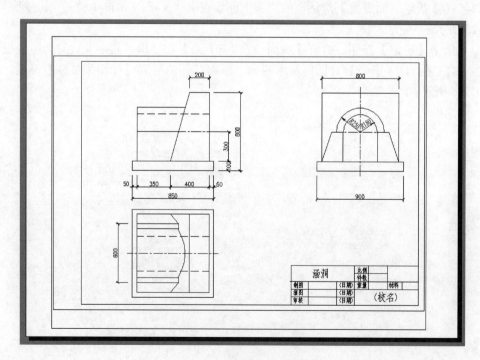

图 11-28 打印预览效果

（9）如果预览效果满意，在预览窗口中单击鼠标右键，选择快捷菜单中的"打印"命令，完成"水工图"的打印。

11.5　打印三维模型的投影图

在 AutoCAD 中，本节通过具体的例题，介绍在图纸空间对三维视图进行布局和编辑，并打印输出的操作步骤。

（1）扫描附录 3 二维码→"素材文件"→"第 11 章"→"三维模型 .dwg"文件，消隐后如图 11-29 所示。

（2）从模型空间切换到图纸空间。单击图形窗口底部的选项卡"布局 1"，默认一个视口，如图 11-30 所示。将其选中并删除。

（3）单击下拉菜单"视图"→"视口"→"四个视口（4）"命令，并将视图布满打印区域，结果如图 11-31 所示。

（4）选中右下角视口边界线，按【Delete】键将其删除，结果如图 11-32 所示。

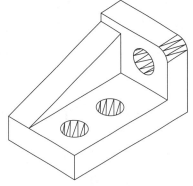

图 11-29　三维模型

（5）在左上角视口内双击鼠标左键，将光标移至视口上方，出现"西南立面"标签，单击标签，则弹出"三维视图"下拉列表，如图 11-33 所示。单击"前视"（主视图），结果如图 11-34 所示。

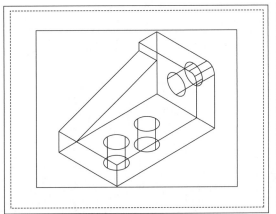

图 11-30　切换到图纸空间

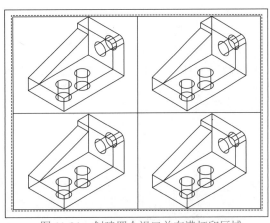

图 11-31　创建四个视口并布满打印区域

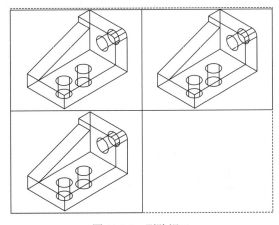

图 11-32　删除视口

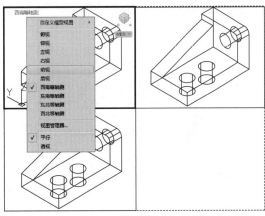

图 11-33　激活视口

（6）在布局外双击鼠标，退出该视口，单击该视口的边界，然后单击鼠标右键，在弹出的快捷菜单中选择"特性"命令，在打开的【特性】选项板→"其他"选项组→"自定义比例"字段中将比例修改为 0.1，结果如图 11-34 所示。

（7）同样方法，将右上角视口切换为"左视"，左下角切换为"俯视"，并将利用"特性选项板"将"自定义比例"设置为 0.1，结果如图 11-35 所示。

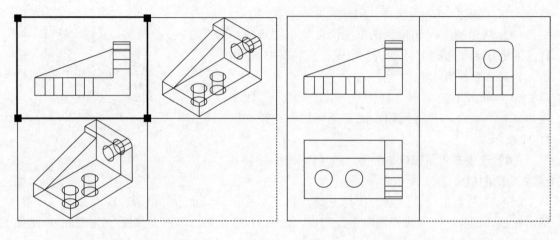

图 11-34　切换视图　　　　　　　　　　　　　　　图 11-35　生成三视图

（8）单击功能区"输出"选项卡→"打印"面板→🖶（打印）命令，打开【打印 - 布局 1】对话框，选择 B5 图纸，打印比例设为"自定义（20mm=1 个图形单位）"，单击下方的【预览】按钮，打印预览效果如图 11-36 所示。

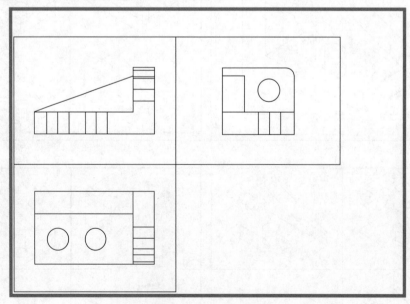

图 11-36　打印预览效果

上机操作练习

1. 直接在模型空间输出图 11-37 所示的端盖零件图。

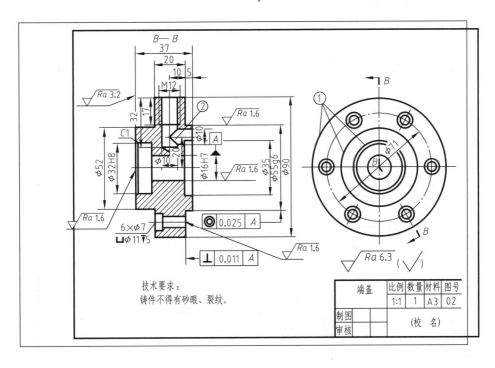

图 11-37　端盖零件图

　　要求：采用 A3 图幅 1 ∶ 10 打印。打开如图 11-21 所示的【打印 - 模型】对话框，设置打印机的型号、图纸尺寸 ISO A3（420mm×297mm）、打印比例 2、打印范围（窗口，通过窗口方式拾取图纸外框的两个对角点）、图纸方向（横向），单击【特性】按钮弹出【绘图仪配置编辑器】对话框，从中修改 ISO A3 图纸的可打印区域，点击【预览】直接输出即可。

　　2.创建布局练习。

　　操作步骤如下。

　　（1）扫描附录 3 二维码→"素材文件"→"第 11 章"→"花格窗 .dwg"文件，如图 11-38 所示。

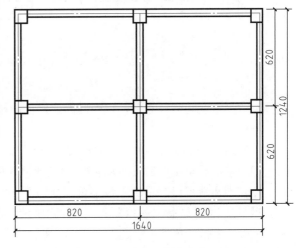

图 11-38　花格窗

　　（2）利用"创建布局向导（W）"命令创建新布局，在"开始"选项卡中，输入新布局的名称为"窗"，在"图纸尺寸"选项卡中，选择 ISO A2 图纸，图形单位为"毫米"。其他选项卡中参数均采用默认值，单击【完成】按钮。

（3）创建新视口。单击下拉菜单"视图"→"视口"→"新建视口（E）..."命令，弹出【视口】对话框，选择"标注视口"列表中的"单个"视口，单击【确定】按钮，返回绘图区，在布局中指定角点即可。

（4）利用"移动"命令，将新建的视口向右移动适合的距离，将其与已建好的视口分开即可，参看图 11-39。

（5）激活右侧的视口，单击下拉菜单"修改"→"特性（P）"命令，在弹出【特性】选项板→"其他"选项→"标准比例"下拉列表中选择"1：20"，"显示锁定"下拉列表中选择"是"。这样调整好比例和位置后锁定显示，就可以防止操作更改图形的比例，结果如图 11-39 所示。

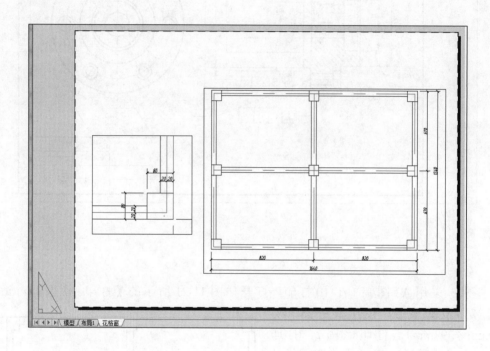

图 11-39　创建新布局并调整比例和位置

3. 在图纸空间进行布置，以不同的比例输出楼梯详图。

操作步骤如下。

（1）扫描附录 3 二维码→"素材文件"→"第 11 章"→"楼梯详图 .dwg"文件。

（2）单击状态条中的【布局 1】，绘制或插入横放 A3 标准图纸（带标题栏）。

（3）创建新视口。单击下拉菜单"视图"→"视口"→"新建视口（E）…"命令，弹出【视口】对话框，选择"标准视口"列表中的"四个"视口，单击【确定】按钮，返回绘图区，在布局中指定角点，创建如图 11-40 所示的四个新视口。

（4）通过【视口】工具栏，激活各视口，调整各视口的比例、大小及位置。

（5）创建新尺寸标注样式，其中【标注样式】/【修改】/【调整】/【标注特征比例】选项区中要选择【将标注缩放到布局】，然后在图纸空间标注尺寸、注写文字等。

（6）最后将浮动视口边界线放置到"Defpoints"层。

（7）单击功能区"输出"选项卡→"打印"面板→🖶（打印）命令，打开【打印 - 布局 1】对话框，单击下方的【预览】按钮，预览"楼梯详图"打印效果如图 11-41 所示。

（8）打印【布局 1】。

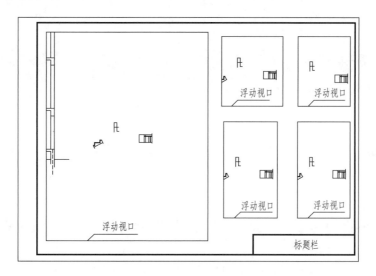

图 11-40　在图纸空间设置各视口

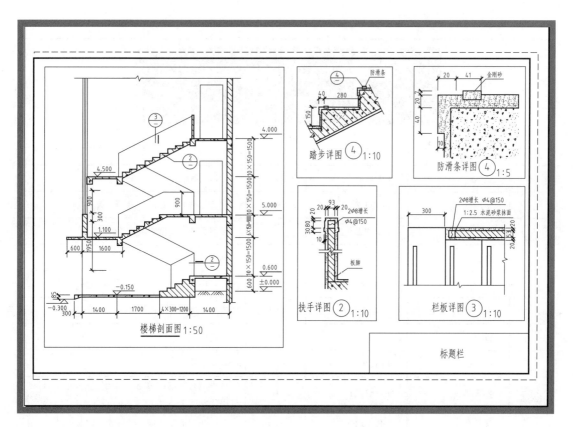

图 11-41　预览"楼梯详图"打印效果

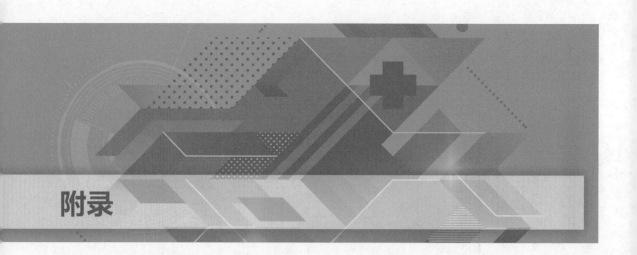

附录

附录 1 AutoCAD 常用按钮及快捷键速查

(草图与注释) 工作空间

1. "默认"选项卡

附表 1-1 【绘图】面板

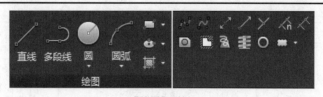

【绘图】面板

按钮	名称	命令	快捷键	功　　能
	直线	LINE	L	创建直线段
	多段线	PLINE	PL	创建二维多段线
	圆	CIRCLE	C	用圆心和半径创建圆
	圆弧	ARC	A	利用多种方式创建圆弧
	矩形	RECTANGLE	REC	创建矩形多段线
	多边形	POLYGON	POL	创建等边闭合多段线
	椭圆	ELLIPSE	EL	创建椭圆
	椭圆弧	ELLIPSE	EL-a	创建椭圆弧
	图案填充	BHATCH	H	使用填充图案或填充对封闭区域或选定对象进行填充
	渐变色	GRADIENT	GD	使用渐变填充对封闭区域或选定对象进行填充
	边界	BOUNDARY	BO	用封闭区域创建面域或多段线

按钮	名称	命令	快捷键	功 能
	样条曲线拟合	SPLINE	SPL	使用拟合点绘制样条曲线
	样条曲线控制点	SPLINE	SPL	使用控制点绘制样条曲线
	构造线	XLINE	XL	创建无限长的线
	射线	RAY		创建开始于一点并无限延伸的线
	多线	MLINE	ML	一次性可以画出多条直线
	多点	POINT	PO	创建多个点对象
	定数等分	DIVIDE	DIV	沿对象的长度或周长创建等间隔排列的点对象或块
	定距等分	MEASURE	ME	沿对象的长度或周长按测定间隔创建点对象或块
	面域	REGION	REG	将封闭区域的对象转换为二维面域对象
	交集	INTERSECT	IN	交集创建复合实体或面域并删除交集以外的部分
	差集	SUBTRACT	SU	差集运算
	并集	UNION	UNI	并集运算
	修订云线	REVCLOUD		使用多段线创建修订云线
	区域覆盖	WIPEOUT		创建区域覆盖对象，并控制是否将区域覆盖框架显示在图形中
	三维多段线	3DPOLY	3P	创建三维多段线
	螺旋	HELIX		创建二维螺旋或三维弹簧
	圆环	DONUT	DO	创建实心圆或较宽的环

附表 1-2 【修改】面板

【修改】面板

按钮	名称	命令	快捷键	功 能
	移动	MOVE	M	在指定方向上按指定距离移动对象
	旋转	ROTATE	RO	绕基点旋转对象
	修剪	TRIM	TR	修剪对象以与其他对象的边相接
	延伸	EXTEND	EX	扩展对象以与其他对象的边相接

按钮	名称	命令	快捷键	功　能
	复制	COPY	CO	在指定方向上按指定距离复制对象
	镜像	MIRROR	MI	创建选定对象的镜像副本
	圆角	FILLET	F	给对象加圆角
	倒角	CHAMFER	CHA	给对象加倒角
	光顺曲线	BLEND		在两条选定直线或曲线之间的间隙中创建样条曲线
	拉伸	STRETCH	S	拉伸与选择窗口或多边形交叉的对象
	缩放	SCALE	SC	放大或缩小选定对象，使缩放后对象的比例保持不变
	矩形阵列	ARRAYRECT	AR	将对象副本分布到行、列和标高的任意组合
	路径阵列	ARRAYPATH	AR	沿路径或部分路径均匀分布对象副本
	环形阵列	ARRAYPOLAR	AR	围绕中心点或旋转轴在环形阵列中均匀分布对象副本
	设置为 ByLayer	SETBYLAYER		将选定对象的特性替代更改为"ByLayer"
	更改空间	CHSPACE		在布局上，在模型空间和图纸空间之间传输选定对象
	拉长	LENGTHEN	LEN	更改对象的长度和圆弧的包含角
	编辑多段线	PEDIT	PE	编辑多段线
	编辑样条曲线	SPLINEDIT	SPE	修改样条曲线的参数或将样条拟合多段线转换为样条曲线
	编辑图案填充	HATCHEDIT		修改现有的图案填充或填充
	编辑阵列	ARRAYEDIT		编辑关联阵列对象及其源对象
	对齐	ALIGN	AL	在二维和三维空间中将对象与其他对象对齐
	打断	BREAK	BR	在两点之间打断选定的对象
	打断于点	BREAK	BR	在一点打断选定的对象
	合并	JOIN	J	合并线性和弯曲对象的端点，以便创建单个对象

按钮	名称	命令	快捷键	功 能
	反转	REVERSE		使直线、多段线、样条曲线和螺旋对象反向
	复制嵌套对象	NCOPY		复制包含在外部参照、块或 DGN 参考底图中的对象
	删除重复对象	OVERKILL		删除重复或重叠的直线、圆弧和多段线，此外，合并局部重叠或连续的对象
	更改对象顺序	DRAWORDER		更改图像和其他对象的绘制顺序
	删除	ERASE	E	从图形删除对象
	分解	EXPLODE	X	将复合对象分解为其部件对象
	偏移	OFFSET	O	创建同心圆、平行线和等距线

附表 1-3 【图层】面板

【图层】面板

按钮	名称	命令	快捷键	功 能
	图层特性	LAYER	LA	管理图层和图层特性
	置为当前	LAYMCUR		将当前图层设定为选定对象所在的图层
	匹配图层	LAYMCH		更改选定对象所在的图层，以使其匹配目标图层
	上一个	LAYERP		放弃对图层设置的上一个或上一组更改
	隔离	LAYISO		隐藏或锁定除选定对象所在图层外的所有图层
	取消隔离	LAYUNISO		恢复使用"LAYISO"命令隐藏或锁定的所有图层
	冻结	LAYFRZ		冻结选定对象所在的图层
	关	LAYOFF		关闭选定对象所在的图层
	打开所有图层	LAYON		打开图形中的所有图层
	解冻所有图层	LAYTHW		解冻图形中的所有图层

按钮	名称	命令	快捷键	功 能
	锁定	LAYLCK		锁定选定对象所在的图层
	解锁	LAYULK		解锁选定对象所在的图层
	更改为当前图层	LAYCUR		将选定对象的图层特性更改为当前图层的特性
	将对象复制到新图层	COPYTOLAYER		将一个或多个对象复制到其他图层
	图层漫游	LAYWALK		显示选定图层上的对象并隐藏所有其他图层上的对象
	冻结当前视口以外的所有视口	LAYVPI		冻结除当前视口外的所有布局视口中的选定图层
	合并	LAYMRG		将选定图层合并为一个目标图层，并从图形中将它们删除
	删除	LAYDEL		删除图层上的所有对象并清理该图层
	锁定的图层淡入	LAYLOCKFADECTL		启用或禁用应用于锁定图层的淡入效果

附表 1-4 【注释】面板

【注释】面板

按钮	名称	命令	快捷键	功 能
A	多行文字	MTEXT	MT	创建多行文字对象
A	单行文字	TEXT	DT	创建单行文字对象
	标注	DIM		在同一命令任务中创建多种类型的标注
	线性	DIMLINEAR	DLI	创建线性标注
	对齐	DIMALIGNED	DAL	创建对齐线性标注
	角度	DIMANGULAR	DAN	创建角度标注
	弧长	DIMARC	DAR	创建弧长标注
	半径	DIMRADIUS	DRA	为圆或圆弧创建半径标注
	直径	DIMDIAMETER	DDI	为圆或圆弧创建直径标注

按钮	名称	命令	快捷键	功　能
	坐标	DIMORDINATE	DOR	创建坐标标注
	折弯	DIMJOGGED	JOG	为圆和圆弧创建折弯标注
	引线	MLEADER		创建多重引线对象
	对齐	MLEADERALIGN		对齐并等间隔排列选定的多重引线对象
	添加引线	MLEADEREDIT		将引线添加至多重引线对象，或从多重引线对象中删除引线
	合并	MLEADERCOLLECT		将包含块的选定多重引线整理到行或列中，并通过单引线显示结果
	删除引线	MLEADEREDIT		将引线从现在的多重引线对象中删除
	表格	TABLE	TB	创建空的表格对象
	文字样式	STYLE	ST	创建、修改或指定文字样式
	标注样式	DIMSTYLE	D	创建和修改标注样式
	多重引线样式	MLEADERSTYLE		创建和修改多重引线样式
	表格样式	TABLESTYLE	TS	创建、修改或指定表格样式

附表 1-5 【块】面板

【块】面板

按钮	名称	命令	快捷键	功　能
	插入	INSERT	I	将块或图形插入当前图形中
	创建	BLOCK	B	从选定的对象中创建一个块定义
	块编辑器	BEDIT	BE	在块编辑器中打开块定义
	编辑属性（单个）	EATTEDIT		在块参照中编辑属性
	编辑属性（多个）	ATTEDIT	ATE	更改块中的属性信息
	定义属性	ATTDEF	ATT	创建用于在块中存储数据的属性定义
	块属性管理器	BATTMAN		管理选定块定义的属性
	同步属性	ATTSYNC		将块定义中的属性更改应用于所有块参照
	属性显示设置	ATTDISP		控制图形中所有块属性的可见性覆盖
	设置基点	BASE		为当前图形设置插入基点

附表 1-6 【特性】面板

【特性】面板

按钮	名称	命令	快捷键	功　能
	特性匹配	MATCHPROP	MA	将选定对象的特性应用到其他对象
	对象颜色	COLOR	COL	设置新对象的颜色
	线宽	LWEIGHT	LW	设置当前线宽、线宽显示选项和线宽单位
	线型	LINETYPE	LT	加载、设置和修改线型
	打印样式	STYLESMANAGER		显示打印样式管理器，从中可以修改打印样式表
	透明度	CETRANSPARENCY		设定新对象的透明度级别
	列表	LIST		为选定对象显示特性数据
	特性 (Ctrl+1)	PROPERTIES	MO	控制现有对象的特性

附表 1-7 【组】面板

【组】面板

按钮	名称	命令	快捷键	功　能
	组	GROUP	G	创建和管理已保存的对象集（称为编组）
	解除编组	无		将组分解或解组
	组编辑	GROUPEDIT		将对象添加到选定的组以及从选定组中删除对象，或重命名选定的组
	启用 / 禁用组选择	PICKSTYLE		启用和禁用组选择
	编组管理器	CLASSICGROUP		显示组对话框以管理命名组
	组边界框	GROUPDISPLAYMODE		启用和禁用组边界框

附表 1-8 【实用工具】面板

【实用工具】面板

按钮	名称	命令	快捷键	功能
	测量	MEASUREGEOM		测量选定对象或点序列的距离、半径、角度、面积和体积
	快速选择	QSELECT		根据过滤条件创建选择集
	全部选择 (Ctrl+A)	AI_SELALL		选择模型空间或当前布局中的所有对象，处于冻结或锁定图层上的对象除外
	快速计算器	QUICKCALC		打开快速计算器
	点坐标	ID		显示指定位置的 UCS 坐标值
	点样式	DDPTYPE		指定点对象的显示样式及大小

2. "插入" 选项卡

附表 1-9 【块】面板

【块】面板

按钮	名称	命令	快捷键	功 能
	插入	INSERT	I	将块或图形插入当前图形中
	编辑属性	EATTEDIT		在块参照中编辑属性
	保留属性显示	ATTDISP		控制图形中所有块属性的可见性覆盖

附表 1-10 【块定义】面板

【块定义】面板

按钮	名称	命令	快捷键	功 能
	创建块	BLOCK	B	从选定的对象中创建一个块定义
	写块	WBLOCK	W	将选定对象保存到指定的图形文件或将块转换为指定的图形文件
	定义属性	ATTDEF	ATT	创建用于在块中存储数据的属性定义

按钮	名称	命令	快捷键	功 能
	管理属性	BATTMAN		管理选定块定义的属性
	块编辑器	BEDIT	BE	在块编辑器中打开块定义
	设置基点	BASE		为当前图形设置插入基点
	同步	ATTSYNC		将块定义中的属性更改应用于所有块参照

3. "注释"选项卡

附表 1-11 【文字】面板

【文字】面板

按钮	名称	命令	快捷键	功 能
A	多行文字	MTEXT		创建多行文字对象
A	单行文字	TEXT		创建单行文字对象
ABC	拼写检查	SPELL	SP	检查文字中的拼写
A	文字对齐	TEXTALIGN		保持选定文字对象位置不变,更改其对正点
A	对正	JUSTIFYTEXT		保持选定文字对象位置不变,对其进行放大或缩小
A	缩放	SCALETEXT		约束圆或圆弧的直径

附表 1-12 【标注】面板

【标注】面板

按钮	名称	命令	快捷键	功 能
	标注	DIM		在同一命令任务中创建多种类型的标注
	线性	DCLINEAR	DLI	创建线性尺寸标注
	对齐	DCALIGNED	DAL	创建对齐标注
	角度	DCANGULAR	DAN	创建角度标注

按钮	名称	命令	快捷键	功　能
	弧长	DIMARC	DAR	创建弧长标注
	半径	DIMRADIUS	DRA	为圆或圆弧创建半径标注
	直径	DIMDIAMETER	DDI	为圆或圆弧创建直径标注
	坐标	DIMORDINATE	DOR	创建坐标标注
	折弯	DIMJOGGED	JOG	为圆和圆弧创建折弯标注
	快速	QDIM		从选定对象中快速创建一组标注
	基线	DIMBASELINE	DBA	从上一个标注或选定标注的基线处创建线性标注、角度标注或坐标标注
	连续	DIMCONTINUE	DCO	创建从上一个标注或选定标注的尺寸界线开始的标注
	打断	DIMBREAK		在尺寸线和尺寸界线与其他对象的相交处打断或恢复尺寸线和尺寸界线
	调整间距	DIMSPACE		调整线性标注或角度标注之间的间距
	标注，弯折标注	DIMJOGLINE		在线性标注或对齐标注中添加或删除折弯线
	检验	DIMINSPECT		为选定的标注添加或删除检验信息
	更新	DIMSTYLE		可以将标注系统变量保存或恢复到选定的标注样式
	重新关联	DIMREASSOCIATE	DRE	将选定的标注关联或重新关联至对象或对象上的点
	公差	TOLERANCE	TOL	创建包含在特征控制框中的形位公差
	圆心标记	DIMCENTER	DCE	创建圆和圆弧的圆心标记或中心线
	倾斜	DIMEDIT	DED	更改尺寸界线的倾斜角
	文字角度	DIMTEDIT		将标注文字旋转一个角度
	左对正	DIMTEDIT		左对齐标注文字
	居中对正	DIMTEDIT		居中对齐标注文字
	右对正	DIMTEDIT		右对齐标注文字
	替代	DIMOVERRIDE	DOV	控制选定标注中使用的系统变量的替代值

附表 1-13 【引线】面板

【引线】面板

按钮	名称	命令	快捷键	功　能
	多重引线	MLEADER		创建多重引线对象
	对齐	MLEADERALIGN		对齐并等间隔排列选定的多重引线对象
	添加引线	MLEADEREDIT		将引线添加至多重引线对象，或从多重引线对象中删除引线
	合并	MLEADERCOLLECT		将包含块的选定多重引线整理到行或列中，并通过单引线显示结果
	删除引线	MLEADEREDIT		将引线从现在的多重引线对象中删除

附表 1-14 【表格】面板

【表格】面板

按钮	名称	命令	快捷键	功　能
	表格	TABLE		创建空白的表格对象
	从源下载	DATALINKUPDATE		更新从外部数据文件链接到当前图形中表格的数据
	提取数据	DATAEXTRACTION		提取外部源中的图形数据并将其合并到数据提取处理表或外部文件中
	上载到源	DATALINKUPDATE _W		更新从当前图形中表格链接到外部数据文件的数据
	链接数据	DATALINK		显示数据链接管理器

4. "参数化" 选项卡

附表 1-15 【几何】面板

【几何】面板

按钮	名称	命令	快捷键	功　能
	自动约束	AUTOCONSTRAIN		根据对象相对于彼此的方向将几何约束应用于对象选择集
	重合	GCCOINCIDENT		约束两个点使其重合，或者约束一个点使其位于曲线（或曲线的延长线）上
	共线	GCCOLLINEAR		使两条或多条直线段沿同一直线方向
	同心	GCCONCENTRIC		将两个圆弧、圆或椭圆约束到同一个中心点
	固定	GCFIX		将点和曲线锁定在位
	平行	GCPARALLEL		使选定的直线彼此平行
	垂直	GCPERPENDICULAR		使选定的直线位于彼此垂直的位置
	水平	GCHORIZONTAL		使直线或点对位于与当前坐标系的 X 轴平行的位置
	竖直	GCVERTICAL		使直线或点对位于与当前坐标系的 Y 轴平行的位置
	相切	GCTANGENT		将两条曲线约束为保持彼此相切或其延长线保持彼此相切
	平滑	GCSMOOTH		将样条曲线约束为连续，并与其他样条曲线、直线、圆弧或多段线保持 G2 连续性
	对称	GCSYMMETRIC		使选定对象受对称约束，相对于选定直线对称
	相等	GCEQUAL		将选定圆弧和圆的尺寸重新调整为半径相同，或将选定直线的尺寸重新调整为长度相同
	显示 / 隐藏	CONSTRAINTBAR		显示或隐藏对象上的几何约束
	几何约束设置	CONSTRAINTSETTINGS		控制约束栏上几何约束的显示

5. "视图"选项卡

附表 1-16 【视口工具】面板

【视口工具】面板

按钮	名称	命令	快捷键	功　能
	UCS 图标	UCSICON		控制 UCS 图标的可见性、位置、外观和可选性
	ViewCube	NAVVCUBE		拖动或单击 ViewCube 可旋转场景
	导航栏	NAVBAR		导航栏可以访问多种特定的导航工具，如控制盘、平移和缩放
	显示运动	NAVSMOTION		打开或关闭"显示运动"工具栏

附表 1-17 【模型视口】面板

【模型视口】面板

按钮	名称	命令	快捷键	功　　能
	视口配置	UCSICON		在模型空间或布局（图纸空间）中创建多个视口
	命名	VPORTS		显示图形中所保存视口配置列表
	合并	VPORTS		将两个相邻模型视口合并为一个视口
	恢复	VPORTS		在单视口和上次的多视口配置之间进行切换

附表 1-18 【选项板】面板

【选项板】面板

按钮	名称	命令	快捷键	功　　能
	工具选项板	TOOLPALETTES	TP	打开工具选项板窗口
	特性	PROPERTIES	CH	控制现有对象的特性
	图纸集管理器	SHEETSET	SSM	显示图纸集管理器
	命令行	COMMANDLINE	Ctrl+9	打开或关闭命令行窗口
	标记集管理器	MARKUP		打开或关闭标记集管理器
	图层特性	LAYER	LA	关联图层和图层特性
	快速计算器	QUICKCALC	QC	打开或关闭快速计算器
	设计中心	ADCENTER	ADC	打开或关闭设计中心窗口
	外部参照选项板	EXTERNALREFERENCES		显示外部参数选项板
	文字窗口	TEXTSCR		打开文本窗口，显示当前任务的提示和命令行条目的历史记录
	材质浏览器	MATBROWSEROPEN		打开或关闭材质浏览器
	材质编辑器	MATEDITOROPEN		打开或关闭材质编辑器
	视觉样式	VISUALSTYLES		创建和修改视觉样式，并将视觉样式应用于视口

续表

按钮	名称	命令	快捷键	功　能
	高级渲染设置	RPREF		显示用于配置渲染设置的"渲染预设管理器"选项板
	模型选项板中的光源	LIGHTLIST		列出模型中所有光源的"模型中的光源"选项板
	阳光特性选项板	SUNPROPERTIES		显示或隐藏阳光特性选项板

附表 1-19　【界面】面板

【界面】面板

按钮	名称	命令	快捷键	功　能
	切换窗口		Ctrl+Tab	用于切换已打开的图形文件，以便将其置为当前
	文件选项卡	FILETAB		显示位于绘图区域顶部的文件选项卡
	布局选项卡			显示或隐藏布局选项卡
	水平平铺	SYSWINDOWS		在水平方向上以不重叠的平铺方式排列窗口和图标
	垂直平铺	SYSWINDOWS		以垂直、不重叠的方式排列窗口
	层叠	SYSWINDOWS		通过重叠窗口来整理大量窗口，以更便于访问

附录2　常用键盘功能键

附表 2-1　常用功能键

快捷键	命令说明	快捷键	命令说明
Esc	Cancel<取消命令执行>	F7	栅格显示<开或关>
F1	帮助 HELP	F8	正交模式<开或关>
F2	图形 / 文本窗口切换	F9	捕捉模式<开或关>
F3	对象捕捉<开或关>	F10	极轴追踪<开或关>
F4	数字化仪作用开关	F11	对象捕捉追踪<开或关>
F5	等轴测平面切换<上 / 右 / 左>	F12	动态输入<开或关>
F6	坐标显示<开或关>		

附表 2-2　常用 Ctrl+ 组合键

快捷键	命令说明	快捷键	命令说明
Ctrl+0	全屏显示＜开或关＞	Ctrl+P	打印输出
Ctrl+1	特性 Propertices＜开或关＞	Ctrl+Q	退出 AutoCAD
Ctrl+2	AutoCAD 设计中心＜开或关＞	Ctrl+R	循环浏览当前布局中的视口
Ctrl+3	工具选项板窗口＜开或关＞	Ctrl+S	快速保存
Ctrl+4	图纸管理器＜开或关＞	Ctrl+T	数字化仪模式
Ctrl+5	信息选项板＜开或关＞	Ctrl+U	极轴追踪＜开或关＞，功能同 F10
Ctrl+6	数据库链接＜开或关＞	Ctrl+V	从剪贴板粘贴
Ctrl+7	标记集管理器＜开或关＞	Ctrl+W	对象捕捉追踪＜开或关＞
Ctrl+8	快速计算机＜开或关＞	Ctrl+X	剪切到剪贴板
Ctrl+9	命令行＜开或关＞	Ctrl+Y	取消上一次的 Undo 操作
Ctrl+A	选择全部对象	Ctrl+Z	Undo 取消上一次的命令操作
Ctrl+B	捕捉模式＜开或关＞，功能同 F9	Ctrl+Shift+A	切换组
Ctrl+C	复制内容到剪贴板	Ctrl+Shift+C	带基点复制
Ctrl+D	坐标显示＜开或关＞，功能同 F6	Ctrl+Shift+H	使用 HIDEPALETTES 和 SHOWPLE-TTES 切换选项板的显示
Ctrl+E	等轴测平面切换＜上 / 左 / 右＞	Ctrl+Shift+I	选择以前选定的对象
Ctrl+F	对象捕捉＜开或关＞，功能同 F3	Ctrl+Shift+L	选择以前选定的对象
Ctrl+G	栅格显示＜开或关＞，功能同 F7	Ctrl+Shift+P	切换"快捷特性"界面
Ctrl+H	Pickstyle＜开或关＞	Ctrl+Shift+S	另存为
Ctrl+J	重复上一个命令	Ctrl+Shift+V	粘贴为块
Ctrl+K	超链接	CTRL+PAGE UP	移动到上一个布局
Ctrl+L	正交模式，功能同 F8	CTRL+PAGE DOWN	移动到下一个布局选项卡
Ctrl+M	同【Enter】功能键	CTRL+[	取消当前命令
Ctrl+N	新建	CTRL+\	取消当前命令
Ctrl+O	打开旧文件		

附表 2-3　常用 Alt+ 组合键

快捷键	命令说明	快捷键	命令说明
Alt+F	【文件】POP1 下拉菜单	Alt+M	【修改】POP9 下拉菜单
Alt+E	【编辑】POP2 下拉菜单	Alt+W	【窗口】POP10 下拉菜单
Alt+V	【视图】POP3 下拉菜单	Alt+H	【帮助】POP11 下拉菜单
Alt+I	【插入】POP4 下拉菜单	ALT+TK	快速选择
Alt+O	【格式】POP5 下拉菜单	ALT+MUP	提取轮廓
Alt+T	【工具】POP6 下拉菜单	Alt+F8	VBA 宏管理器
Alt+D	【绘图】POP7 下拉菜单	Alt+F11	AutoCAD 和 VAB 编辑器切换
Alt+N	【标注】POP8 下拉菜单		

附录3 二 维 码

参 考 文 献

[1] 于春艳 . AutoCAD 从基础到应用 . 北京：中国电力出版社，2011.

[2] 胡仁喜 . AutoCAD 2016 中文版实操训练 . 北京：电子工业出版社，2016.

[3] 姜勇 . AutoCAD 机械设计标准教程 . 北京：人民邮电出版社，2016.